기초 전기자기학

박병권 저

도서
출판 명 진

白

머리말

전자기학은 전기 및 자기현상과 전자파의 전파에 필요한 물리적 현상을 다루는 학문으로 전기공학, 전자공학, 전파공학 및 통신공학 등 전자기 현상과 관련된 분야를 전공하는 공학도들에게는 초석이 되는 필수과목이라 할 수 있다.

그러나 이 분야를 공부한 많은 사람들이 공통적으로 느끼는 것이 매우 어렵다는 것이다. 이는 기존의 많은 교재들이 이론적으로 난해하게 되어 있거나 또는 수학적인 수식에 너무나 치우쳤기 때문이다. 이에 따라 이와 관련된 분야를 기피하는 현상까지 나타나게 되었다.

따라서 본 교재는 이와 같은 문제를 다소나마 해소시키기 위하여 물리적인 현상의 개념적인 이해를 돕도록 집필하였으며, 예제와 연습문제를 다양하게 다루어 본문 내용의 이해를 돕도록 하였다. 또한 후반부에 전파전파와 임피던스 접합방법 및 스미스 도표 등을 다루어 전문대학 교과과정에서 안테나 공학과의 연계교육이 되도록 배려하였다.

본 저자는 본 교재가 부족한 점이 많을 것으로 생각하며 많은 충고와 조언 부탁드리면서, 다소나마 이 분야를 공부하는 학생이나 기술자에게 도움이 되기를 바랍니다.

끝으로 본 교재가 출판되기 까지 많은 도움을 주신 도서출판 명진 황영하 사장님을 비롯한 임직원 여러분께 감사드립니다.

저자 씀

白

차례

제1장 ▍벡터해석 / 9

제2장 ▍정전기 / 28

제3장 ▍도체계와 정전용량 / 55

제7장 ▎전류의 자기 작용 / 128

제8장 ▎자성체와 자기회로 / 150

제9장 ▎전자유도 현상 / 166

제10장 ▎인덕턴스 / 175

Chapter

01 벡터해석

전기 및 자기현상의 기본개념은 벡터해석 방법을 쓰지 않고도 배울 수 있다. 그러나 보다 심도 있게 전기자기학에서 다루는 많은 문제들의 물리적 성질을 파악하기 위해서는 벡터 해석법을 알아야 한다. 따라서 여기서는 벡터의 기본적인 개념들과 계산법에 대하여 포괄적으로 다루고 있으며, 특히 벡터의 특성 및 연산법에 대한 엄밀한 증명보다는 물리적 의미를 명확히 설명하는 데 중점을 두기로 한다.

공간상의 어떤 점의 상태를 물리량으로 표시할 때, 이 공간을 그 양에 대한 계 혹은 장이라 한다. 따라서 중력이 작용하는 공간을 중력장, 전기력이 작용하는 공간을 **전계(전기장)**, 자기력이 작용하는 공간을 **자계(자기장)**라 한다. 이와 같이 관심을 갖는 양이 벡터량일 때 이 공간을 힘에 대한 **벡터계**(vector field)라 하며, 또한 각 점의 상태를 스칼라량으로 표시할 경우 이 공간을 **스칼라계**라 한다.

전기자기학에서는 전기량 주위에 발생되는 전기력의 상태를 나타내는 전계와 전류 주위에 발생되는 자기력의 상태를 나타내는 자계를 벡터적으로 해석하고, 위치에너지인 전위와 자위를 스칼라량으로 해석하여 전기자기현상을 다룬다.

1-1 스칼라량과 벡터량

물리적인 양을 나타내는 방법으로는 크게 두 종류가 있다. 하나는 크기만으로 물리적인 양을 나타내는 **스칼라량**(scalar quantity)이고, 다른 하나는 공간내에서 크기와 방향으로 물리적인 양을 나타내는 **벡터량**(vector quantity)이다. 스칼라량의 예로는 길이, 온도, 체적, 전위, 전하, 시간, 각도, 질량 등이 있으며, 벡터량의 예로는 속도,

힘, 가속도, 질량 등이 있다.

스칼라량은 A, B, C 처럼 이탤릭체 문자를 쓰고, 벡터량은 **A**, **B**, **C** 등과 같이 굵은 고딕체 문자나 $\overrightarrow{A}$, $\overrightarrow{B}$, $\overrightarrow{C}$ 등을 나타낸다.

1-2 벡터량의 표시

벡터량은 **그림** 1-1에서와 같이 공간의 임의 점 0을 가정하고 기준방향(reference direction)에 대하여 어떤 방향(각도)으로 얼마 만큼의 양(선분의 길이)으로 나타낸다.

점 0를 벡터 $\overrightarrow{A}$의 시작점이라고 하고, 점 P를 벡터 $\overrightarrow{A}$의 **끝점**이라고 한다. 특히 크기가 1이고 그 방향만을 나타내는 벡터를 **단위벡터**(unit vector)라고 한다. 이 단위벡터는 어떤 크기에 이를 곱함으로써 벡터화 시킬 수 있어 상당히 편리하다. 좌표상에서는 단위벡터를 각 축상의 **기본 단위벡터**라고도 한다.

그림 1-1에서 벡터 $\overrightarrow{A}$를 스칼라 A와 단위벡터 $\hat{a}$로 나타내면 $\overrightarrow{A}$= A$\hat{a}$가 되고 이것은 단위벡터 $\hat{a}$에 스칼라 A배 한 것을 의미한다. 따라서 벡터 $\overrightarrow{A}$의 단위 벡터는 식 (1-1)과 같이 표시된다.

$$\hat{a} = \frac{\overrightarrow{A}}{|A|} \tag{1-1}$$

그림 1-1 벡터의 공간상 표시

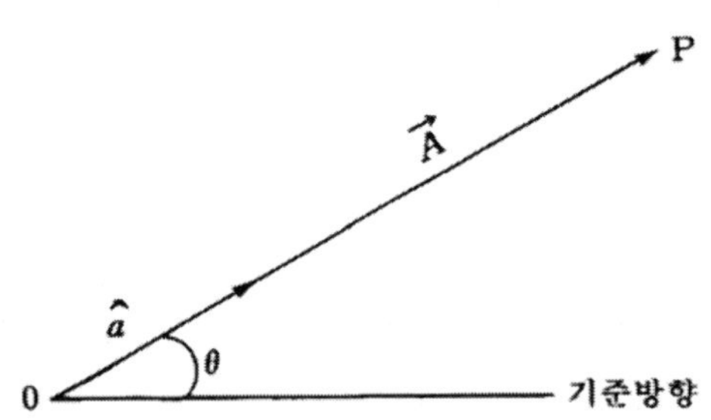

벡터의 표시는 좌표계에 의하여 변한다. 공간에서 세 개의 축이 서로 수직하는 직선인 좌표계를 생각하여 보자. 각 축상에서 단위 길이를 택하여 좌표가 (1,0,0), (0,1,0), (0,0,1)인 세 개의 단위점(unit point)은 각 축이 교차하는 점인 원점에서 같은 거리에 있다. 이 때 각 단위 길이는 크기는 같으나 방향은 각 축방향이다. 이와 같이 얻은 직각좌표를 공간에서 **직각 좌표계**라고 부른다.

그림 1-2에 나타낸 것과 같이 크기가 1이고 x,y 및 z축의 양(+)의 방향을 갖는 각각의 단위벡터를 $\hat{i}$, $\hat{j}$ 및 $\hat{k}$로 정의하며, 이것을 특히 **기본벡터**(fundamental vector)라 한다. 벡터 $\vec{A}$의 x,y와 z축에 대한 투영의 길이를 각각 A_x, A_y와 A_z라 하면 임의의 벡터 $\vec{A}$는 식 (1-2)과 같이 나타내 진다.

$$\vec{A} = \hat{i}A_x + \hat{j}A_y + \hat{k}A_z \tag{1-2}$$

식 (1-2)에서 크기 A_x, A_y 와 A_z는 벡터 $\vec{A}$의 x,y 및 z방향의 **스칼라성분** 또는 **방향성분**이라고 부른다.

그림 1-2 벡터의 좌표 표시

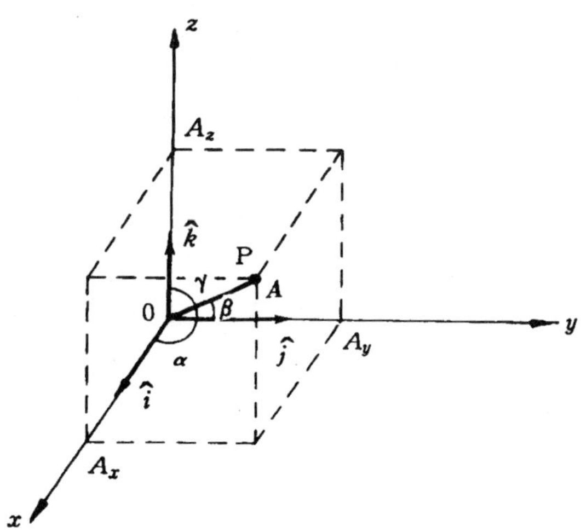

벡터 $\vec{A}$의 크기 A는 스칼라 성분을 사용하여 식 (1-3)와 같이 구해진다.

$$A = |\vec{A}| = \sqrt{A_x^2 + A_y^2 + A_z^2} \tag{1-3}$$

벡터 $\vec{A}$의 시작점을 그 좌표계의 원점에 일치시키고 x, y 및 z 축으로부터 $\vec{A}$와 이루는 각을 각각 α , β 및 γ 라 하면 벡터 $\vec{A}$의 x, y, 와 z축에 대한 투영의 길이 Ax, A_y와 A_z는 식 (1-4)과 같이 구해진다.

$$\begin{aligned} A_x &= A\cos\alpha \\ A_y &= A\cos\beta \\ A_z &= A\cos\gamma \end{aligned} \tag{1-4}$$

식 (1-4)에서 $\cos\alpha$, $\cos\beta$, $\cos\gamma$ 를 벡터 $\vec{A}$의 **방향 여현(餘弦)**이라 하며, 이들을 각각 l, m 및 n 으로 식 (1-5)와 같이 표시하기도 한다.

$$\begin{aligned} \ell &= \cos\alpha = \frac{A_x}{A} = \frac{A_x}{\sqrt{A_x^2 + A_y^2 + A_z^2}} \\ m &= \cos\beta = \frac{A_y}{A} = \frac{A_y}{\sqrt{A_x^2 + A_y^2 + A_z^2}} \\ n &= \cos\gamma = \frac{A_z}{A} = \frac{A_z}{\sqrt{A_x^2 + A_y^2 + A_z^2}} \end{aligned} \tag{1-5}$$

식 (1-5)의 방향 여현 사이에는 식 (1-6)와 같은 관계가 있으므로 l,m,n 중에서 두 가지를 알면 다른 하나를 구할 수 있다.

$$l^2 + m^2 + n^2 = \cos^2\alpha + \cos^2\beta + \cos^2\gamma = 1 \tag{1-6}$$

◎ 예제 1-1

전계의 세기가 $\vec{E}=3\hat{i}+4\hat{j}+5\hat{k}[V/m]$로 주어졌을 때 전계의 세기의 크기는 얼마인가?

풀이 $E=|\vec{E}|=\sqrt{(3)^2+(4)^2+(5)^2}$
$=\sqrt{50}$
$=5\sqrt{2}$

답 $5\sqrt{2}$[V/m]

◎ 예제 1-2

두 벡터 $\vec{A}=\hat{i}+2\hat{j}+3\hat{k}$, $\vec{B}=2\hat{i}+3\hat{j}+\hat{k}$ 가 주어질 때 다음을 구하시오.

(a) $\vec{R}_{BA}$(벡터 $\hat{A}$의 끝점에서 벡터 $\hat{B}$의 끝점을 향하는 벡터)

(b) $|\vec{A}|$ (벡터 $\hat{A}$의 크기) (c) $\hat{a}_A$(벡터 $\hat{A}$의 단위 벡터)

(d) $\hat{a}_{BA}$($\vec{R}_{BA}$의 단위 벡터) (e) 벡터 $\vec{A}$의 방향여현

풀이 (a) $\vec{R}_{BA}=\vec{B}-\vec{A}=(2-1)\hat{i}+(3-2)\hat{j}+(1-3)\hat{h}=\hat{i}+\hat{j}-2\hat{h}$

(b) $|\vec{A}|=\sqrt{(1)^2+(2)^2+(3)^2}=\sqrt{14}$

(c) $\vec{a}_A=\dfrac{\vec{A}}{|\vec{A}|}=\dfrac{\hat{i}+2\hat{j}+3\hat{h}}{\sqrt{14}}$

(d) $\hat{a}_{BA}=\dfrac{\vec{R}_{BA}}{|\vec{R}_{BA}|}=\dfrac{\hat{i}+\hat{j}-2\hat{h}}{\sqrt{(1)^2+(1)^2+(-2)^2}}=\dfrac{\hat{i}+\hat{j}-2\hat{h}}{\sqrt{6}}$

(e) $l=\dfrac{A_x}{|\vec{A}|}=\dfrac{1}{\sqrt{14}}$, $m=\dfrac{A_y}{|\vec{A}|}=\dfrac{2}{\sqrt{14}}$, $n=\dfrac{A_z}{|\vec{A}|}=\dfrac{3}{\sqrt{14}}$

답 (a) $\vec{i}+\vec{j}-2\vec{k}$, (b) $\sqrt{14}$, (c) $\dfrac{\vec{i}+2\vec{j}+3\hat{k}}{\sqrt{14}}$, (d) $\dfrac{\hat{i}+\hat{j}-2\hat{k}}{\sqrt{6}}$,

(e) $l=\dfrac{1}{\sqrt{14}}$ $m=\dfrac{2}{\sqrt{14}}$ $n=\dfrac{3}{\sqrt{14}}$

1-3 벡터의 합과 차

벡터의 합과 차는 그림 1-3과 같이 **평행 사변형법**과 **삼각형법**에 의하여 구할 수 있다. 두 벡터 $\vec{A}$와 $\vec{B}$가 식 (1-7)와 같을 때 두 벡터의 합과 차는 식 (1-8)과 같이 표시된다.

$$\vec{A} = \hat{i}A_x + \hat{j}A_y + \hat{k}A_z \tag{1-7}$$

$$\vec{B} = \hat{i}B_x + \hat{j}B_y + \hat{k}B_z$$

$$\vec{A} + \vec{B} = (A_x + B_x)\hat{i} + (A_y + B_y)\hat{j} + (A_z + B_z)\hat{k} \tag{1-8}$$

$$\vec{A} - \vec{B} = (A_x - B_x)\hat{i} + (A_y - B_y)\hat{j} + (A_z - B_z)\hat{k}$$

임의 벡터 $\vec{A}, \vec{B}, \vec{C}$ 을 합하는 방법에는 다음과 같은 연산 법칙이 성립한다.

(1) 교환법칙

$$\vec{A} + \vec{B} = \vec{B} + \vec{A} \tag{1-9}$$

(2) 결합법칙

$$(\vec{A} + \vec{B}) + \vec{C} = \vec{A} + (\vec{B} + \vec{C}) \tag{1-10}$$

그림 1-3 벡터의 덧셈과 뺄셈

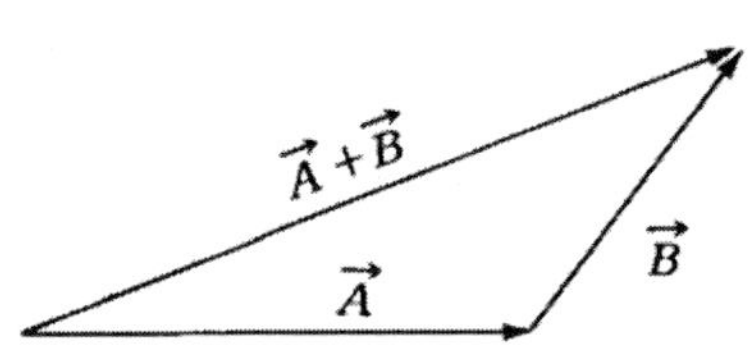

(a) 삼각형법

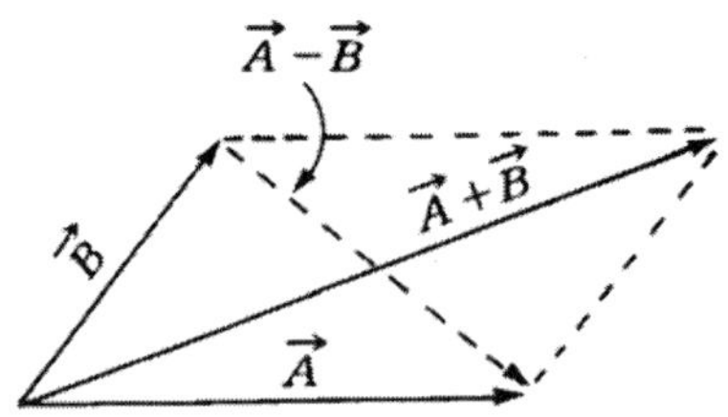

(b) 평행사변형법

◎ 예제 1-3

직각 좌표계의 원점에서 a(2,3,4)와 b(4,5,6)을 향하는 벡터를 각각 $\vec{A}$, $\vec{B}$라 할 때 다음을 구하시오.

(a) $\vec{A}$, $\vec{B}$ (b) $\vec{A}+\vec{B}$ (c) $\vec{A}-\vec{B}$

(d) $|\vec{A}+\vec{B}|$ (f) $|\vec{A}-\vec{B}|$

✔풀이 (a) $\vec{A}=(2-0)\hat{i}+(3-0)\hat{j}+(4-0)\hat{k}=2\hat{i}+3\hat{j}+4\hat{k}$

(b) $\vec{B}=(4-0)\hat{i}+(5-0)\hat{j}+(6-0)\hat{k}=4\hat{i}+5\hat{j}+6\hat{k}$

(c) $\vec{A}+\vec{B}=(2+4)\hat{i}+(3+5)\hat{+}(4+6)\hat{k}=6\hat{i}+8\hat{j}+10\hat{k}$

(d) $\vec{A}-\vec{B}=(2-4)\hat{i}+(3-5)\hat{j}+(4-6)\hat{k}=-(2\hat{i}+2\hat{j}+2\hat{k})$

(e) $|\vec{A}+\vec{B}|=\sqrt{6^2+8^2+10^2}=10\sqrt{2}$

(f) $|\vec{A}-\vec{B}|=\sqrt{(-2)^2+(-2)^2+(-2)^2}=2\sqrt{3}$

답 (a) $2\hat{i}+3\hat{j}+4\hat{k}$, (b) $4\hat{i}+5\hat{j}+6\hat{k}$, (c) $6\hat{i}+8\hat{j}+10\hat{k}$,
(d) $-(2\vec{i}+2\hat{j}+2\hat{k})$, (e)$10\sqrt{2}$, (f) $2\sqrt{3}$

1-4 벡터의 곱

벡터량 곱에는 곱한 결과가 스칼라량이 되는 **스칼라 곱**과, 곱한 결과가 벡터량이 되는 **벡터 곱**이 있다.

1-4-1 스칼라 곱

스칼라 곱은 **내적**이라 하며, **그림** 1-4에서와 같이 두 벡터 $\vec{A}$와 $\vec{B}$의 사이각을 θ라고 할 때 $\vec{A}$의 $\vec{B}$ 방향성분인 $A\cos\theta$ 와 B의 곱, 또는 $\vec{B}$의 $\vec{A}$방향성분인 $B\cos\theta$와 A와의 곱으로 $\vec{A}\cdot\vec{B}$ 표시되는 스칼라량이다.

$$\vec{A} \cdot \vec{B} = AB\cos\theta \tag{1-11}$$

스칼라 곱은 교환법칙과 분배법칙이 성립한다.

- 교환법칙 : $\vec{A} \cdot \vec{B} = \vec{B} \cdot \vec{A}$ (1-12)
- 분배법칙 : $(\vec{A} + \vec{B}) \cdot \vec{C} = \vec{A} \cdot \vec{C} + \vec{B} \cdot \vec{C}$ (1-13)

스칼라 곱의 정의로 부터 직각 좌표상에서 단위벡터의 스칼라 곱에 살펴보면 x, y와 z축이 이루는 각이 90°이므로 다음의 관계를 얻을 수 있다.

$$\hat{i} \cdot \hat{i} = \hat{j} \cdot \hat{j} = \hat{k} \cdot \hat{k} = 1 \times 1 \cos 0° = 1 \tag{1-14a}$$

$$\hat{i} \cdot \hat{j} = \hat{j} \cdot \hat{k} = \hat{k} \cdot \hat{i} = 1 \times 1 \cos 90° = 0 \tag{1-14b}$$

따라서 두 벡터 $\vec{A}$와 $\vec{B}$의 스칼라 곱은 식 (1−15)와 같이 나타내진다.

$$\vec{A} \cdot \vec{B} = (\hat{i}A_x + \hat{j}A_y + \hat{k}A_z) \cdot (\hat{i}B_x + \hat{j}B_y + \hat{k}B_z)$$

$$= A_xB_x + A_yB_y + A_zB_z \tag{1-15}$$

그림 1-4 벡터의 스칼라 곱

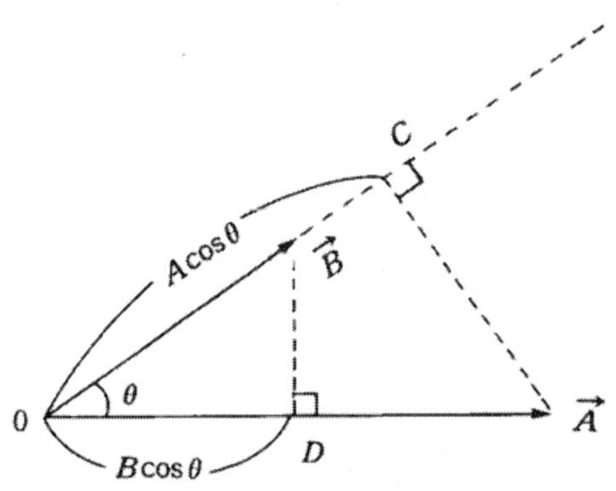

1-4-2 벡터 곱

벡터곱은 **외적**이라 하며 두 벡터 $\vec{A}$와 $\vec{B}$ 의 벡터곱은 $\vec{A}\times\vec{B}$ 라 쓰고 "A 크로스 B"라고 읽는다. **그림** 1-5에서와 같이 두 벡터 $\vec{A}$와 $\vec{B}$가 이루는 각을 θ라 할 때, 벡터곱 $\vec{A}$ X$\vec{B}$는 벡터가 되며, 그 크기는 벡터 $\vec{A}$와 벡터$\vec{B}$ 의 크기에 두 벡터의 **사잇각**의 sin값을 곱한 것과 같으며, 방향은 $\vec{A}$에서 $\vec{B}$ 로 오른 나사를 돌릴 때 오른나사가 진행하는 방향이 된다. 즉, 이 방향은 $\vec{A}$와 $\vec{B}$ 를 포함하는 평면에 수직한 방향이 되고 크기는 A와 B를 한변으로 하는 평행사변형의 면적과 같다.

$$\vec{A}\times\vec{B}=\hat{a}_n\,A\,B\sin\theta \tag{1-16}$$

식 (1-16)에서 $\hat{a}_n$은 $\vec{A}$와 $\vec{B}$가 이루는 평면에 수직한 방향의 단위벡터를 나타낸다. 식 (1-16)에서 알 수 있는 바와 같이 두 벡터의 외적은 각 θ에 따라 벡터의 크기가 다르고 $\vec{A}$와 $\vec{B}$의 곱하는 순서를 바꾸면 벡터의 곱의 방향이 반대가 되므로 식 (1-17)과 같이 나타낸다.

$$\vec{A}\times\vec{B}=-\vec{B}\times\vec{A} \tag{1-17}$$

벡터 곱의 정의로 부터 직각 좌표상의 단위벡터의 벡터 곱에 대하여 살펴보면 각 축이 이루는 각이 각각 90°이므로 다음의 관계를 얻을 수 있다.

$$\hat{i}\times\hat{i}=\hat{j}\times\hat{j}=\hat{k}\times\hat{k}=1\times1\times\sin0^\circ=0 \tag{1-18 a}$$

$$\hat{i}\times\hat{j}=-\hat{j}\times\hat{i}=\hat{k}\sin90^\circ=\hat{k} \tag{1-18 b}$$

$$\hat{k}\times\hat{i}=-\hat{i}\times\hat{k}=\hat{j}\sin90^\circ=\hat{j} \tag{1-18 c}$$

따라서 두 벡터 $\vec{A}$와 $\vec{B}$의 벡터 곱은 식 (1-19)와 같이 행렬식을 이용하면 결과를 쉽게 얻을 수 있다.

$$\vec{A}\times\vec{B}=\begin{vmatrix}\hat{i} & \hat{j} & \hat{k}\\ A_x & A_y & A_z\\ B_x & B_y & B_z\end{vmatrix}$$

$$= \hat{i}\begin{vmatrix} A_y & A_z \\ B_y & B_z \end{vmatrix} - \hat{j}\begin{vmatrix} A_x & A_z \\ B_x & B_z \end{vmatrix} + \hat{k}\begin{vmatrix} A_x & A_y \\ B_x & B_y \end{vmatrix}$$

$$= \hat{i}(A_yB_z - A_zB_y) + \hat{j}(A_zB_x - A_xB_z) + \hat{k}(A_xB_y - A_yB_x) \qquad (1\text{–}19)$$

그림 1-5 벡터 곱의 크기와 방향

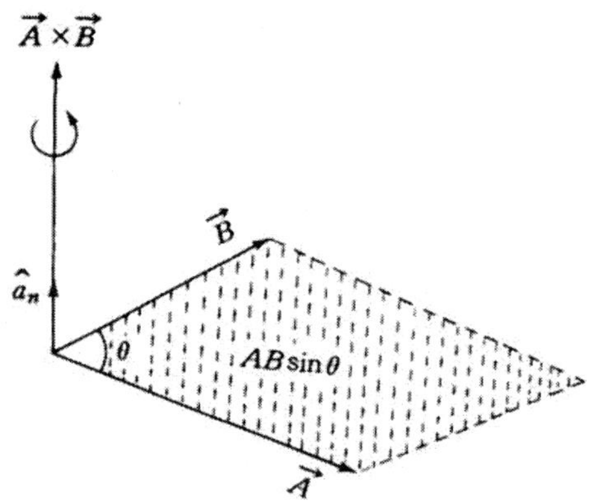

◎ 예제 1-4

두 벡터가 $\vec{A} = 2\hat{i} + \hat{j} - 3\hat{k}$, $\vec{B} = 3\hat{i} + 2\hat{j} + \hat{k}$ 일 때 다음을 구하시오.

(a) 두 벡터의 스칼라 곱　　　　(b) 두 벡터 사이의 각 (cos 값)

✔풀이 (a) $\vec{A}\cdot\vec{B} = 2\hat{i}\cdot 3\hat{j} + \hat{j}\cdot 2\hat{j} - 3k\cdot\hat{k} = 6 + 2 - 3 = 5$

(b) $\cos\theta = \dfrac{\vec{A}\cdot\vec{B}}{|\vec{A}||\vec{B}|} = \dfrac{5}{\sqrt{(2)^2+(1)^2+(-3)^2}\sqrt{(3)^2+(2)^2+(1)^2}}$

$= \dfrac{5}{\sqrt{14}\sqrt{14}} = \dfrac{5}{14}$

답 (a) 5, (b) $\dfrac{5}{14}$

◎ 예제 1-5

두 벡터가 $\vec{A}=\hat{i}-2\hat{j}+3\hat{k}$, $\vec{B}=2\hat{i}-3\hat{j}-\hat{k}$ 일 때 다음을 구하시오.

(a) 벡터 곱

(b) 두 벡터가 이루는 평행 사변형의 면적

풀이 (a) $\vec{A}\times\vec{B}=\begin{vmatrix}\hat{i} & \hat{j} & \hat{k}\\ 1 & -2 & 3\\ 2 & -3 & -1\end{vmatrix}=\hat{i}\begin{vmatrix}-2 & 3\\ -3 & -1\end{vmatrix}-\hat{j}\begin{vmatrix}1 & 3\\ 2 & -1\end{vmatrix}+\hat{k}\begin{vmatrix}1 & -2\\ 2 & -3\end{vmatrix}$

$=\hat{i}\{(-2)(-1)-(3)(-3)\}-\hat{j}\{1(-1)-(3)(2)\}$

$+\hat{k}\{1(-3)-2(-2)\}$

$=11\hat{i}+7\hat{j}+\hat{k}$

(b) $|\vec{A}\times\vec{B}|=\sqrt{11^2+7^2+1^2}=\sqrt{171}$

답 (a) $11\hat{i}+7\hat{j}+\hat{k}$, (b) $\sqrt{171}$

1-5 벡터의 미분연산

1-5-1 스칼라 기울기

그림 1-6에서 V를 좌표 (x, y, z)에 의해서 결정되는 스칼라량이라 할 때, 좌표 (x, y, z)에서 이 값을 $V(x, y, z)$라 하면 $\Delta\ell$ 만큼 변위에 대한 V의 변화는 식 (1-20)과 같다.

$$\Delta V=\frac{\partial V}{\partial x}\Delta x+\frac{\partial V}{\partial y}\Delta y+\frac{\partial V}{\partial z}\Delta z \tag{1-20}$$

따라서 식 (1-20)을 벡터의 스칼라 곱으로 나타내면 식 (1-21)과 같이 된다.

$$\Delta V=\left(\hat{i}\frac{\partial V}{\partial x}+\hat{j}\frac{\partial V}{\partial y}+\hat{k}\frac{\partial V}{\partial z}\right)\cdot(\hat{i}\Delta x+\hat{j}\Delta y+\hat{k}\Delta z) \tag{1-21}$$

$$=\left(\hat{i}\frac{\partial V}{\partial x}+\hat{j}\frac{\partial V}{\partial y}+\hat{k}\frac{\partial V}{\partial z}\right)\cdot\vec{\Delta\ell}$$

식 (1-21)에서 $\hat{i}\frac{\partial V}{\partial x}+\hat{j}\frac{\partial V}{\partial y}+\hat{k}\frac{\partial V}{\partial z}$ 를 점 (x, y, z)에 대한 V의 기울기(gradient)라 하고, 이는 **그림** 1-6의 공간영역 내의 한 점 (x, y, z)에 대한 스칼라 함수 $V(x, y, z)$의 미분으로 주어지는 V의 기울기를 의미하며, 식 (1-22)와 같이 표현된다.

$$\nabla V=\text{grad}\,V=\hat{i}\frac{\partial V}{\partial x}+\hat{j}\frac{\partial V}{\partial y}+\hat{k}\frac{\partial V}{\partial z}=\left(\hat{i}\frac{\partial}{\partial x}+\hat{j}\frac{\partial}{\partial y}+\hat{k}\frac{\partial}{\partial z}\right)V \tag{1-22}$$

식 (1-22)에서 $\nabla=\hat{i}\frac{\partial}{\partial x}+\hat{j}\frac{\partial}{\partial y}+\hat{k}\frac{\partial}{\partial z}$ 를 **벡터의 미분 연산자** 또는 **해밀톤의 연산자**라 하며, **나블라**(nabla) 또는 **델**(del)로 읽는다.

따라서 스칼라함수의 공간영역내의 한점 (x, y, z)에 대한 미분은 크기와 방향이 있는 벡터량이다.

그림 1-6 스칼라 기울기

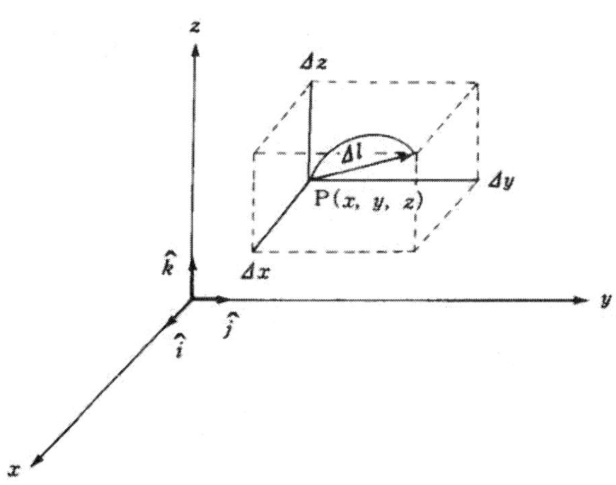

1-5-2 벡터의 발산(divergence)

벡터의 미분연산자 ∇를 하나의 벡터로 보고 이것과 다른 벡터

$A = (\hat{i} A_x + \hat{j} A_y + \hat{k} A_z)$와 스칼라 곱을 취하면 식 (1−23)을 얻는다.

$$\nabla \cdot \vec{A} = \text{div}\vec{A} = \left(\hat{i}\frac{\partial}{\partial x} + \hat{j}\frac{\partial}{\partial y} + \hat{k}\frac{\partial}{\partial z}\right) \cdot (\hat{i} A_x + \hat{j} A_y + \hat{k} A_z)$$
$$= \frac{\partial A_x}{\partial x} + \frac{\partial A_y}{\partial y} + \frac{\partial A_z}{\partial z} \tag{1-23}$$

$\nabla \cdot \vec{A}$ 를 벡터 $\vec{A}$의 발산이라고 부른다. $\nabla \cdot \vec{A}$ 대신에 div$\vec{A}$라고 쓰기도 한다.

$$\nabla \cdot \vec{A} = \text{div}\vec{A} = \frac{\partial A_x}{\partial x} + \frac{\partial A_y}{\partial y} + \frac{\partial A_z}{\partial z} \tag{1-24}$$

식 (1−24)의 물리적 의미는 공간내의 각 점에 대한 벡터 $\vec{A}$의 원천의 세기를 나타내는 스칼라 양이다.

(1) 가우스의 발산정리

체적 V에 대하여 벡터장 $\vec{A}$의 발산에 대한 부피 적분이 그 부피 V를 둘러싼 폐곡면 위에서 벡터장 $\vec{A}$의 면적분과 같다는 것을 의미한다.

$$\int_v \nabla \cdot \vec{A} dv = \oint_s \vec{A} \cdot \hat{n} ds \tag{1-25}$$

식 (1−25)에서 $\hat{n}$은 폐곡면에 수직이고 폐곡면에서 밖으로 향하는 단위벡터를 나타낸다. 이 식의 의미는 임의의 폐곡면 내의 단위 체적당 발산하는 유량의 체적에 대한 총합은 체적 표면을 통하여 유출하는 벡터의 총 양과 같다. 이와 같은 관계를 **가우스의 발산정리**(divergrnce theorem)라 한다.

(2) 라플라스 방정식

벡터의 발산을 나타내는 식 (1−24)의 기울기는 식 (1−26)과 같이 구해진다.

$$\text{div grad} V = \nabla \cdot \nabla V$$
$$= \left(\hat{i}\frac{\partial}{\partial x} + \hat{j}\frac{\partial}{\partial y} + \hat{k}\frac{\partial}{\partial z}\right) \cdot \left(\hat{i}\frac{\partial}{\partial x} + \hat{j}\frac{\partial}{\partial y} + \hat{k}\frac{\partial}{\partial z}\right) V$$

$$= \left(\frac{\partial^2}{\partial x^2} + \frac{\partial^2}{\partial y^2} + \frac{\partial^2}{\partial z^2}\right) V$$

$$= \left(\frac{\partial^2 V}{\partial x^2} + \frac{\partial^2 V}{\partial y^2} + \frac{\partial^2 V}{\partial z^2}\right) \quad (1\text{–}26)$$

(식 1−22)에서 $\nabla \cdot \nabla = \nabla^2 = \frac{\partial^2}{\partial x^2} + \frac{\partial^2}{\partial y^2} + \frac{\partial^2}{\partial z^2}$ 로 이를 **리플라스 연산자** 또는 라플라시안(Laplacian)이라 한다.

1–5–3 벡터의 회전

(1) 벡터의 회전

벡터의 회전은 벡터의 미분연산자 ∇와 벡터 $\overrightarrow{A}$와의 벡터 곱을 의미하는 것으로 다음과 같이 표시한다.

$$rot A = curl \overrightarrow{A} = \nabla \times \overrightarrow{A}$$

$$= \begin{vmatrix} \hat{i} & \hat{j} & \hat{k} \\ \frac{\partial}{\partial x} & \frac{\partial}{\partial y} & \frac{\partial}{\partial z} \\ Ax & Ay & Az \end{vmatrix}$$

$$= \hat{i}\left(\frac{\partial A_z}{\partial y} - \frac{\partial A_y}{\partial z}\right) + \hat{j}\left(\frac{\partial A_x}{\partial z} - \frac{\partial A_z}{\partial A_x}\right) + \hat{k}\left(\frac{\partial A_y}{\partial x} - \frac{\partial A_x}{\partial y}\right) \quad (1\text{–}27)$$

(2) 스토크의 정리

벡터 $\overrightarrow{A}$의 접선 방향의 성분을 어떤 곡선 C를 따라서 선 적분한 결과는 곡면 C로 감싼곡면 S에 대하여 $\nabla \times \overrightarrow{A}$의 법선성분을 면적분한 것과 같다.

$$\oint_{c'} \overrightarrow{A} \cdot \vec{dl} = \int_s \nabla \times \overrightarrow{A} \cdot ndS \quad (1\text{–}28)$$

식 (1−28)에서 S는 C를 주변으로 하는 면적이고, $\hat{n}$은 이 면의 법선벡터로 C

의 적분방향과 오른손법칙의 관계에 있다. 식 (1-28)을 **스토크의 정리**(Stokes'theorem)라 하며, 선적분을 면적분으로 또는 면적분을 선적분으로 바꾸는 경우에 사용된다.이 관계는 벡터 $\vec{A}$가 미분 가능하면 항상 성립하는 정리이다.

◎ **예제 1-6**

벡터 $\vec{A}=x\hat{i}+y\hat{j}+z\hat{k}$ 에서 다음을 구하시오.

(a) ∇A, (b) $\nabla \cdot \vec{A}$, (c) $\nabla \times \vec{A}$

풀이 (a) $\nabla|\vec{A}|=\left(\hat{i}+\frac{\partial}{\partial x}+\hat{j}\frac{\partial}{\partial y}+\hat{k}\frac{\partial}{\partial z}\right)\sqrt{x^2+y^2+z^2}$

$$=\frac{x\hat{i}+y\hat{j}+z\hat{k}}{\sqrt{x^2+y^2+z^2}}=\hat{a}_A$$

(b) $\nabla \cdot |\vec{A}|=(\hat{i}\frac{\partial}{\partial x}+j\frac{\partial}{\partial y}+\hat{k}\frac{\partial}{\partial z})\cdot(x\hat{i}+y\hat{j}+z\hat{k})$

$$=1+1+1=3$$

(c) $\nabla \times |\vec{A}| =\begin{vmatrix} \hat{i} & \hat{j} & \hat{k} \\ \frac{\partial}{\partial x} & \frac{\partial}{\partial y} & \frac{\partial}{\partial z} \\ x & y & z \end{vmatrix} = \hat{i}\begin{vmatrix} \frac{\partial}{\partial y} & \frac{\partial}{\partial z} \\ y & z \end{vmatrix} = \hat{j}\begin{vmatrix} \frac{\partial}{\partial x} & \frac{\partial}{\partial z} \\ x & z \end{vmatrix}$

$$= \hat{k}\begin{vmatrix} \frac{\partial}{\partial x} & \frac{\partial}{\partial y} \\ x & y \end{vmatrix}$$

$$=0$$

답 (a) $\vec{a}_A$, (b) 3, (c) 0

1-6 원통 좌표계

전자계 문제를 다룰 때 직각 좌표계 뿐만 아니라 원통이나 구대칭성의 문제를 취급하기 위하여 **구좌표계**나 **원통 좌표계**를 이용한다.

원통 좌표계에서는 직각 좌표계에서와 같이 3개의 좌표축을 설정하지 않고 공간내의 점들은 서로 직교하는 3개면의 교차점이 된다. 이 3개면들은 r이 알정한 원통면, ϕ가 일정한 평면과 z가 일정한 2개의 평면들이다. 원통 좌표계의 3개면은 **그림** 1-7

의 (a)와 같이 표시된다. 이들 3개면은 z축상을 제외한 모든 점을 통과하며, z축상의 모든점을 통과하는 것은 1개면 뿐이다.

원통좌표계의 단위벡터는 좌표값이 일정한 평면에 직각이고 좌표값이 증가하는 방향으로 정의하면 **그림** 1-7의 (b)와 같이 $\widehat{a_r}$, $\widehat{a_\phi}$ 및 $\widehat{a_z}$ 등으로 표시할 수 있다. 따라서 점 $\mathrm{P}(r,\phi,z)$에서의 단위벡터 $\widehat{a_r}$은 원통면 $r=r_1$에 직각이고 원통 바깥쪽을 향하는 방향을 가지며 $\phi=\phi_{1,} z=z_1$ 인 두 평면상에 있다. 단위 벡터 $\widehat{a_\phi}$는 $\phi=\phi_1 1$ 인 면에 직각으로 ϕ가 증가하는 방향을 가지고 $z=z_1$ 인 평면상에 있으며 $r=r_1$ 인 원통면의 접선 방향이 된다. 단위벡터 $\widehat{a_z}$는 직각 좌표계에서와 같다.

그림 1-7 원통 좌표계

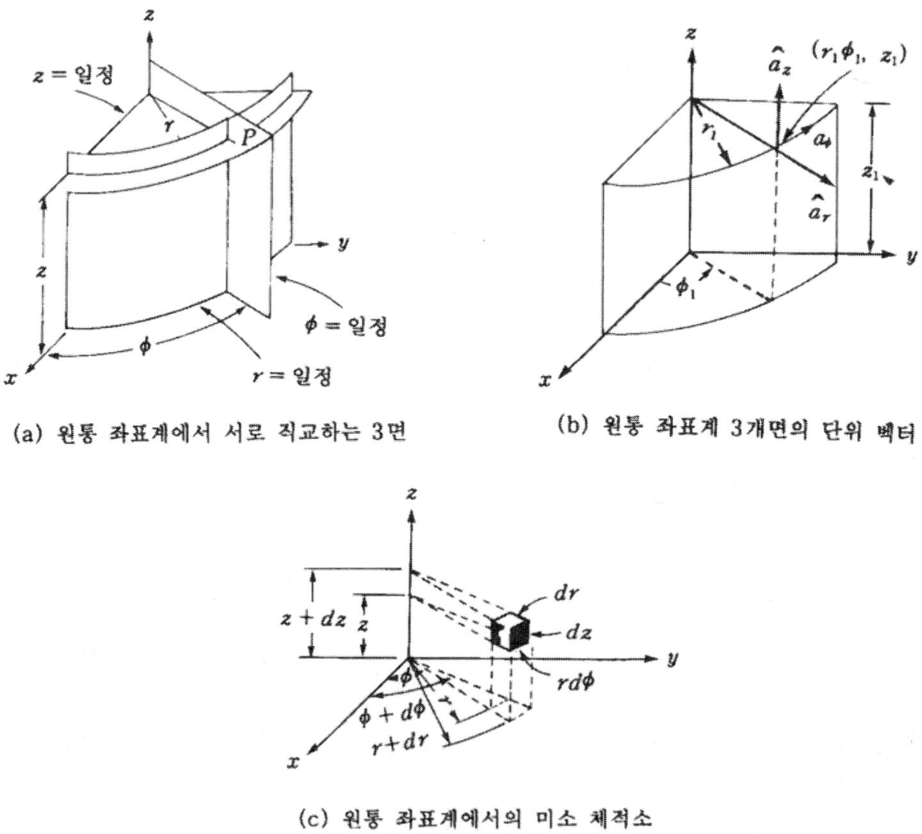

(a) 원통 좌표계에서 서로 직교하는 3면

(b) 원통 좌표계 3개면의 단위 벡터

(c) 원통 좌표계에서의 미소 체적소

이 단위벡터들은 서로 직각이며, 각 단위벡터는 서로 직교하는 3면의 어느 1 면의 법선 방향과 같은 방향을 갖는다. $\hat{a_r} \times \hat{a_\phi} = \hat{a_z}$ 인 관계가 성립되는 것을 오른손 원통 좌표계로 정의할 수 있으며, 이 경우에 세 손가락을 서로 직각이 되도록 펼 때 엄지 손가락, 집게 손가락 및 가운데 손가락이 각각 r, ϕ 및 z 가 증가하는 방향을 가리키게 된다. r, Φ, z 들을 각각 미소량 dr, $d\phi$, dz 만큼씩 증가시킴으로서 **그림** 1-8의 (c)와 같이 미소 체적소를 얻는다. 크기가 매우 작아지면 이 체적소의 모양은 변의 길이가 각각 $dr, rd\phi, dz$ 인 직육면체와 같다고 볼 수 있다. 이 미소체적소의 각면의 면적은 $rdr\,d\phi$, $dr\,dz$ 및 $rd\phi\,dz$ 가 되며, 체적은 $rdr\,d\phi\,dz$로 표시된다.

1-7 구 좌표계

세 직각 좌표축을 갖는 공간의 한 점의 **구 좌표**를 표시하면 **그림** 1-8(a)와 같다. 첫째좌표 r은 원점으로부터 그 점까지의 거리를 표시하며, r 이 일정한 면은 구면을 표시한다. 둘째 좌표 θ는 z축과 이 점과 원점을 연결하는 직선 사이의 각을 표시하며, θ가 일정한 면은 원추면이 된다. 이 원추면과 r 이 일정한 구면들은 이 두면이 교차하는 곡선 (이 곡선은 반경이 $rsin\theta$ 인 원이다)상의 모든 점에서 직교한다. 이 좌표 θ는 지구의 북극을 기준으로 한 것으로 생각하면 된다. 세번째 좌표 ϕ 는 원톤좌표계의 경우와 동일하며, 그 점과 원점을 연결하는 직선을 $z=0$ 인 평면에 투영한 선과 x축과의 사잇각을 표시한다.

그림 1-8(a)의 구 좌표계에서 공간내의 한 점을 표시하면 **그림** 1-8(b)와 같이 앞에서 설명한 세 개의 면인 구면, 원추면 및 평면의 교차점으로 표시된다.

구 좌표계에서 단위벡터는 위에서 설명한 3면 중 하나와 직각이 되며, 그면이 증가하는 방향을 갖는다. 단위벡터 $\hat{a_r}$ 은 r 이 일정한 구면과 직각이며 θ 가 일정한 원추면과 ϕ가일정한 평면상에 놓이게 된다. 단위벡터 $\hat{a_\phi}$ 는 그 면을 통과하는 원추면과 직각이며 ϕ가일정한 평면상에 놓이게 되고 r 이 일정한 구면의 접선방향이 된다. 단위벡터 $\hat{a_\phi}$ 는 원통 좌표계의 $\hat{a_\phi}$ 와 같으며 z 축을 북쪽으로 취하면 동쪽 방향으로 향하는 벡터이다. 이 단위벡터들을 **그림** 1-8(c)에 나타내었다. 이 단위벡터들은 서로 직교하고 $\hat{a_r} \times \hat{a_\theta} = \hat{a_\phi}$ 의 관계가 성립하는 오른손 구좌표계 이다. 이 경우에 세 손가락을 서로 직각이 되도록 펼 때 엄지 손가락, 집게 손가락 및 가운데 손가락이 각각 r, θ 및 ϕ 가 증가하는 방향을 가리키게 된다.

구 좌표계에서의 미소 체적소는 **그림** 1-8(c)와 같이 r, θ 및 ϕ 를 dr, $d\theta$, $d\phi$ 만큼씩 증가시킴으로서 만들 수 있다. 이 미소 체적소를 이루는 반경이 r, $r+dr$ 인 구면 사이의 거리는 dr 이며 좌표가 $\theta, \theta+d\theta$인 두 원추면 사이의 거리는 $rd\theta$ 이다. 또한 좌표가 $\phi, \phi+d\phi$인 두 면 사이의 거리는 $r\sin\theta\, d\phi$ 가 된다. 따라서 이 체적소들의 면적은 각각 $rdr\, d\theta$, $r\, \sin\theta d\, rd\phi$ 와 $r^2\sin\theta\, d\theta\, d\phi$ 이고, 이 세 면으로 구성되는 미소체적은 $r^2\sin\theta\, dr\, d\theta\, d\phi$이다.

그림 1-8 구좌표계

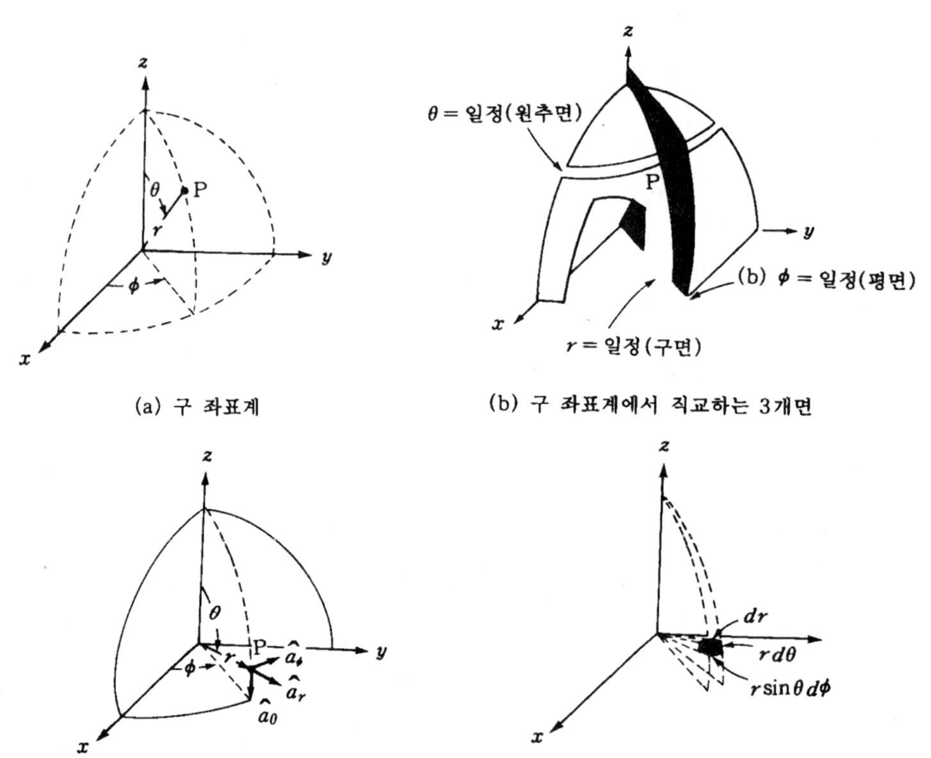

(a) 구 좌표계

(b) 구 좌표계에서 직교하는 3개면

(c) 구 좌표계의 단위 벡터

(d) 구 좌표계의 미소 체적소

연 습 문 제

01 두 벡터가 $\vec{A}=\hat{i}+2\hat{j}+3\hat{k},\ \vec{B}=-\hat{i}+2\hat{j}+\hat{k}$ 일 때 다음을 구하시오.

(a) $\vec{A}+\vec{B}$ (b) $\vec{A}-\vec{B}$ (c) $\vec{A}\cdot\vec{B}$

(d) $\vec{A}\times\vec{B}$ (e) $\vec{A}$와 $\vec{B}$ 사이의 각

02 두 벡터 $\vec{A}=\hat{i}+2\hat{j}+3\hat{k},\ \vec{B}=-2\hat{i}+\hat{j}+2\hat{k}$ 가 직교할 때 Ax 의 값을 구하시오.

03 점 A (1, 2, 2), B(−3, 6, 4) 가 주어졌을 때 다음을 구하시오.

(a) 점 P에서 점 Q로 향하는 벡터의 단위 벡터

(b) 벡터 $\vec{A}+\vec{B}$ 의 방향여현

04 두 벡터가 $\vec{A}=4\hat{i}+2\hat{j}+3\hat{k},\ \vec{B}=-\hat{i}+2\hat{j}+8\hat{k}$ 이다. 다음을 구하시오.

(a) 벡터 A의 B방향 성분

(b) 벡터 $\vec{A}$와 벡터 $\vec{B}$ 가 삼각형의 두 변을 나타낼 때 이 삼각형의 면적

05 세 벡터 $\vec{A}=\hat{i}+2\hat{j}+3\hat{k}, \vec{B}=2\hat{i}-\hat{j}-2\hat{k}, \vec{C}=3\hat{i}+\hat{j}-2\hat{k}$ 일 때 다음을 구하시오.

(a) $(A\times B)\cdot C$ (b) $(A\times B)\times C$

06 스칼라 함수 $\phi(x,y,z)=3x^2y+y^3z^2$ 에 대하여 점 (1, −1, 2) 에서의 $\nabla\phi$를 구하시오.

07 벡터 $\vec{A}=x^2\hat{i}+3x^2y^2\hat{j}+x^2yz\hat{k}$ 일 때 $\nabla\cdot A$를 구하시오.

08 점 A(2, −1, −3)에서 점 B(1, 3, 4)로 향하는 벡터를 구하시오.

Chapter

02 정전계

2-1 정전기

물체를 마찰시키면 물체가 전기적인 성질을 갖게 되는데 이 전기를 **마찰전기**(triboelectricity)라 한다. 이는 마찰에 의하여 물체에 전하가 발생하기 때문이며, 이때 전하란 물체가 띨 수 있는 정전기의 기본적인 전기량이다. 이와 같이 물체가 전기적인 성질을 갖게 되는 것을 대전이라 하고, 대전된 물체를 대전체라 한다. 마찰력에 의하여 발생한 전하에는 양전하(+)와 음전하(−)가 있다. 같은 종류의 전하 사이에는 반발력이 작용하고 다른 종류의 전하 사이에는 흡인력이 작용한다는 사실을 알게 되었으며 이와 같이 전하사이에 작용하는 힘은 **쿨롱의 법칙**에 의하여 설명된다.

일반적으로 물질을 이루고 있는 원자는 양전하를 지니는 원자핵과 그 주위에 음전하를 지니는 전자로 구성되어 있으며, 보통 상태 에서는 원자핵의 양전하량과 전자의 음전하량이 서로 같아서 전기적으로 중성을 띠게 된다. 그러나 어떤 원인에 의하여 전자를 잃게 되면 물체는 양전하를 띠게되고 잉여전자를 갖게 될 때는 음전하를 띠게 된다.

양도체(conductor)인 은이나 구리 같은 금속은 극히 많은 자유전자를 가지고 있어서 외부의 전기력에 의해서 아주 쉽게 많은 전하의 이동이 가능하다. 그러나 부도체인 종이나 운모와 같은 물질은 전자에 대한 핵의 구속력이 아주 강하여 전자가 구속으로부터 벗어나기 매우 어려운 성질을 지닌다. 이와 같은 물질을 **절연체**(insulator) 또는 **유전체**(dielectric material)라 불린다. 또한 전자의 이동 정도가 도체와 절연체의 중간에 속하는 성질을 가진 Si나 Ge같은 물질을 **반도체**(semiconductor)라 한다.

2-2 쿨롱의 법칙

프랑스의 쿨롱(Coulomb)은 1785년 비틀림 저울을 사용하여 2개의 대전체 사이에 작용하는 힘을 정량적으로 측정하는 데 성공하였다. 이 실험에서 쿨롱은 대전체를 점전하로 취급할 수 있도록 대전체의 크기를 대전체 사의 거리에 비하여 충분히 작게하였다. 쿨롱의 실험결과를 요약하면 다음과 같다.

- 같은 종류의 전하 사이에는 반발력이 작용하고 다른 종류의 전하 사이에는 흡인력이 작용한다.
- 2개의 대전체 사이에 작용하는 힘의 크기는 각각의 대전체가 지니는 전하의 곱에 비례한다.
- 2개의 대전체 사이에 작용하는 힘의 크기는 대전체 사이의 거리의 제곱에 반비례한다.
- 2개의 대전체 사이에 작용하는 힘의 방향은 2개의 대전체를 연결한 직선방향이다.

쿨롱의 실험결과를 나타내면 식 (2-1)과 같다.

$$\vec{F} = k\frac{Q_1 Q_2}{r^2}\hat{a_r} \quad [\text{N}] \tag{2-1}$$

식 (2-1) $\vec{F}$는 대전체에 작용하는 [N]으로 이를 쿨롱의 법칙이라하며 이를 그림 2-1에 나타내었다. 이 식에서 $Q_{1,}\, Q_2$는 대전체의 전하량[C]이고, r은 대전체 사이의 거리[m]이며, $\hat{a_r}$ 는 두 점 전하를 잇는 직선방향의 단위 벡터를 나타낸다.

식 (2-1)의 비례상수 k 는 대전체 사이의 매질을 진공이라 가정하여 사용하면 식 (2-2)와 같이 된다.

$$k = \frac{1}{4\pi\epsilon_o} \tag{2-2}$$

여기서 ε_o는 진공의 유전율이라 하며 식 (2-3)과 같다.

$$\epsilon_o = \frac{1}{36\pi \times 10^9} = 8.855 \times 10^{-12} \quad [\text{F/m}] \tag{2-3}$$

식 (2-2)를 식 (2-1)에 대입하면 쿨롱의 힘 $\vec{F}$ 는 식 (2-4)와 같다.

$$\vec{F}=\frac{Q_1Q_2}{4\pi\epsilon_0 r^2}\hat{a_r} \fallingdotseq 9\times10^9\frac{Q_1Q_2}{r^2}\hat{a_r}\ [\mathrm{N}] \tag{2-4}$$

그림 2-1 Coulomb의 법칙

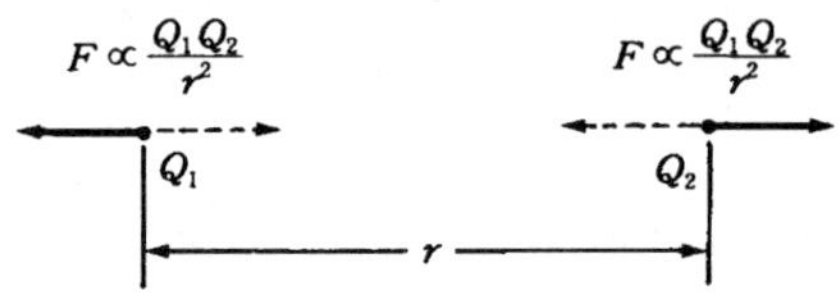

◎ 예제 2-1

크기가 2×10^{-6} [C]인 두 개의 같은 점전하 사이에 작용하는 힘이 4×10^{-3}[N] 일 때 이 두 점전하 사이의 거리를 구하시오.

풀이 $|\vec{F}|=\frac{Q_1Q_2}{4\pi\epsilon_0 r^2}=9\times10^9\frac{Q^2}{r^2}$ $\quad\therefore r=\sqrt{9\times10^9\cdot\frac{(2\times10^{-6})^2}{4\times10^{-3}}}=3[\mathrm{m}]$

답 $r=3[\mathrm{m}]$

◎ 예제 2-2

진공중의 한 점 P(1,2,3)에 $Q_1=3\times10^{-4}$ [C]의 전하가 있고, 다른 한 점 Q(2,0,5)에 $Q_2=-10^{-4}$ [C]의 전하가 놓여 있을 때 Q_2 에 작용하는 힘 $\vec{F_2}$ 를 구하시오.

풀이 $|\vec{F_2}|=\frac{Q_1Q_2}{4\pi\epsilon_0 r^2}\hat{a_r}$

$\vec{r}=(2-1)\hat{i}+(0-2)\hat{j}+(5-3)\hat{k}=\hat{i}-2\hat{j}+2\hat{k}$

$r=|\vec{r}|=\sqrt{(1)^2+(-2)^2+2^2}=\sqrt{9}=3$

$\vec{F_2}=9\times10^9\frac{3\times10^{-4}\cdot(-10^{-4})}{3^2}\cdot\frac{\hat{i}-2\hat{j}+2\hat{k}}{3}=-10\hat{i}+20\hat{j}-2\hat{k}$

답 $\vec{F_2}=-10\hat{i}+20\hat{j}-20\hat{k}$

2-3 전 계

쿨롱의 법칙에서 살펴보았듯이 대전체 주위에 점전하를 놓으면 이 점전하에 힘이 작용한다. 이와 같이 대전체 주위에 힘이 작용하는 공간, 즉 전기적인 힘이 작용하는 공간을 그 대전체에 의한 **전계** 또는 **전기장**이라고 한다. 특히 정지상태의 전하에 의하여 형성된 전계를 **정전계**라 한다.

이와 같은 전계의 세기는 전계 내의 한 점에 단위 정전하 +1[C]을 놓았을 때 이에 작용하는 힘으로 정의한다. 이 경우 단위 정전하는 이 전하에 의하여 생기는 전계가 본래의 전계에 어떠한 영향도 주지 않은 미소전하로 가정하며 이러한 조건을 만족하는 전하를 가상하여 시험전하(test charge)라 한다.

그림 2-2에서 전하 $Q[C]$에 의하여 전계가 형성되고 이 전하에서 $r[m]$ 떨어진 점 P에 놓인 점전하 $q[C]$에 작용하는 힘은 쿨롱의 법칙에 의하여 식 (2-5)와 같이 구해진다.

$$\vec{F}_P = \frac{Qq}{4\pi\epsilon_0 r^2}\hat{a_r} \ [\mathrm{N}] \tag{2-5}$$

그림 2-2 점전하에 의한 전계의 세기

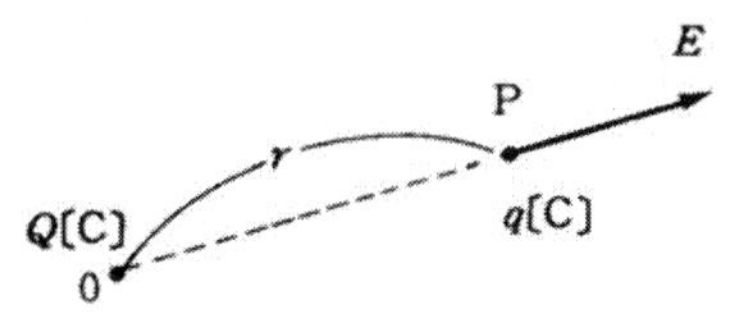

식 (2-5)에서 $q[C] = +1[C]$일 때 이 전하에 작용하는 힘을 점 P의 전계의 세기라하며 식 (2-6)과 같다.

$$\vec{E} = \frac{Q}{4\pi\epsilon_0 r^2}\hat{a_r} \ [\mathrm{V/m}] \tag{2-6}$$

전계 $\vec{E}$의 단위는 1 [C]당의 힘으로 [N/C]이지만 실제로는 [V/m]의 단위를 사용한다.

다수의 점전하에 의한 전계의 세기에 대하여 살펴보자. **그림** 2-3과 같이 두 개의 점전하 $Q_1[C]$, $Q_2[C]$ 가 원점으로부터 각각 r_1[m], r_2[m] 인 공간상의 점 A과 점 B에 놓여 있다고 가정할 때, 점 P에서의 전계의 세기는 점 P에 단위 정전하를 놓았을 때 각 전하와 단위 정전하와 작용하는 쿨롱의 힘의 벡터합이다. Q_1 에 의한 전계의 세기를 $\overrightarrow{E_1}$ 이라 하고, Q_2 에 의한 전계를 $\overrightarrow{E_2}$ 라 하면 점 P에서의 전계는 식 (2-7)과 같이 구해진다.

$$\overrightarrow{E} = \overrightarrow{E_1} + \overrightarrow{E_2} \tag{2-7}$$

공간상에 n개의 점전하가 존재할 때의 전계의 세기는 각 점전하에 의한 전계의 세기의 벡터합으로 식 (2-8)과 같다.

$$\overrightarrow{E} = \overrightarrow{E_1} + \overrightarrow{E_2} + \cdot \cdot \cdot \cdot \cdot + \overrightarrow{E_n} = \sum_{i=0}^{n} \overrightarrow{E_i} \tag{2-8}$$

그림 2-3 2 개의 점전하에 의한 전계의 세기

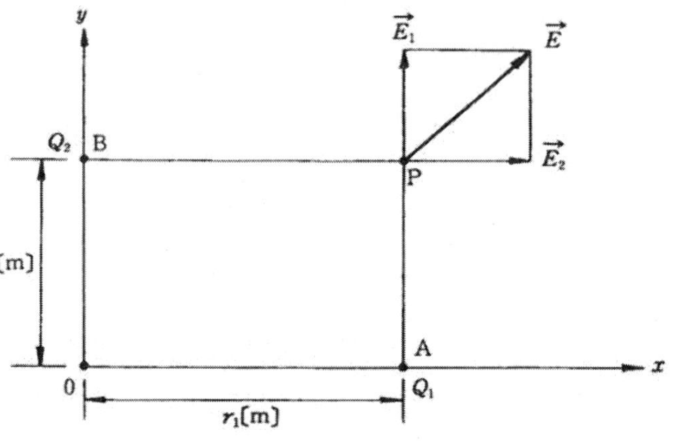

◎ 예제 2-3

진공중의 진공중의 한 점 P에 $Q_1 = 5\times 10^{-8}$ [C]의 전하가 있고, 다른 한 점 Q에 $Q_2 = -20\times 10^{-8}$ [C]의 두 점전하가 10 [cm]의 거리에 있을 때 두 전하의 중점에서 전계의 세기를 구하고 벡터 방향을 표시하시오.

✔풀이

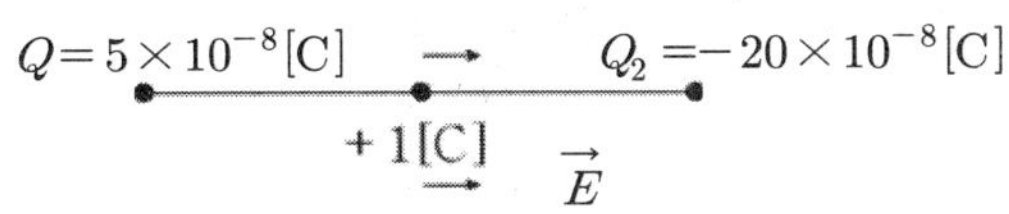

$$E=\frac{Q_1}{4\pi\epsilon_0 r^2}+\frac{Q_2}{4\pi\epsilon_0 r^2}(Q_1+Q_2)$$

$$=9\times 10^9\frac{1}{(5\times 10^{-2})^2}(5\times 10^{-8}+20\times 10^{-8})$$

$$=9\times 10^5[\mathrm{V/m}]$$

답 $E=9\times 10^5$ [V/m]

◎ 예제 2-4

한 변의 길이가 1 [m]인 정삼각형의 두 정점에 10^{-4} [C]의 점전하가 있을 때 또 다른 정점에서 전계의 세기를 구하고 벡터 방향을 표시하시오.

✔풀이

$$\vec{E}=\vec{E_1}+\vec{E_2}$$

$$E=E_1\cos 30^\circ+E_2\cos 30^\circ\ (E_1=E_2)$$

$$\therefore E=2E_1\cos 30^\circ$$

$$=2\frac{Q}{4\pi\epsilon_0 r^2}\cos 30^\circ$$

$$=2\cdot 9\times 10^9\frac{10^{-4}}{1^2}\cos 30^\circ$$

$$=15.6\times 10^5[\mathrm{V/m}]$$

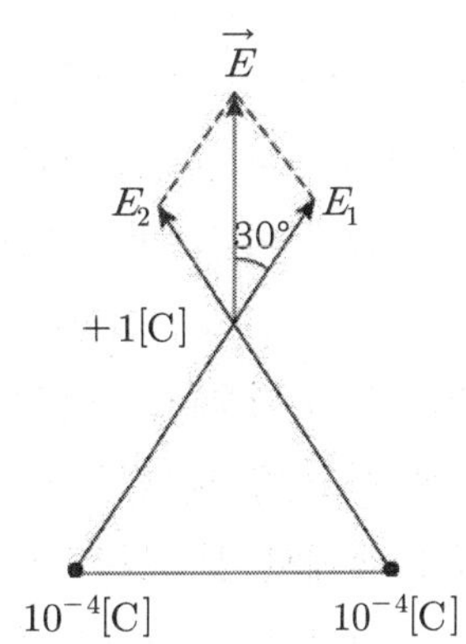

답 15.6×10^5 [V/m]

◎ 예제 2-5

직각 좌표계의 점 (-1,3,2)에 점전하 28 [nC]이 놓여 있다. 원점에서 전계의 세기를 구하시오.

풀이

$$\vec{r} = \{0-(-1)\}\hat{i} + (0-3)\hat{j} + (0-2)\hat{k} = \hat{i} - 3\hat{j} - 2\hat{k}$$

$$\hat{a_r} = \frac{\vec{r}}{|\vec{r}|} = \frac{\hat{i}-3\hat{j}-2\hat{k}}{\sqrt{(1)^2+(-3)^2+(-2)^2}} = \frac{\hat{i}-3\hat{j}-2\hat{k}}{\sqrt{14}}$$

$$\vec{E} = 9\times10^9 \frac{Q}{r^2}\hat{a_r}$$

$$= 9\times10^9 \frac{28\times10^{-9}}{(\sqrt{14})^2} \cdot \frac{\hat{i}-3\hat{j}-2\hat{k}}{\sqrt{14}}$$

$$= \frac{18}{\sqrt{14}}(\hat{i}-3\hat{j}-2\hat{k})$$

답 $\frac{18}{\sqrt{14}}(\hat{a_x} - 3\hat{a_y} - 2\hat{a_z})$

2-4 전기력선과 전기력선 방정식

전계 내의 각 점에서의 전계 E[V/m]를 알면 **전기력선**이 작용하는 모양을 알 수 있게 된다. 전기력선은 전계의 모양을 그림으로 나타내기 위한 가상적인 선으로 전계내에서 단위 정전하를 놓을 때 이 단위 정전하가 전계에 의하여 힘을 받아 이동하는 모습을 나타낸 선이다. 전기력선 상의 임의 점에서 접선방향이 힘이 작용하는 방향이며 이는 전계의 방향과 일치한다. 이는 진공중의 두 대전체 사이에는 쿨롱의 법칙을 따르는 정전기력이 작용하고 이 것은 두 대전체 사이에 눈에 보이지 않는 선이 존재하고, 전기력은 이 선을 따라서 작용한다고도 생각 할 수 있다.

그림 2-4에서 실선들은 전기력선을 나타낸다. 전기력선의 방향은 양전하의 경우 외측으로 향하고 음전하의 경우는 내측으로 향함을 나타낸다. 또한 전기력선은 양전하에서 음전하를 향함을 알 수 있다.

그림 2-4 점전하에 의한 전기력선

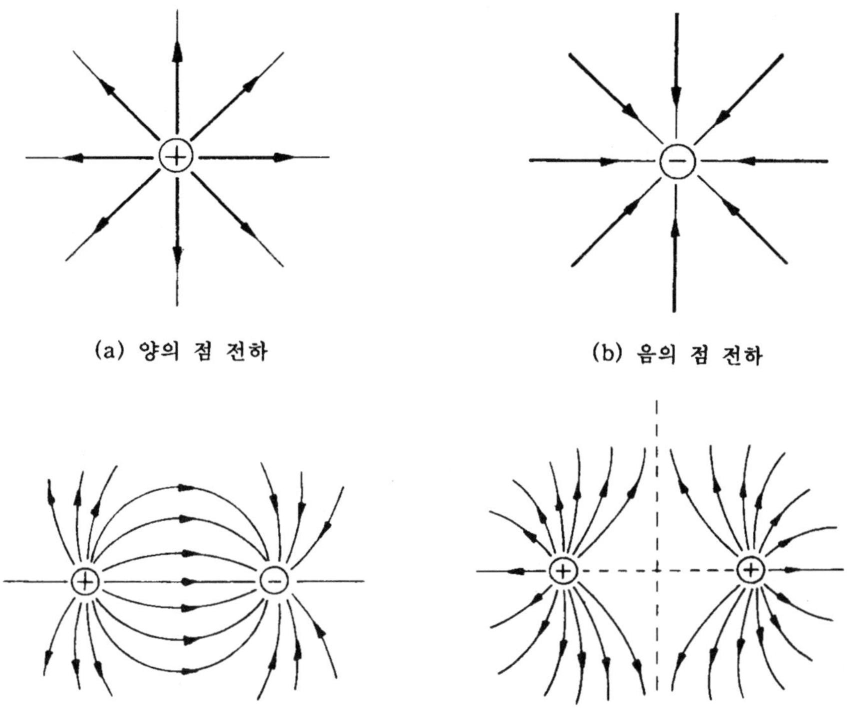

(a) 양의 점 전하 (b) 음의 점 전하 (c) 양, 음의 점 전하 (d) 양의 두 점 전하

2-4-1 전기력선의 성질

- 전기력선은 양전하(+)에서 시작하여 음전하(–)에서 끝난다.
- 전기력선은 전하가 없는 곳에서는 발생과 소멸이 없고 연속적이다.
- 전기력선은 전위가 높은 곳에서 낮은 곳으로 향한다.
- 전계가 0이 아닌 곳에서는 두 개의 전기력선은 교차하지 않는다.
- 도체 내부에는 전기력선은 없다.
- 진공 중의 단위 전하에서는 $1/\epsilon_0$개의 전기력선이 출입한다.

- 전기력선은 도체표면에 수직으로 출입한다.
- 전기력선의 방향은 전계의 방향과 일치하고, 전기력선의 밀도는 그 점에서의 전계의 세기이다.

2-4-2 전기력선의 방정식

전기력선을 수식적으로 나타내기 위하여 **그림** 2-5에서와 같이 전기력선상에 미소부분 Δl을 취하고 이의 x, y, z 성분을 각각 $\Delta x, \Delta y, \Delta z$라 하면 Δl의 방향여현 l_1, m_1, n_1은 식 (2-9)과 같다.

$$l_1 = \frac{\Delta x}{\Delta l},\ m_1 = \frac{\Delta y}{\Delta l},\ n_1 = \frac{\Delta z}{\Delta l} \tag{2-9}$$

이 Δl 방향의 전계 $\vec{E} = \hat{i}E_x + \hat{j}E_y + \hat{k}E_z$ 의 방향여현 $l_2,\ m_2,\ n_2$는 식 (2-10)과 같이 나타내진다.

$$l_2 = \frac{E_x}{E}, m_2 = \frac{E_y}{E}, n_2 = \frac{E_z}{E} \tag{2-10}$$

전기력선의 정의에 의하여 전기력선과 전계의 방향은 같으므로 $l_1 = l_2,\ m_1 = m_2,\ n_1 = n_2$의 관계가 성립하므로 식 (2-9)과 식 (2-10)로 부터 식 (2-11)와 같은 관계식을 얻는다.

$$\frac{\Delta x}{E_x} = \frac{\Delta y}{E_y} = \frac{\Delta z}{E_z} \tag{2-11}$$

Δl을 무한히 작게 취했을 때 식 (2-11)은 식 (2-12)로 나타내지고, 이를 **전기력선 방정식**이라 한다.

$$\frac{dx}{E_x} = \frac{dy}{E_y} = \frac{dz}{E_z} \tag{2-12}$$

그림 2-5 전기력선의 미소부분

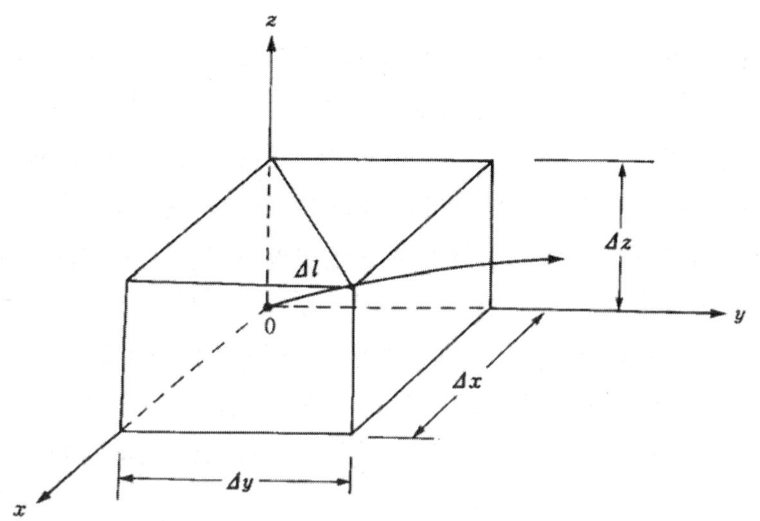

◎ 예제 2-6

전계의 세기 $\vec{E}=4x\hat{i}_x-4y\hat{j}_y$ 일 때 점 (1,1)을 통과하는 전기력선 방정식을 구하시오.

풀이

$\frac{\partial x}{Ex}=\frac{dy}{Ey}$ $\quad\therefore \frac{dx}{4x}=-\frac{dy}{4y}$

$\therefore \frac{dx}{x}=-\frac{dy}{y}$ $\quad\therefore \ln x=-\ln y+c$

$\therefore \ln x+\ln y=c$ $\quad\therefore \ln xy=c$

$\therefore xy=e^c$ $\quad$ (1, 1)을 지나므로

$1=e^c$ $\quad\therefore c=0$

$\therefore xy=1$

답 $xy=1$

2-5 전속과 전속밀도

2-4절에서 설명한 전기력선과 비슷하게 자주 사용되는 것으로 **전속**(electric flux)이 있다. 전기력선이 전계의 상태를 나타내기 위하여 가상한 선이었던 것과 같이 전속도 전계 중에서 가상한 선이다. 진공 중에 놓여진 정전하 Q[C]에서 나오는 전기력선의 수는 Q/ϵ_0개이고, 진공이 아닌 경우에는 매질의 유전율 ϵ의 값에 따라 전기력선 수가 변하게 된다. 그러나 전속은 매질에 따라 변하는 것이 아니고 매질에 관계없이 1[C]의 전하에서 1개의 선이 나오는 것으로 정의한다. 이와 같이 같은 전하로부터 나오는 전기력선과 전속의 수는 다르지만 전기력선의 모양과 전속의 모양은 같다.

그럼 (2-6)과 같이 진공 중에 Q[C]의 점전하가 있을 때 Q를 중심으로 한 반지름 r인 구를 생각하면, 이 구면을 관통하는 전속 ψ는 식 (2-13)과 같다.

$$\psi = Q \text{ [C]} \tag{2-13}$$

구의 표면적 $S = 4\pi r^2 [m^2]$이므로, 전속밀도(dielectric flux density) $\vec{D}$는 식 (2-12)와 같이 구해진다.

$$\vec{D} = \frac{\psi}{S} = \frac{Q}{4\pi r^2}\hat{a_r} \text{ [C/m}^2\text{]} \tag{2-12}$$

구표면에서 전계의 세기 $\vec{E}$는 정의에 의하여 식 (2-13)과 같이 구해진다.

$$\vec{E} = \frac{Q}{4\pi\epsilon_o r^2}\hat{a_r} \text{ [N/C]} \tag{2-13}$$

식 (2-12) 와 (2-13) 으로부터 전속밀도와 전계의 세기 사이에서 식 (2-14)과 같은 관계가 있다.

$$\vec{D} = \epsilon_o \vec{E} \text{ [C/m}^2\text{]} \tag{2-14}$$

식 (2-13)과 식(2-14)와 같이 전계의 세기 $\vec{E}$와 전속밀도 $\vec{D}$는 모두 벡터량으로 진공 중에서 두 벡터의 방향은 항상 일치한다. 그러나 $\vec{E}$는 단위 정전하에 작용하는 힘으로 정의된 것이고, $\vec{D}$ 는 전하에서 나오는 전속의 밀도로서 정의된 것이므로 양자는 본질적으로 다른 것이다.

그림 2-6 점전하에 의한 전속

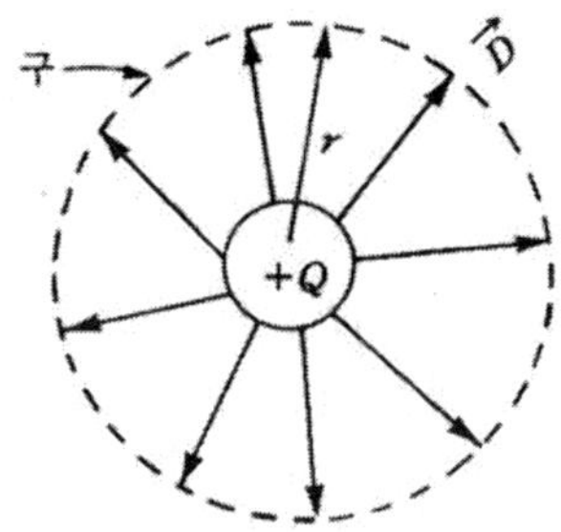

◎ 예제 2-7

진공중에 2×10^{-6} [C]의 점전하가 구의 중심에 있을 때 반지름 3 [m]인 구면에서 전계와 전속 밀도를 구하시오.

풀이 • 전계 : $E=\dfrac{Q}{4\pi\epsilon_0 r^2}=\dfrac{9\times10^9\cdot2\times10^{-6}}{(3)^2}=2\times10^6[\mathrm{V/m}]$

• 전속밀도 : $D=\dfrac{Q}{4\pi r^2}=\dfrac{3\times10^{-6}}{4\pi3^2}=1.77\times10^{-8}[\mathrm{C/m^2}]$

답 • $E=2\times10^6[\mathrm{V/m}]$ • $D=1.77\times10^{-8}[\mathrm{C/m^2}]$

2-6 전위와 전위 경도

2-6-1 전위

그림 2-7에서와 같이 전하 Q[C]에 의하여 형성된 전계 내의 임의 점 B에 + 1[C]의 전하를 놓았을 때 이 단위 정전하가 받는 힘은 쿨롱의 법칙에의하여 $\vec{F}=1\vec{E}$ [N]

이 된다. 이 힘에 의하여 + 1 [C]의 전하가 전계 방향으로 이동하며 이때 두 전하 사이에 작용하는 힘과 반대 방향으로 + 1 [C]의 전하를 이동 시키려면 외부에서 이에 해당하는 일을 가해 주어야 한다. 전계와 반대 방향으로 $\overrightarrow{dl}$ 만큼 단위 정전하를 이동시키는데 필요한 일은 식 (2−15)와 같이 표시된다.

$$dW = -\overrightarrow{F} \cdot \overrightarrow{dl} = -l\overrightarrow{E} \cdot \overrightarrow{dl} \qquad (2\text{-}15)$$

식 (2−15)에서 − 기호는 단위 정전하를 전계의 방향과 반대 방향으로 이동시키기 위해서는 외부에서 일을 해주어야 한다는 의미이다.

전위(electric potential)는 무한 원점에 있는 +1[C]의 정전하를 전계중의 임의의 점 A까지 옮기는데 필요한 일로 이를 점 A의 전위(electric potential)라 정의한다. 따라서 점 A의 전위는 전위의 의하여 식 (2−18)과 같이 구해 진다.

$$V_p = -\int_{\infty}^{A} \overrightarrow{E} \cdot \overrightarrow{dl}\,[\mathrm{V}] \qquad (2\text{-}16)$$

그림 2-7 전계내에서의 단위 정전하를 운반하는 일

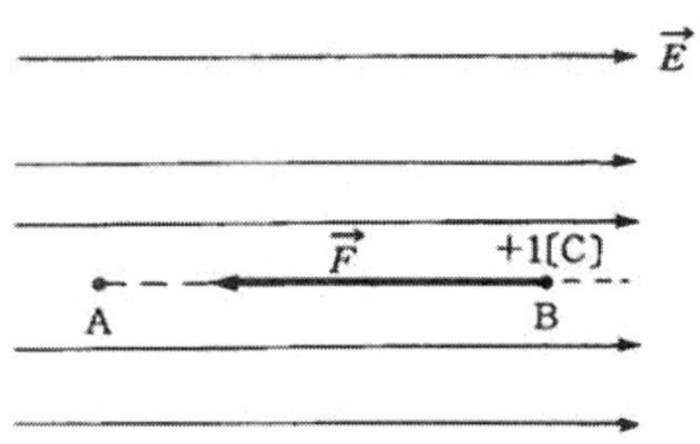

그림 2−7에서 전하 Q[C]에 의한 전계의 세기가 $\overrightarrow{E}$일 때 점 A와 점 B 사이의 전위차는 단위 정전하를 점 B에서 점 A 까지 이동시키는데 필요로하는 일로 식 (2−17)과 같다

$$V_{AB} = V_A - V_B = -\int_{\infty}^{A} \overrightarrow{E} \cdot d\vec{l} - \left(-\int_{\infty}^{B} \overrightarrow{E} \cdot d\vec{l}\right)$$

$$= -\int_B^A \vec{E} \cdot d\vec{l} \ [V] \tag{2-17}$$

이 전위차를 **전압**(voltage)이라고도 한다.

전위는 스칼라량이므로 여러 점전하에 의한 전위는 각 점전하에 의한 전위를 대수적으로 합하면 된다.

$$V = \frac{1}{4\pi\epsilon_0}\left(\frac{Q_1}{r_1} + \frac{Q_2}{r_2} + \cdots\cdots\right) = \frac{1}{4\pi\epsilon_0}\sum_{i=1}^{n}\frac{Q_i}{r_i} \ [J/C] \tag{2-18}$$

2-6-2 등전위면(equipotential surface)

전계 중에서 전위가 같은 점을 연결한 가상적인 면을 **등전위면**(equipotential surface)이라 하며 이를 **그림** 2-8에 나타내었다. 이 등전위면의 성질을 살펴 보면 다음과 같다.

- 전기력선과 등전위면과 직교한다.
- 두 개의 서로 다른 등전위면은 서로 교차하지 않는다.
- 등전위면은 폐곡면이다.
- 점전하가 만드는 전계의 등전위면은 동심구이다.

그림 2-8 점전하 Q에 의한 등전위면

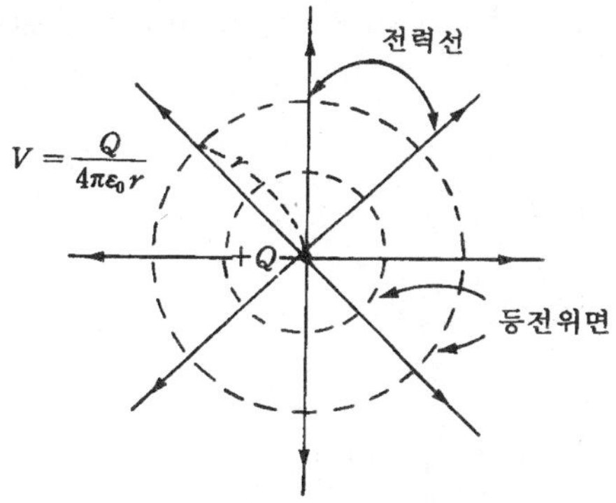

2-6-3 전위 경도

전위경도(potential gradient)는 전계내의 임의의 한 점에서 어느 방향의 전위의 감소 비율을 말한다.

전계 $\vec{E}$의 x, y, z 방향의 성분을 각각 E_x, E_y, E_z라 하면 각 방향의 전위경도는 식 (2-19)와 같다.

$$E_x = -\frac{\partial V}{\partial x}, \quad E_y = -\frac{\partial V}{\partial y}, \quad E_z = -\frac{\partial V}{\partial z} \tag{2-19}$$

따라서 전계와 전위와의 관계는 식 (2-20)과 같이 구해진다.

$$\vec{E} = E_x \hat{i} + E_y \hat{j} + E_z \hat{k} = -\left(\frac{\partial V}{\partial x}\hat{i} + \frac{\partial V}{\partial y}\hat{j} + \frac{\partial V}{\partial z}\hat{k} \right)$$

$$= -\left(\frac{\partial}{\partial x}\hat{i} + \frac{\partial}{\partial y}\hat{j} + \frac{\partial}{\partial z}\hat{k} \right) V = -\nabla V \text{ [V/m]} \tag{2-20}$$

식 (2-20)의 우변항 중 벡터 $\frac{\partial V}{\partial x}\hat{i} + \frac{\partial V}{\partial y}\hat{j} + \frac{\partial V}{\partial z}\hat{k}$를 **전위경도**라고 한다. 따라서 벡터의 미분 연산자 ∇(nabla)를 사용하면 전계의 세기와 전위와의 관계를 식 (2-21)과 같이 간단히 표시할 수 있다.

$$\vec{E} = -grad\ V = -\nabla V \text{ [V/m]} \tag{2-21}$$

그러므로 전위경도는 전계의 세기와 크기는 같으나 방향은 반대방향이다.

◎ 예제 2-8

원점에 10 [nC]의 전하가 있을 때 $r_1 = 5[m]$, $r_2 = 10[m]$ 인 점의 전위와 두점 사이의 전위차를 구하시오.

풀이

$$V_1 = \frac{Q}{4\pi\epsilon_0 r} = 9\times10^9 \frac{10\times10^9}{5} = 18[\text{V}]$$

$$V_2 = 9\times10^9 \frac{10\times10^{-9}}{10} = 9[\text{V}] \qquad \therefore V_{12} = 18 - 9 = 9[\text{V}]$$

답 $V_1 = 18$ [V], $V_2 = 9$ [V], $V_{12} = 9$ [V]

2-7 가우스의 법칙

2-7-1 가우스의 법칙

가우스의 법칙은 임의의 폐곡면내에 전하가 존재할 때 그 폐곡면을 통해서 나오는 전계의 선속과 그 폐곡면내에 존재하는 전하와의 관계를 밝히는 법칙이다. 그림 2-9와 같이 진공 중의 폐곡면 S 내에 전하 Q [C] 가 존재할 때, 이 폐곡면 S 를 통해서 나오는 전기력선의 수는 $\frac{Q}{\epsilon_o}$[개]이다. 이것을 식으로 나타내면 식 (2-22)와 같으며, 이를 **전계에서의 가우스 법칙**이라 한다.

$$\oint_S \vec{E}\cdot\hat{n}dS = \frac{Q}{\epsilon_o} = \frac{1}{\epsilon_o}\int_v \rho dv = \int_V \nabla\cdot\vec{E}\,dv \tag{2-22}$$

식 (2-22)는 식 (2-14)에 의해서 식 (2-23)과 같이 쓸 수 있다. 이를 전속에 대한 **가우스법칙**이라 한다.

$$\oint_S \vec{D}\cdot\hat{dS} = Q = \int_v \rho dv = \int_V \nabla\cdot\vec{D}\,dv \tag{2-23}$$

식 (1-22)와 식 (2-23)에서 dS는 폐곡면 S에서 취한 미소면적이고, $\hat{n}$은 dS에 수직하고 바깥쪽으로 향하는 법선 단위벡터이다. 그리고 ρ 는 폐곡면 내에 균일하게 분포하는 체적전하밀도 $[C/m^3]$ 이다. 폐곡면 내에 전하가 연속적으로 선분포, 면분포 또는 체적 분포를 하고 있는 경우, 그 밀도를 각각 $\lambda[C/m]$, $\sigma[C/m^2]$, $\rho[C/m^3]$ 라 하면 가우스 정리는 식 (2-24)와 같이 나타낼 수 있다.

$$\oint_S \vec{E}\cdot\hat{dS} = \frac{Q}{\epsilon_o} = \frac{1}{\epsilon_o}\int_l \lambda dl \tag{2-24a}$$

$$\oint_S \vec{E}\cdot\hat{dS} = \frac{Q}{\epsilon_o} = \frac{1}{\epsilon_o}\int_S \sigma ds \tag{2-24b}$$

$$\oint_S \vec{E}\cdot \widehat{dS} = \frac{Q}{\epsilon_o} = \frac{1}{\epsilon_o}\int_v \rho dv \tag{2-24c}$$

식 (2-22)와 식 (2-23)으로 부터 전기력선과 전속선에 대한 가우스 법칙의 미분형을 각각 얻을 수 있다.

$$\nabla \cdot \vec{E} = \frac{\rho}{\epsilon_o} \tag{2-25}$$

$$\nabla \cdot \vec{D} = \rho \tag{2-26}$$

식 (2-25)와 식 (2-26)이 전계에 대한 가우스의 발산정리로 부터 유도된 멕스웰의 전자방정식 중의 하나이다.

그림 2-9 미소면적 dS를 관통하는 전기력선

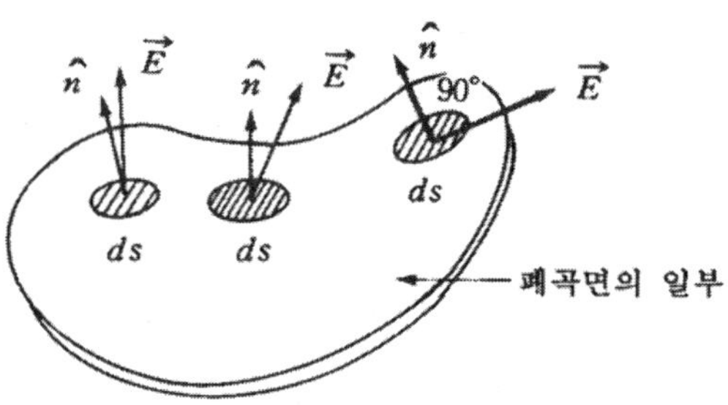

2-7-2 가우스법칙을 이용한 계산

(1) 균일하게 대전된 구의 외부 (r 〉 a)

그림 2-10과 같이 반지름 a [m]인 구도체에 전하 Q[C]가 구의 중심 0에 대하여 대칭으로 균일하게 분포되어 있다면 전기력선은 방사상으로 발산할 것이다. 반지름 r [m]인 구면상의 전체의 세기 E [V/m]는 대칭이므로 모든 방향에서 일정하고 구면

을 가우스의 폐곡면으로 취하면 이를 통하여 나가는 모든 전기력선은 가우스의 법칙으로부터 다음과 같이 구해진다.

$$\oint_S \vec{E} \cdot \hat{n}\, ds = \vec{E} \cdot 4\pi r^2 = \frac{Q}{\epsilon_o} \tag{2-27}$$

따라서 전계 $\vec{E}$ 는 다음과 같이 구해진다.

$$\vec{E} = \frac{Q}{4\pi\epsilon_o r^2}\hat{a_r}\ [\mathrm{V/m}] \tag{2-28}$$

이 값은 중심 0에 점전하가 있는 경우의 전계와 같기 때문에 전하에 의한 전계는 모든 전하가 중심에 집중되어 있는 점전하의 경우와 같다. 따라서 $r > a$되는 점의 전위는 식 (2-19)에 의하여 다음과 같이 구해진다.

$$V_r = -\int_{\infty}^{r} \vec{E} \cdot d\vec{r}\ [\mathrm{V}] = -\frac{Q}{4\pi\epsilon_o}\int_{\infty}^{r} \frac{1}{r^2} dr\ [\mathrm{V/m}]$$

$$= \frac{Q}{4\pi\epsilon_o r}\ [\mathrm{V}] \tag{2-29}$$

그림 2-10 구에 균일하게 분포한 전하에 의한 전계

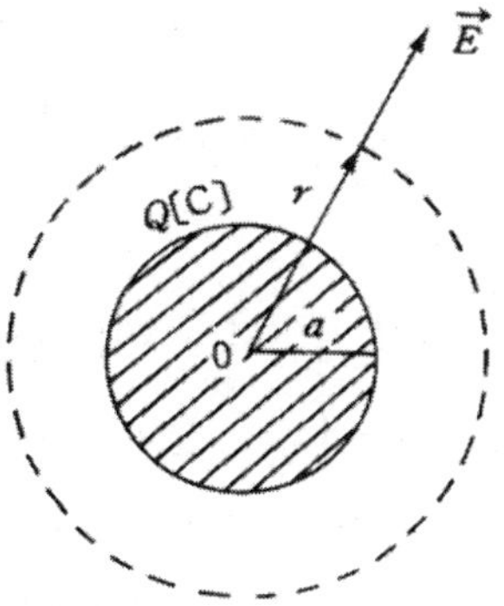

2-7-2 무한장 직선 전하인 경우

그림 2-11과 같이 무한장 직선도체에 선밀도 λ[C/m]가 균일하게 분포되어 있는 경우, 이 선전하에 의한 전계는 직선을 축으로 하는 방사상의 분포를 가질 것이다. 따라서 무한장 직선 전하에 의한 외부의 전계는 직선도체를 축으로 하는 반지름 r 인 원통면에서 대칭성에 의하여 반지름 방향이며 면에서는 같은 세기를 가질 것이므로 단위길이인 원통면을 가우스의 폐곡면으로 취하면 가우스의 법칙에 의하여 다음의 관계를 얻는다.

$$\oint_S \vec{E}\cdot\hat{n}dS = \vec{E}\cdot 2\pi r\cdot l = \frac{Q}{\epsilon_o} = \frac{\lambda l}{\epsilon_o} \tag{2-30}$$

따라서 전계 $\vec{E}$ 는 다음과 같이 구해 진다.

$$\vec{E} = \frac{\lambda}{2\pi\epsilon_o r}\hat{a_r}\ [\mathrm{V/m}] \tag{2-31}$$

직선 전하가 균일하게 분포하고 있는 무한 직선 도체로부터 r_1[m], r_2[m]의 거리에 있는 두 점간의 전위차는 $r_2 > r_1$인 경우 식 (2-17)에 의하여 다음과 같이 구해진다.

$$V_{12} = -\int_{r_2}^{r_1}\vec{E}\cdot d\vec{l} = -\frac{\lambda}{2\pi\epsilon_o}\int_{r_2}^{r_1}\frac{1}{r}dr = \frac{\lambda}{2\pi\epsilon_o}1n\frac{r_2}{r_1}\ [\mathrm{V}] \tag{2-32}$$

이 때 만일 $r_2 \rightarrow \infty$ 로 되는 경우의 전위차는 무한대로 된다. 따라서 유한한 공간 전하분포를 갖는 점전하 또는 구 전하에서와 같이 무한 원점을 기준으로 하는 전위의 경우에는 적용되지 않는다. 이것은 직선 전하의 길이를 무한장으로 취했으므로 무한대의 전하가 존재하기 때문이다. 그러므로 이 경우에는 기준점의 전위를 별도로 정하여야 한다.

그림 2-11 무한장 직선도체에 전하가 분포한 경우의 전계

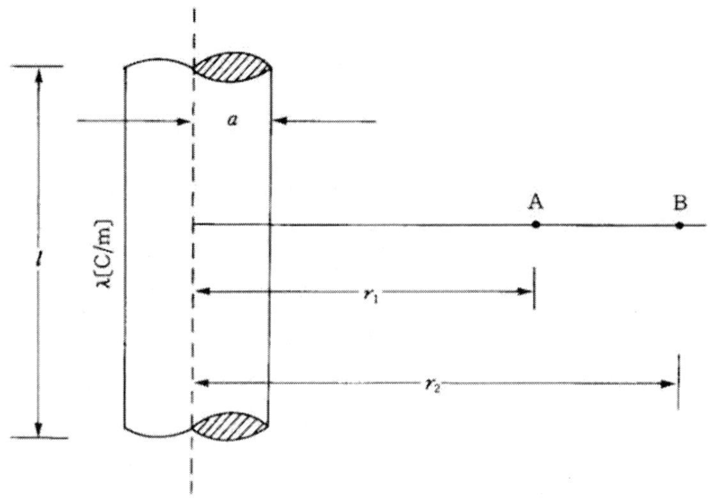

2-7-3 표면전하가 균일하게 분포한 무한평면

그림 2-12과 같이 무한히 넓은 평판에 면전하밀도 $\sigma\,[C/m^2]$가 균일하게 분포되어 있는 경우 전기력선은 표면에 수직하게 발산한다. 지금 표면에 수직한 원통을 가우스 폐곡면으로 취하고 가우스의 법칙을 적용하면 측면으로 발산하는 전기력선은 없기 때문에 전기력선은 원통의 상하면을 통하여 발산하여 다음 식과 같이 나타내 진다.

$$\oint_S \vec{E}\cdot\hat{n}dS = \vec{E}\,2S = \frac{Q}{\epsilon_o} = \frac{1}{\epsilon_o}\int_S \sigma ds = \frac{1}{\epsilon_o}\sigma S \tag{2-33}$$

따라서 전계 $\vec{E}$ 는 다음과 같이 구해진다.

$$\vec{E} = \frac{1}{2}\frac{\sigma}{\epsilon o}\hat{a_n}\ [\mathrm{V/m}] \tag{2-34}$$

이와 같이 위치에 관계없이 크기와 방향이 일정한 전계를 **평등전계**라 한다.

무한 평면판에 표면 전하가 균일하게 분포하고 있는 도체판으로부터 $r_1[\mathrm{m}], r_2[\mathrm{m}]$

의 거리에 있는 두 점간의 전위차는 $r_2 > r_1$인 경우 식 (2-17)에 의하여 다음과 같이 구해진다.

$$V_{12} = \frac{\sigma}{2\epsilon_0}(r_2 - r_1) \tag{2-35}$$

그림 2-12 평면도체 전하에 의한 전계

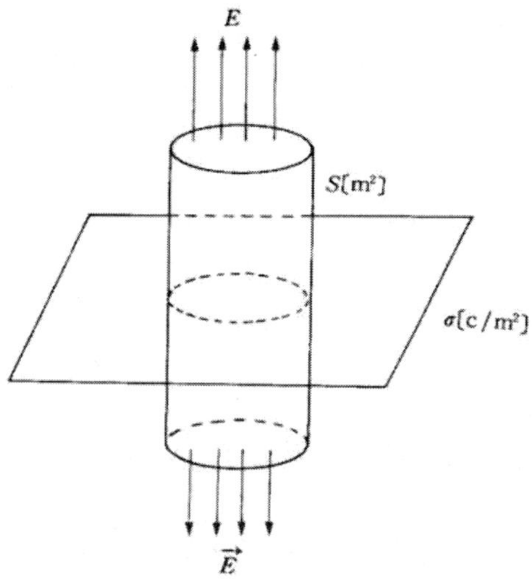

◎ 예제 2-9

임의의 폐곡면 안에 $Q_1 = 3\,[\mathrm{nC}]$, $Q_2 = 15\,[\mathrm{nC}]$, $Q_3 = -7\,[\mathrm{nC}]$이 있을 때 폐곡면을 관통하는 총 전기력선의 수를 구하시오.

풀이 전기력선의 수$= \dfrac{Q}{\epsilon_0}$

$Q = Q_1 + Q_2 + Q_3 = 3[\mathrm{nC}] + 15[\mathrm{nC}] - 7[\mathrm{nC}] = 11[\mathrm{nC}]$

$\therefore$ 전기력선의 수$= \dfrac{11 \times 10^{-9}}{\dfrac{1}{36\pi \times 10^9}} = 396\pi$

답 396 π개

◎ 예제 2-10

직각 좌표계의 원점 O(0,0,0)에 반경 $r=1[m]$의 구도체가 $Q=4\pi\epsilon_0$ [C]으로 대전되어 있을 때 공간상의 한 점 P(1,2,3)에서의 전계의 세기를 구하시오.

풀이 $\vec{E}=\dfrac{Q}{4\pi\epsilon_0 r^2}\hat{a_r}$

$$\vec{r}=\hat{i}+2\hat{j}+3\hat{k} \qquad \hat{a_r}=\frac{\hat{i}+2\hat{j}+3\hat{k}}{\sqrt{14}}$$

$$\therefore \vec{E}=\frac{4\pi\epsilon_0}{4\pi\epsilon_0(\sqrt{14})^2}\cdot\frac{\hat{i}+2\hat{j}+3\hat{k}}{\sqrt{14}}=\frac{\hat{i}+2\hat{j}+3\hat{k}}{14\sqrt{14}}$$

답 $\dfrac{1}{14\sqrt{14}}(\hat{i_x}+2\hat{j_y}+3\hat{k})$ [V/m]

◎ 예제 2-11

전계의 세기가 $\vec{E}=x^2\hat{a_x}+y^2\hat{a_y}+z^2\hat{a_z}$ [V/m] 일 때, 점 (1,2,3) [m]에서의 공간전하밀도를 구하시오.

풀이 $\nabla\cdot\vec{E}=\dfrac{\rho}{\epsilon_0}$

$$\therefore \rho=\epsilon_0\left(\frac{\partial}{\partial x}\hat{i}+\frac{\partial}{\partial y}\hat{j}+\frac{\partial}{\partial z}\hat{k}\right)\cdot(x^2\hat{i}+y^2\hat{j}+z^2\hat{k})$$

$$=\epsilon_0(2x+2y+2z) \qquad P(1,\ 2,\ 3)$$

$$=12\epsilon_0[C/m^3]$$

답 $\rho=12\epsilon_0$ [C/m^3]

2-8 포아송과 라플라스 방정식

2-7 절의 식 (2-21)을 (2-25)에 대입하면 식(2-36)을 얻는다.

$$\nabla \cdot \nabla V = \nabla^2 V = -\frac{\rho}{\epsilon_o} \qquad (2\text{-}36)$$

식 (2−36)에서 ∇^2은 **라플라시안**(Laplacian)이라 하며 직각좌표계에서 나타내면 식 (2−37)과 같다.

$$\nabla^2 \equiv \frac{\partial^2}{\partial x^2} + \frac{\partial^2}{\partial y^2} + \frac{\partial^2}{\partial z^2} \qquad (2\text{-}37)$$

식 (2−37)를 **포아송 방정식**(Poisson's equation)이라 한다. 특히 전하가 존재하지 않는 곳 즉, $\rho = 0$ 이라면 식 (2−36)은 식 (2−38)과 같이 된다.

$$\nabla^2 V = 0 \qquad (2\text{-}38)$$

이것을 **라플라스의 방정식**이라 한다.

◎ 예제 2−12

공간상에서 $V = x^2 + y^2$ [V]인 전하분포 상태에서 단위 체적당 전하를 구하시오.

풀이 $\nabla^2 V = -\frac{\rho}{\epsilon_0}$ $\quad \therefore \rho = -\epsilon_0 \nabla^2 V = -\epsilon_0 \left(\frac{\partial^2}{\partial x^2} + \frac{\partial^2}{\partial y^2} \right)(x^2 + y^2)$

$$= -4\epsilon_0 [\text{C/m}^3]$$

답 $\rho = -4\epsilon_0$ [C/m³]

2-9 전기 쌍극자

그림 2−13과 같이 매우 가까운 거리에 있는 ($\delta << l$) 크기가 같고 부호가 반대인 한 쌍의 점전하 $+Q$[C]와 $-Q$[C]를 **전기쌍극자**라 한다. 이 그림에서 $Q\delta$[C·m]를 전기쌍극자 모멘트, $+Q$와 $-Q$를 연결하는 선을 **쌍극자의 축**이라 한다.

전기 쌍극자에 의한 전위를 구하여 보자. **그림** 2-13과 같이 쌍극자의 두 전하에서 각각 r_1, r_2의 거리에 있는 점 P의 전위 V는 식 (2-39)와 같이 구해진다.

$$V = \frac{Q}{4\pi\epsilon_o}\left(\frac{1}{r_1} - \frac{1}{r_2}\right) = \frac{Q}{4\pi\epsilon_o}\left(\frac{r_2 - r_1}{r_1 r_2}\right) \text{ [V]} \tag{2-39}$$

쌍극자의 중심으로부터 점 P까지의 거리를 r이라하고, r과 쌍극자축과 이루는 각을 θ라 하면 $r \gg \delta$이므로 근사적으로 식 (2-40)이 성립한다.

$$r_1 \fallingdotseq r - \frac{\delta}{2}\cos\theta, \quad r_2 \fallingdotseq r + \frac{\delta}{2}\cos\theta \tag{2-40}$$

식 (2-40)을 식 (2-39)에 대입하면 식 (2-41)을 얻는다.

$$V = \frac{1}{4\pi\epsilon_o}\frac{Q\delta\cos\theta}{r^2} \text{ [V]} \tag{2-41}$$

식 (2-41)에서 **쌍극자 모멘트** M을 식 (2-42)로 나타내면 식 (2-41)은 식 (4-43)과 같이 된다.

$$M = Q\delta \text{ [C} \cdot \text{m]} \tag{2-42}$$

$$V = \frac{1}{4\pi\epsilon_o}\frac{M\cos\theta}{r^2} \text{ [V]} \tag{2-43}$$

전기 쌍극자에의한 전계를 구하여보자. 식 (2-43)에 의하여 전위를 알고 있으므로 전계는 식 (2-21)에 의하여 구할 수 있다. 그런데 쌍극자의 중점을 원점으로 하는 점 P의 극좌표는 (r, θ, ϕ) 로 주어지므로 점 P에서의 전계 E를 r방향의 성분 E_r, r에 수직한 θ방향의 성분 E_θ, ϕ방향 성분인 E_ϕ로 분해하여 생각하면 구좌표계로 식 (2-44)와 같이 구해진다.

$$\vec{E} = E_r\hat{a_r} + E_\theta\hat{a_\theta} + E_\phi\hat{a_\phi} = -\nabla V \tag{2-44}$$

식 (2-44)에서 $E_r = -\frac{\partial V}{\partial r}$, $E_\theta = -\frac{1}{r}\frac{\partial V}{\partial \theta}$, $E_\phi = -\frac{1}{r\sin\theta}\frac{\partial V}{\partial \phi}$ 이다.

그림 2-13 전기 쌍극자

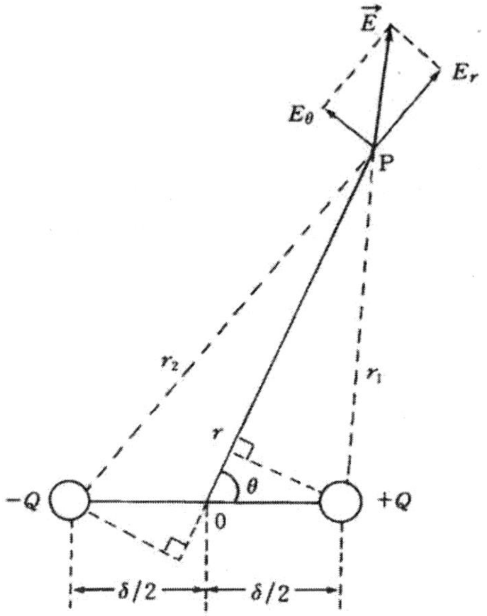

따라서 구좌표계에서 E_r, E_θ, E_ϕ는 식 (2-45)와 같이 구해진다.

$$E_r = \frac{1}{4\pi\epsilon_0}\frac{2M\cos\theta}{r^3}$$

$$E_\theta = \frac{1}{4\pi\epsilon_0}\frac{M\sin\theta}{r^3} \tag{2-45}$$

$$E_\phi = 0$$

따라서 전계의 세기는 식 (2-46)과 같이 구해진다.

$$E = \sqrt{{E_r}^2 + {E_\theta}^2} = \frac{M}{4\pi\epsilon_0 r^3}\sqrt{4\cos^2\theta + \sin^2\theta}$$

$$= \frac{M}{4\pi\epsilon_o r^3}\sqrt{1 + 3\cos^2\theta}\ [\mathrm{V/m}] \tag{2-46}$$

연습문제

01 진공중에서 크기가 같은 두 개의 작은 구에 같은 양의 전하를 대전 시킨 후 1 [m]의 거리를 두었더니 두 전하사이에 작용하는 힘이 9×10^{-3} [N]이었다. 각각의 전하량 [C]을 구하시오.

02 진공내의 점 A(0,−1) [m]과 B(−1,0) [m] 되는 곳에 각각 2×10^{-4}[C]의 점전하가 놓여 있다. 점 C(0,0) [m]의 위치에 10^{-8}[C]의 점전하를 놓았을 때 점 C에 작용하는 힘 [N]을 구하시오.

03 진공내의 점 A(3,0,0) [m]에 1 [nC]의 전하가 있다. 점 B(6,4,0)에서의 전계의 세기를 구하시오.

04 원점에 12[μC]의 전하가 있을 때 점 A(4,0,0)과 B(0,3,0) 사이의 전위차 [V]를 구하시오.

05 진공내의 전위 분포 함수가 $V(x,y,z)=x^2yz$ [V] 일 때 점 A(1,−2,0) [m] 에서 전계의 세기를 구하시오.

06 진공중의 무한장 직선전하에서 2[m] 떨어진 점의 전계의 세기가 9×10^6 [V/m] 이다. 선전하 밀도를 구하시오.

07 진공내의 전위분포함수 $V(x,y,z)=x^2y+xy^2$ [V] 이다. 점 A(1,1,0) 인 점에서의 전하밀

도 [C/m^3]를 구하시오.

08 공간상의 전계 $E=4x\hat{i}-4y\hat{j}$ 일 때 점 A(1,2) 를 지나는 전기력선 방정식을 구하시오.

09 쌍극자 모멘트가 $4\pi\epsilon_0$ [C·m] 인 전기 쌍극자가 진공중에 있다. 쌍극자 중점으로부터의 거리가 1 [m]이고 쌍극자축과 이루는 각이 60° 인 점에서 전위 [V]와 전계의 세기 [V/m]를 구하시오.

Chapter

03 도체계와 정전용량

3-1 도체계의 특성

공간내에 많은 도체가 근접하게 놓여서 하나의 도체계를 형성할 경우 각 도체는 정전 유도작용에 의하여 각 도체의 전하량에 영향을 주게 된다. 도체계에는 다음과 같은 성질이 있다.

- 도체 내부의 전계는 0 이다.
- 도체 표면은 등전위면이다.
- 도체계의 각 도체전하가 정해지면 각 도체의 전위분포는 한가지만 존재한다.
- 도체계의 각 도체전위가 정해지면 각 도체의 전하분포는 한가지만 존재한다.
- 도체계의 전위분포 및 전하분포는 중첩의 원리가 성립한다.

3-2 전 위 계 수

많은 도체가 근접하여 한 공간 내에 존재하는 도체계의 정전특성을 살펴 보기 위하여 **그림** 3-1과 같이 작은 도체구 1, 2의 반지름이 각각 r_1, r_2 이고, 각 도체의 대전된 전하가 각각 Q_1, Q_2 이며, 두 도체 사이의 거리가 r 인 경우를 생각하여 보자. 이때 도체 1, 2의 전위 V_1, V_2는 중첩의 원리에 의해서 식 (3-1)과 식 (3-2)와 같이 각각 나타내 진다.

$$V_1 = V_{11} + V_{12} = \frac{Q_1}{4\pi\epsilon_o r_1} + \frac{Q_2}{4\pi\epsilon_o r} = P_{11}Q_1 + P_{12}Q_2 \quad (3\text{-}1)$$

$$V_2 = V_{21} + V_{22} = \frac{Q_1}{4\pi\epsilon_o r} + \frac{Q_2}{4\pi\epsilon_o r_2} = P_{21}Q_1 + P_{22}Q_2 \quad (3\text{-}2)$$

식 (3−1)과 식 (3−2)에서 V_{11} 및 V_{12}는 Q_1과 Q_2에 의한 도체 1에서의 전위를 나타내고, V_{21}, V_{22}는 Q_1과 Q_2에 의한 도체 2에서의 전위를 나타낸다. P_{11}, P_{12}, P_{21}, P_{22} 등은 도체의 기하학적 구조 및 놓여진 상태 등에 의하여 결정되는 전위계수로 도체의 전하량이나 전위와는 관계가 없는 양이다.

그림 3-1 두 개의 작은 도체구로 구성된 도체계

식 (3−1)과 식 (3−2)를 일반화시키기 위하여 임의의 전하량으로 대전된 임의 형상의 n개의 도체들로 구성된 일반 도체계에 위의 사실들을 확장 적용하여 전위방정식을 정리하면 식 (3−3)과 같다.

$$\begin{aligned} V_1 &- P_{11}Q_1 + P_{12}Q_2 \mid \cdots\cdots\cdots + P_{1n}Q_n \quad (3\text{-}3) \\ V_2 &= P_{21}Q_1 + P_{22}Q_2 + \cdots\cdots\cdots + P_{2n}Q_n \\ &\vdots \\ V_n &= P_{n1}Q_1 + P_{n22}Q_2 + \cdots\cdots\cdots + P_{nn}Q_n \end{aligned}$$

식 (3−3)에서 $P_{11}, P_{12}, \cdots\cdots, P_{nn}$ 등을 **전위계수**라 한다. 전위계수의 단위는 $[V/C]$이므로 $[1/F]$이다.

이 전위계수의 성질을 살펴보면 식 (3-4)와 같다.

① $P_{11} > 0 : P_{ii} > 0$ (3-4a)

② $P_{11} \geq P_{21} : P_{ii} \geq P_{ij}$ (3-4b)

③ $P_{21} \geq 0 : P_{ij} \geq 0$ (3-4c)

④ $P_{12} = P_{21} : P_{ij} = P_{ji}$ (3-4d)

◎ 예제 3-1

진공중에 일정하게 떨어져 있는 두 도체 1과 도체 2가 있다. 도체 1에만 2 [C]의 전하를 인가할 때 도체 1과 도체 2의 전위가 각각 3[V] 와 2 [V] 였다. 지금 도체 1과, 도체 2에 각각 1 [C]와 2 [C]의 전하를 줄 때 도체 1의 전위를 구하시오.

풀이 $V_1 = P_{11}Q_1 + P_{12}Q_2 \qquad V_2 = P_{21}Q_1 + P_{22}Q_2$

① 도체 1에만 2[C]을 줄 때

$3 = P_{11} \cdot 2 \qquad \therefore P_{11} = 1.5$

$2 = P_{21} \cdot 2 \qquad \therefore P_{21} = 1$

② 도체 1 : $Q_1 = 1[C]$ 도체 2 : $Q_2 = 2[C]$

$V_1 = P_{11} \cdot 1 + P_{12} \cdot 2$

$= 1.5 \cdot 2 + 1 \cdot 1 = 4[V]$

답 $V_1 = 4\,[V]$

3-3 용량계수와 유도계수

n개의 도체계의 각 도체전위를 나타내는 식 (3-3)을 $Q_1, Q_2, \cdots\cdots, Q_n$에 대하여 정리하면 식 (3-5)가 얻어진다.

$$Q_1 = q_{11} V_1 + q_{12} V_2 + + q_{13} V_3 + \cdots\cdots\cdots + q_{1n} V_n \quad (3\text{-}5)$$

$$Q_2 = q_{21} V_1 + q_{22} V_2 + + q_{23} V_3 + \cdots\cdots\cdots + q_{2n} V_n$$

$$Q_3 = q_{31} V_1 + q_{32} V_2 + + q_{33} V_3 + \cdots\cdots\cdots + q_{3n} V_n$$

$$\cdots\cdots\cdots\cdots\cdots\cdots\cdots\cdots\cdots\cdots\cdots\cdots$$

$$Q_n = q_{n1} V_1 + q_{n2} V_2 + + q_{n3} V_3 + \cdots\cdots\cdots + q_{nn} V_n$$

식 (3−5)에서 도체 1에만 전위를 주고 다른 도체에는 전위를 주지 않은 경우를 나타내는 식 (3−6)을 고려해보자.

$$V_1 = 1\ [V],\ \ V_2 = V_3 = \cdots\cdots = V_n = 0 \quad (3\text{-}6)$$

이 경우 식 (3−5)로 부터 식 (3−7)를 얻는다.

$$Q_1 = q_{11},\ \ Q_2 = q_{21},\ \ Q_3 = q_{31}, \cdots\cdots,\ \ Q_n = q_{n1} \quad (3\text{-}7)$$

식 (3−7)에서 q_{11}은 도체 1에 단위전위를 주고 다른 도체를 0전위로 했을 때 도체 1의 전하이며, q_{21}은 도체 1에 단위전위를 주고 다른 도체는 0전위할 때 도체2에 생긴 전하로 도체 1의 전하에 의한 **정전유도**로 생긴 전하라 생각할 수 있다.

따라서 $q_{11}, q_{22}, q_{33}, \cdots\cdots, q_{nn}$ 는 **용량계수**, $q_{12}, q_{13}, \cdots\cdots, q_{1n}$ 을 **유도계수**라 한다. 이러한 계수들은 도체의 크기, 모양, 상호간의 배치상태 및 주위공간의 매질에 의하여 정해지는 상수이다. 용량계수와 유도계수의 성질은 다음과 같다.

$$q_{11}, q_{22}, q_{33}, \cdots\cdots, q_{nn} > 0 \ : \ q_{ii} > 0 \quad (3\text{-}8a)$$

$$q_{12}, q_{13}, q_{14}, \cdots\cdots, q_{1n} > 0 \ : \ q_{1j} \geqq 0 \quad (3\text{-}8b)$$

$$q_{11} \geqq -(q_{21} + q_{31} + \cdots\cdots\cdots\cdots + q_{n1}) \quad (3\text{-}8c)$$

$$q_{ij} = q_{ji} \quad (3\text{-}8d)$$

용량계수와 유도계수의 단위는 두 계수가 모두 $[\frac{Q}{V}]$의 차원이므로 단위는 [F]이다.

3-4 정전용량

절연된 도체에 전위가 주어지면 그 도체에는 전하량이 정해지게 되어 도체상에서 전위와 전하의 비율은 항상 일정하다. 이것이 도체가 전하를 축적하는 능력을 나타내는 것으로 정전용량이라 한다. 이것의 정의는 다음과 같이 두 가지 경우를 생각할 수 있다.

(1) 진공중에 놓인 한 도체의 정전용량

진공 중에 한 개의 고립된 도체에 전하 Q $[C]$를 주었을 때 전위가 V $[V]$ 만큼 상승하였다면 이 도체의 정전용량은 식 (3-8)과 같다.

$$C = \frac{Q}{V} \ [\mathrm{F}] \tag{3-8}$$

정전용량이란 일정한 전위 V를 주었을 때, 전하 Q를 축적하는 능력을 표시하는 것이다. 정전용량 단위는 식 (3-8)에서 [C/V]이나 패럿(farad [F])의 단위를 사용한다. 그러나 실용단위에서 [F]는 너무 큰 단위이므로 [μF]이나 [pF]와 같이 SI단위계에 접두어를 붙여서 사용한다.

(2) 두 도체 사이의 정전용량

그림 3-2의 평행판 콘덴서를 생각하여 보자. 두 도체 A와 B에서 도체 A에는 $+Q$ $[C]$의 전하를 주고 도체 B에는 $-Q$[C]의 전하를 줄 때 도체 A와 B간의 전위차를 $V_{AB}[V]$라고 하면 도체간의 정전 용량은 식 (3-9) 와 같이 나타내진다.

$$C = \frac{Q}{V_{AB}} [F] \tag{3-9}$$

두 도체사이의 정전용량을 효과적으로 이용하기 위하여 만들어진 전자부품을 **콘덴서**라 한다. 이러한 콘덴서의 기본 구조는 **그림** 3-2와 같으며, 두 전극사이의 유전체에 따라 용량이 다르게 주어지고 콘덴서는 절연물의 종류나 전극의 구조 또는 용량이 고정적인가 가변적인가에 따라 분류된다.

그림 3-2 평행판 콘덴서

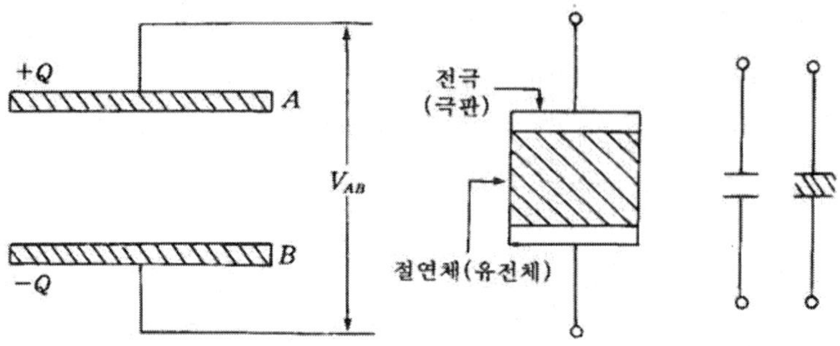

식 (3-8)과 (3-9)는 본질적으로 같은 것을 의미한다. 두 도체 중에서 한 쪽의 B 도체를 무한원의 위치에 놓으면, 도체간의 전위차는 도체 A의 전위와 같게 되어 식 (3-9) 가 된다.

3-5 정전용량의 계산

(1) 도체구의 정전용량

그림 3-3과 같이 진공 중에 놓여 있는 반지름 a[m]인 도체구에 전하 Q 를 주었을 때 도체의 표면 전위가 V [V] 되었다. 이 전위는 식 (2-18)에 의하여 식 (3-10)과 같이 구해진다. 도체의 전하는 앞에서 설명한 것과 같이 모두 표면에만 분포한다.

$$V = \frac{Q}{4\pi\epsilon_o a} [V] \tag{3-10}$$

따라서 이 도체구는 정전용량은 식 (3-8)의 정의에서 식 (3-11)과 같이 구해진다.

$$C = \frac{Q}{V} = 4\pi\epsilon_o a \ [F] \tag{3-11}$$

진공 중에 고립되어있는 도체구의 무한원점에 대한 정전용량은 식 (3-11)으로 주어지고, 그 값은 구의 반지름에 비례한다.

그림 3-3 반경 a의 도체구

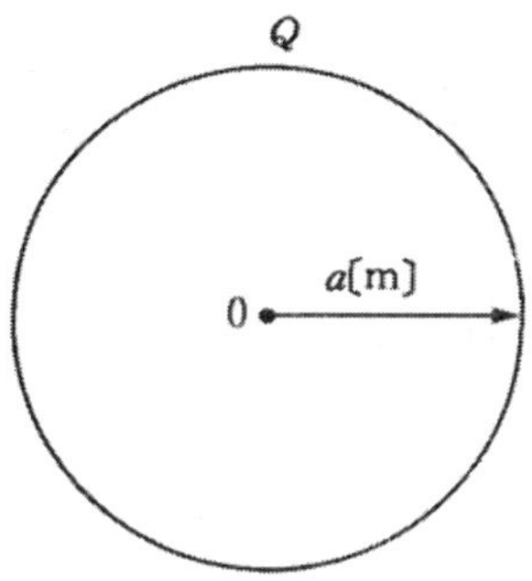

◎ 예제 3-2

진공 중에 고립된 어떤 도체구의 정전용량이 1[pF] 일 때 이 도체구의 반지름을 구하시오.

풀이 $C = 4\pi\epsilon_0 z$

$$\therefore a = \frac{C}{4\pi\epsilon_0} = 9\times 10^{9}\cdot 10^{-12} = 0.9[\mathrm{cm}]$$

답 0.9 Cm

(2) 동심구 사이의 정전용량

그림 3-4와 같은 동심구의 내구의 반지름을 a[m], 외구의 반지름을 b[m]라 할 때, 내구에 Q [C]의 전하를 주면 정전유도 작용에 의하여 외구에 $-Q$ [C]의 전하가 유도된다. 내구와 외구 사이에서 전기력선은 대칭성으로 내구의 표면에서 방사상으로 나와서 외구의 안쪽에서 끝난다.

내구의 중심점 0에서 반지름 r[m]$(a < r < b)$인 점의 전계의 세기를 $\vec{E}$ 라 하고 반지름 r인 구면을 폐곡면 S로 보아서 가우스의 법칙을 적용하면 식 (3-12)가 된다.

$$\vec{E} = \frac{Q}{4\pi\epsilon_o r^2}\hat{a_r}\ [V/m] \tag{3-12}$$

따라서, 내구와 외구 사이의 전위차 V_{ab}는 식 (2−17)에 의하여 식 (3−13)과 같이 구해진다.

$$V_{ab} = -\int_b^a \vec{E}\cdot d\vec{r} = -\int_b^a \frac{Q}{4\pi\epsilon_o r^2}\,dr = \frac{Q}{4\pi\epsilon_o}\left(\frac{1}{a}-\frac{1}{b}\right) \tag{3-13}$$

그러므로, 동심구 내. 외 사이의 정전용량은 식 (3−8)에 의하여 식 (3−14)와 같이 구해진다.

$$C = \frac{Q}{V_{ab}} = \frac{4\pi\epsilon_o}{\frac{1}{a}-\frac{1}{b}} = 4\pi\epsilon_o\left(\frac{ab}{b-a}\right)[F] \tag{3-14}$$

식 (3−14)와 같이 동심 도체구의 정전용량은 내구의 반지름 a와 외구의 안 반지름 b에 의하여 결정되고, 외구의 바깥 반지름과는 관계가 없다. 만일 b를 ∞로 하면 식 (3−14)에서 $C = 4\pi\epsilon_o a\ [F]$로 되어 결국 식 (3−11)과 같게 된다.

그림 3−4 동심 도체구

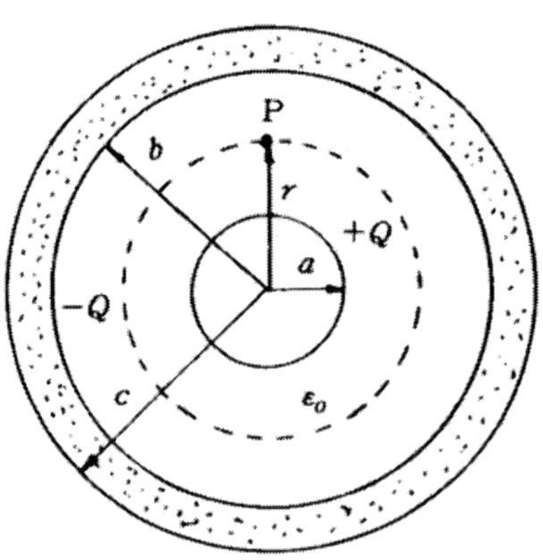

◎ 예제 3-3

동심 도체구의 내구의 반지름과 외구의 반지름을 각각 $a = 10$ [cm], $b = 20$ [cm] 라 할 때 이 동심구 도체 사이의 정전용량을 구하시오.

✔풀이 $C = 4\pi\epsilon_0 \dfrac{ab}{b-a} = \dfrac{1}{9\times10^9} \cdot \dfrac{20\times10^{2} \cdot 10\times10^{2}}{20\times10^{-2} - 10\times10^{02}}$

$= 22.2[\mathrm{pF}]$

답 22.2 [pF]

(3) 무한 길이의 동축원통 사이의 정전용량

그림 3-5와 같이 내부 원통의 반지름 a [m], 외부 원통의 안반지름이 b [m]인 무한히 긴 동축 원통도체의 내원통 및 외원통에 각각 $+\lambda$ [C/m], $-\lambda$[C/m] 의 전하가 분포 할 때 단위길이당 정전용량을 구해보자.

두 도체사이의 임의 점 r[m] 에서 전계의 세기는 단위길이당의 원통면을 가우스의 폐곡면으로 취하면 가우스의 법칙에 의하여 전계 $\vec{E}$는 (3-15)와 같이 표현된다.

$$\vec{E} = \frac{\lambda}{2\pi\epsilon_o r}\hat{a_r} \ [\mathrm{V/m}] \tag{3-15}$$

그림 3-5 무한 길이의 동축 원통 도체

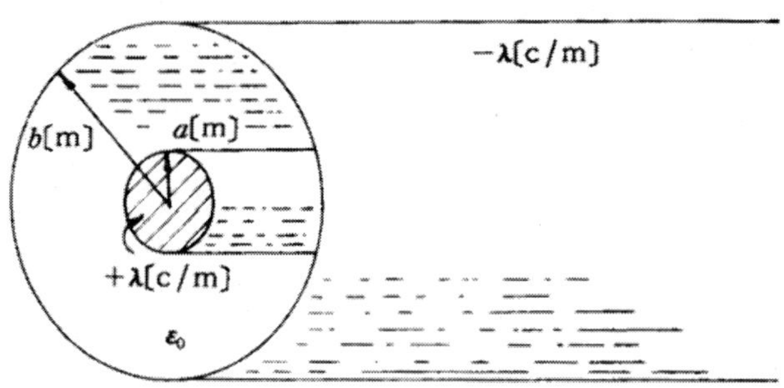

이 경우 두 도체 사이의 전위차는 식 (3-16)과 같이 구해진다.

$$V_{ab} = -\int_b^a \vec{E} \cdot d\vec{r} = -\frac{\lambda}{2\pi\epsilon_o}\int_b^a \frac{1}{r}dr = -\frac{\lambda}{2\pi\epsilon_o}[\ln r]_b^a$$

$$= \frac{\lambda}{2\pi\epsilon_o} ln\frac{b}{a}\ [V] \tag{3-16}$$

따라서, 단위길이당 정전용량은 식 (3-17)과 같이 구해진다.

$$C = \frac{\lambda}{V_{ab}} = \frac{2\pi\epsilon_o}{\ln\frac{b}{a}} = \frac{2\pi\epsilon_o}{2.303\ \log_{10}\frac{b}{a}}\ [\text{F/m}] \tag{3-17}$$

식 (3-17)에서 동축 원통의 길이가 l [m]일 때 정전용량은 식 (3-18)를 이용하여 구할 수 있다.

$$C_l = C \cdot l = \frac{2\pi\epsilon_o}{\ln\frac{b}{a}} \cdot l\ [\text{F}] \tag{3-18}$$

◎ **예제 3-4**

무한 길이 동축 원통 도체의 내원통 반지름과 외원통 반지름을 각각 $a = 1$ [cm], $b = 2$ [cm] 일 때 단위 길이당 정전 용량 [pF/m]을 구하시오.

풀이 $C = 2\frac{\pi\epsilon_0}{\ln\frac{b}{a}} = \frac{2\pi\epsilon_0}{2.303\log_{10}\frac{b}{a}} = \frac{2\pi\epsilon_0}{2.33\log_{10}2}$

$= 80.3[\text{pF/m}]$

답 80.3 [pF/m]

(4) 무한 길이의 원통도선 사이의 정전용량

그림 3-6과 같이 반지름 a [m] 인 두 개의 무한 길이의 원통선로가 중심간격 d [m]로 평행 상태를 유지하면서 떨어져 있을 때 단위길이당의 정전용량을 구해 보자. 단, 도체 사이의 중심간격이 각 도체의 반지름보다 매우 큰 경우이다($d \gg a$).

도체 A에 $+\lambda$ [C/m], 도체 B에 $-\lambda$ [C/m]의 선전하가 분포하고 있는 경우 두 도체의 중심을 연결하는 선상의 점 P의 전계는 각각 다음과 같다.

$$\overrightarrow{E_A} = \frac{\lambda}{2\pi\epsilon_o r}\hat{a_r}\ [\mathrm{V/m}] \tag{3-19}$$

$$\overrightarrow{E_B} = \frac{-\lambda}{2\pi\epsilon_o (d-r)}\hat{a_r}\ [\mathrm{V/m}] \tag{3-20}$$

전계는 도체 A에서 도체 B의 방향으로 향하므로 합성 전계 $\vec{E}$는 식 (3-21)과 같이 구해진다.

$$\vec{E} = \vec{E}_A + \vec{E}_B = \frac{\lambda}{2\pi\epsilon_o}\left(\frac{1}{r} + \frac{1}{d-r}\right)\hat{a}_r\ [\mathrm{V/m}] \tag{3-21}$$

이 경우 도체 A와 도체 B 사이의 전위차 V_{AB}는 식 (3-22)와 같이 구해진다.

$$V_{AB} = -\int_{d-a}^{a} \vec{E} \cdot d\vec{r} = -\frac{\lambda}{2\pi\epsilon_o}\int_{d-a}^{a}\left(\frac{1}{r} + \frac{1}{d-r}\right)$$

$$= \frac{\lambda}{2\pi\epsilon_o}\left\{[\ln r]_a^{d-a} - [\ln(d-r)]_a^{d-a}\right\}$$

$$= \frac{\lambda}{\pi\epsilon_o}\ln\frac{d-a}{a}\ [\mathrm{V}] \tag{3-22}$$

따라서, 식 (3-22)로부터 단위 길이당 정전용량은 식 (3-23)과 같이 구해진다.

$$C = \frac{\lambda}{V_{AB}} = \frac{\pi \epsilon_o}{\ln - \dfrac{d-a}{a}} \text{ [F/m]} \tag{3-23}$$

일반적인 경우 $d \gg a$ 이기 때문에 이 경우 $\ln\frac{d-a}{a} \fallingdotseq \ln\frac{d}{a}$ 가 되어 식 (3−23)은 식 (3−24)와 같이 된다.

$$C = \frac{\pi \epsilon_o}{\ln\dfrac{d}{a}} = \frac{\pi \epsilon_o}{2.303\log_{10}\dfrac{d}{a}} \text{ [F/m]} \tag{3-23}$$

식 (3−23)에서 동축 원통의 길이가 l [m]인 평행선로의 정전용량은 식 (3−24)를 이용하여 구할 수 있다.

$$C_l = C \cdot l = \frac{\pi \epsilon_o}{\ln\dfrac{d}{a}} \cdot l = \frac{\pi \epsilon_o}{2.303\log_{10}\dfrac{d}{a}} \cdot l \text{ [F]} \tag{3-24}$$

그림 3-6 무한 길이의 원통 도선

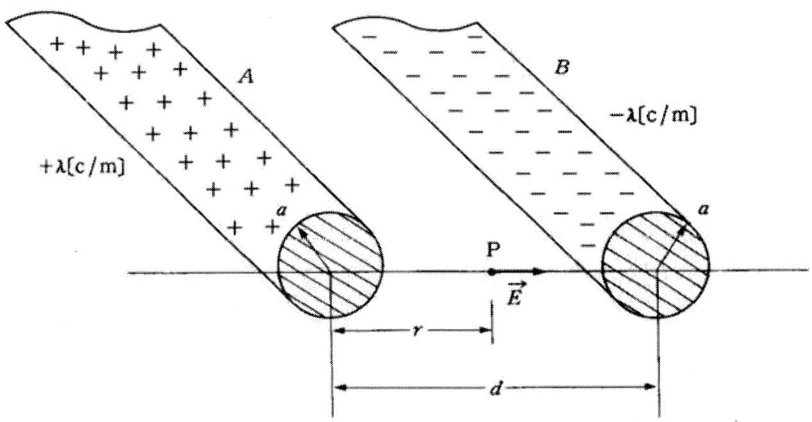

◎ 예제 3-5

반지름이 1.5 [mm] 인 두 전선이 평행하게 0.5 [m] 의 간격으로 가설되어 있다. 전선의 길이가 1 [m] 인 경우 정전용량을 구하시오.

풀이 $C_l \dfrac{\pi\epsilon_0}{\ln\dfrac{d}{a}} l = \dfrac{\pi\epsilon_0}{2.303\log_{10}\dfrac{b}{a}} l = \dfrac{\pi\epsilon_0}{2.303\log_{10}\dfrac{0.5}{1.5\times10^{-3}}} \cdot 1$

$= 4.78[\mathrm{pF}]$

답 4.78 [pF]

(5) 지면위에 가설된 직선 선로

그림 3-7과 같이 지상으로 부터 h [m]에 반경 a [m] 인 직선 도체가 지면과 평행하게 가설되어 있을 때 단위 길이당 정전용량을 구하여 보자.

지면위에 가설된 도선에 $+\lambda\,[\mathrm{C/m}]$의 선전하가 균일하게 분포하고 있으면 대지면을 완전 도체로 가정하여 그 반대쪽 $h\,[\mathrm{m}]$되는 곳에 $-\lambda\,[\mathrm{C/m}]$의 선전한 분포를 가지는 영상전하를 고려하여야 한다.

그림 3-7 대지위에 가설된 직선 도체

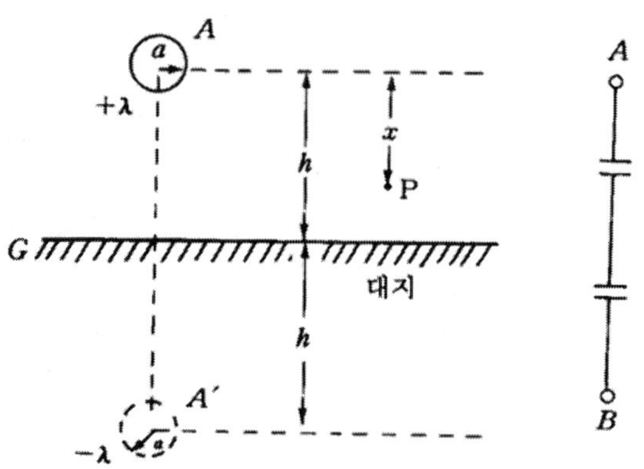

이 경우 지면과 도선 A 사이의 정전용량은 대지와 도선 A 사이의 전위차가 도선 A와 B 사이의 반이므로 $d=2h$ [m]인 무한 길이의 원통도선 사이의 정전용량의 2배가 되므로 식 (3-25)와 같이 구해진다.

$$C=\frac{2\pi\epsilon_o}{\ln\frac{d}{a}}=\frac{2\pi\epsilon_o}{2.303\log_{10}\frac{d}{a}} \text{ [F/m]} \tag{3-25}$$

(6) 무한 넓이의 평행판 도체 사이의 정전용량

그림 3-8과 같이 간격 d[m]의 무한히 넓은 평행판 도체 사이의 단위면적당 정전용량을 구해보자. 두 도체판에 단위면적당 $\pm\sigma$[C/m^2]의 전하가 균일하게 분포하고 있다고 가정한다. 이 경우 전하는 두 도체판이 마주하고 있는 내면에만 집중하고 판의 외면에 존재하지 않는다. 두 도체판 사이의 전계는 가우스의 법칙에 의해 식 (3-26)와 같이 구해진다.

$$\vec{E}=\frac{\sigma}{\epsilon_o} \text{ [V/m]} \tag{3-27}$$

이 경우 두 도체 사이의 전위차는 식 (3-28)과 같이 구해진다.

$$V=\vec{E}\cdot\vec{d}=\frac{\sigma}{\epsilon_o}d \text{ [V]} \tag{3-28}$$

따라서 단위 면적당 정전용량은 식 (3-29)와 같다.

$$C_s=\frac{\sigma}{V}=\frac{\epsilon_o}{d} \text{ [F/m}^2\text{]} \tag{3-29}$$

그림 (3-8)의 도체판 판의 면적이 S [m^2] 라 하면, 두 도체판 사이의 정전용량은 식 (3-30)과 같이 구해진다.

$$C=C_s\cdot S=\frac{\epsilon_o S}{d} \text{ [F]} \tag{3-30}$$

그림 3-8 평행판 도체

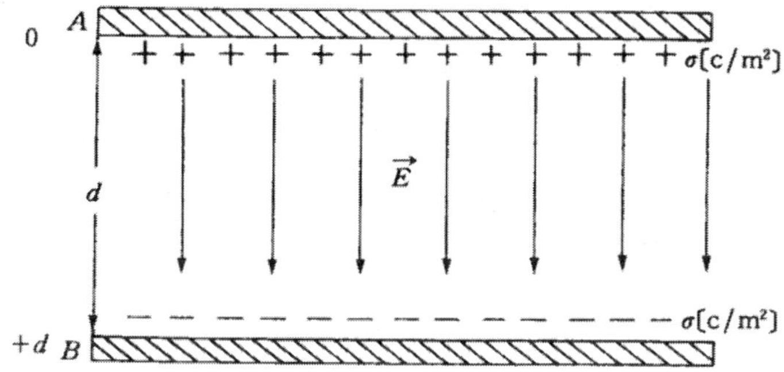

◎ 예제 3-6

한변의 길이가 50 [cm]인 평행판 콘덴서가 있다. 이 극판 사이의 간격이 5[mm] 일 때 정전 용량을 구하시오. 단 극판 사이는 진공 상태이다.

✔풀이 $C=\frac{\epsilon_0 S}{d}=\frac{8.854\times10^{-12}(50\times10^{-2})^2}{5\times10^{-3}}=443[\text{pF}]$

답 443 [pF]

3-6 콘덴서의 연결

(1) 콘덴서

콘덴서는 축전기라고도 불리며 전극인 두 도체 사이의 정전용량에 의하여 전하를 축적 하도록 한 장치이다. 콘덴서는 용량을 크게하기 위하여 전극 사이에 유전체를 삽입하며, 유전체의 종류에 따라 **공기 콘덴서, 기름 콘덴서, 운모 콘덴서, 종이 콘덴서** 등으로 구별된다.

또한 콘덴서는 그 용량이 고정되어 있는 **고정 콘덴서**와 **라디오 용 바리콘**과 같이 평행판의 상대면적을 변화시켜 용량을 가변시키는 **가변 콘덴서**도 있다. 두 극판 사이의 절연물은 극판의 절연내력을 크게 하고, 동시에 용량도 크게 하는 역할을 한다. 콘데서에 대한 표기를 **그림** 3-9에 나타내었다.

그림 3-9 콘덴서의 표기

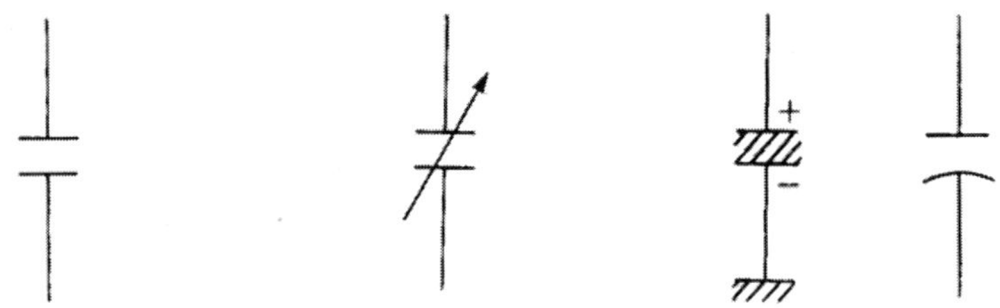

(a) 고정콘덴서 (b) 가변콘덴서 (c) 전해콘덴서

(2) 콘덴서의 직렬 연결

그림 3-10와 같은 연결방법을 **직렬연결**이라 한다. 전극인 도체 A와 도체 B 사이에 전위차 V를 가하면 각 콘덴서의 두 극판에는 정전유도에 의하여 양과 음의 같은 크기를 가지는 전하 $+Q$, $-Q$ 가 축적된다. 따라서 각 콘덴서의 전위차를 V_1, V_2, V_3라 하면 식 (3-31)과 같이 구해진다.

$$V_1 = \frac{Q}{C_1},\quad V_2 = \frac{Q}{C_2},\quad V_3 = \frac{Q}{C_3} \tag{3-31}$$

전극 A와 전극 B 사이의 전압은 식 (3-32)와 같이 각 콘덴서에 걸리는 전압의 합으로 나타낸다.

$$V = V_1 + V_2 + V_3 = \left(\frac{1}{C_1} + \frac{1}{C_2} + \frac{1}{C_3}\right)Q \tag{3-32}$$

정전용량의 정의에 의하여 전극 A와 전극 B 사이의 합성용량은 식 (3-33)과 같다.

$$C = \frac{Q}{V} \tag{3-33}$$

따라서, 합성용량은 식 (3-32)와 식 (3-33)으로부터 다음과 같이 구해진다.

$$\frac{1}{C} = \frac{1}{C_1} + \frac{1}{C_2} + \frac{1}{C_3}\ [1/\mathrm{F}] \tag{3-34}$$

$$C = \frac{C_1 C_2 C_3}{C_1 C_2 + C_2 C_3 + C_3 C_1}\ [\mathrm{F}] \tag{3-35}$$

식 (3-35)로부터 콘덴서를 직렬연결 할 때 합성용량은 개개의 용량보다 적어짐을 알 수 있다. 그리고 각 콘덴서의 양극에 걸린 전위차는 식 (3-36)과 같이 각 콘덴서의 용량에 반비례함을 알 수 있다.

$$V_1 = \frac{C}{C_1}V,\ \ V_2 = \frac{C}{C_2}V,\ \ V_3 = \frac{C}{C_3}V \tag{3-36}$$

그림 3-10 콘덴서의 직렬연결

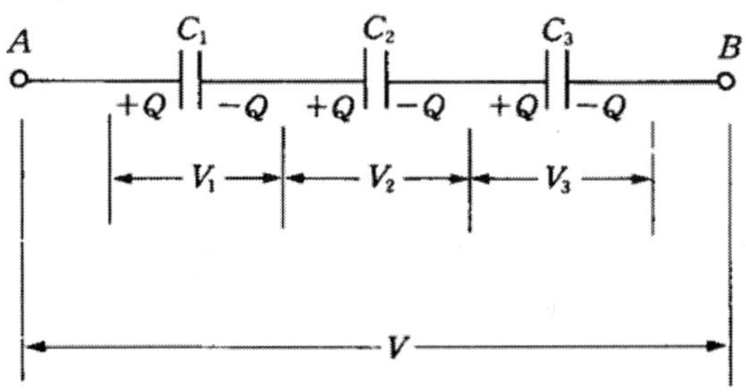

(3) 콘덴서의 병렬연결

그림 3-11과 같은 연결방법을 병렬 연결이라 한다. 두 단자 A, B 사이에 V의 전위차를 가하면 각 콘덴서에는 같은 전압이 걸리기 때문에 C_1, C_2, C_3에 축적되는 전하는 각각 식 (3-37)과 같이 나타내진다.

$$Q_1 = C_1 V,\ \ Q_2 = C_2 V,\ \ Q_3 = C_3 V \tag{3-37}$$

이때 전체 전하의 합은 식 (3-38)과 같다.

$$Q = Q_1 + Q_2 + Q_3 \tag{3-38}$$

따라서 합성용량은 식 (3-39)과 같이 구해진다.

$$C = \frac{Q}{V} = \frac{Q_1 + Q_2 + Q_3}{V} = \frac{(C_1 + C_2 + C_3)V}{V}\ [\mathrm{F}]$$

$$= C_1 + C_2 + C_3\ [\mathrm{F}] \tag{3-39}$$

식 (3-39)에서 알 수 있듯이 병렬연결인 경우의 합성용량은 개개의 용량보다 커진다. 그리고 각 콘덴서에 축적된 전하는 식 (3-40)과 같이 각 콘덴서의 용량에 비례하여 나누어 진다.

$$Q_1 = \frac{C_1}{C_1 + C_2 + C_3} Q\ [\mathrm{C}] \tag{3-40}$$

$$Q_2 = \frac{C_2}{C_1 + C_2 + C_3} Q\ [\mathrm{C}]$$

$$Q_3 = \frac{C_3}{C_1 + C_2 + C_3} Q\ [\mathrm{C}]$$

그림 3-11 콘덴서의 병렬연결

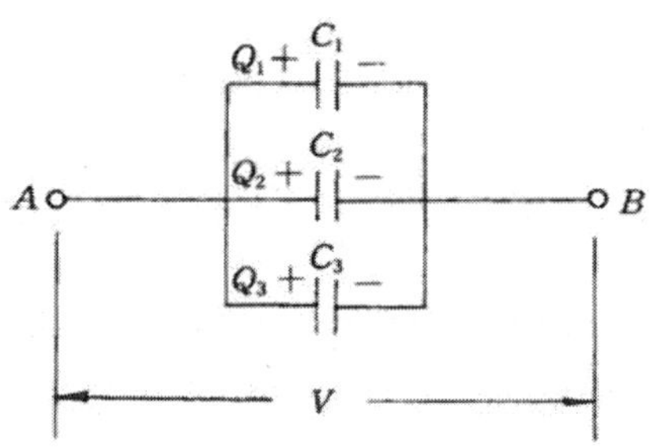

◎ 예제 3-7

정전용량이 3 [μF] 인 콘덴서 3개를 다음과 같이 연결 할 때 합성 정전용량을 구하시오.

(1) 직렬연결 (2) 병렬연결

풀이 (1) $\frac{1}{C}=\frac{1}{C_1}+\frac{1}{C_2}+\frac{1}{C_3}$ $\therefore C=\frac{C_1C_2C_3}{C_1C_2+C_2C_3+C_3C_1}$

$\therefore C=\frac{3\times3\times3}{3\times3+3\times3+3\times3}=1[\mu\text{F}]$

답 (1) 1 [μF] (2) 9 [μF]

3-7 도체계의 정전에너지

도체계에 전하를 준다는 것 즉, 충전을 한다는 것을 의미하며 이는 전하를 무한 원점에서 그 도체까지 운반해 온다는 것을 의미한다. 따라서 전하를 운반하기 위해서는 에너지가 필요하다. 이 에너지는 도체가 보유하며 이 에너지에 의하여 정전계가 이루어진다. 지금 어떤 도체가 전하 q로 충전되었을 때 이 도체의 전위를 V라 하면, V는 이 충전된 상태에서 다시 미소전하를 더 운반해 오는 일을 단위전하당으로 환산한 값이다. 이 개념을 도입하여 도체계의 에너지를 구하여보자.

어떤 도체에 미소전하 dq를 운반하여 전하를$q=0$에서 $q=Q$까지 충전하는 경우를 생각하여 보자. 임의의 전하 q상태에서 전위를 V라 하고, 여기에 다시 dq를 더 가져올 때의 일을 dW라 하면 식 (3-41)과 같이 나타내 진다.

$$dW=Vdq \tag{3-41}$$

도체의 전하를 Q까지 충전시키는 데 소요된 전체의 일은 식 (3-42)와 같이 구해진다.

$$W=\int_0^Q Vdq=\int_0^Q \frac{q}{C}dq=\frac{1}{2}\frac{Q^2}{C}=\frac{1}{2}QV\,[\text{J}] \tag{3-42}$$

따라서 n개의 도체로 이루어진 도체계에서 각 도체의 전하와 전위가 $Q_1, Q_2, \ldots, Q_n$ 및 $V_1, \cdots, V_n$ 으로 분포되어 있을 때 이 도체가 가지는 정전에너지 W는 식 (3-42)를 이용하여 식 (3-43)과 같이 일반화 시켜서 나타낼 수 있다.

$$W = \frac{1}{2}\sum_{i=1}^{n} Q_i V_i \text{ [J]} \tag{3-43}$$

일반적으로 도체가 있는 경우 도체의 정전용량을 $C[F]$라 하면 위 식은 식 (3-44)과 같이 나타내 진다. 이것을 **전계내의 정전에너지**라 한다.

$$W = \frac{1}{2}QV = \frac{1}{2}C\ V^2 = \frac{1}{2}\frac{Q^2}{C} \text{ [J]} \tag{3-44}$$

◎ 예제 3-8

5 [μ F]의 콘덴서에 9×10^{-3} [C]의 전하를 축적할 때 이 콘덴서의 정전에너지[J]를 구하시오.

풀이 $W = \frac{1}{2}QV = \frac{1}{2}CV^2 = \frac{1}{2}\frac{Q^2}{C}$

$\therefore W = \frac{1}{2} \cdot \frac{(9\times10^{-3})^2}{5\times10^{-6}} = 8.1\text{[J]}$

답 8.1 [J]

연 습 문 제

01 진공중에 일정하게 떨어져 있는 두 도체 1과 도체 2가 있다. 도체 1에만 2 [C]의 전하를 줄 때 도체 1 과 도체 2의 전위가 각각 4 [V] 와 6 [V] 였다. 지금 도체 1과, 도체 2에 1[C]의 전하를 줄 때 도체 1의 전위를 구하시오.

02 1000 [V]로 충전하여 1 [J]의 에너지를 갖는 콘덴서의 정전용량을 구하시오.

03 평행판 콘덴서의 극판 면적 $S = 10[\mathrm{cm}^2]$ 이고 극판 간격 $d = 1[\mathrm{mm}]$ 일 때 극판 사이에 100 [V]의 전압을 인가한 경우 이 콘덴서에 축적되는 에너지를 구하시오.

04 동심 도체구의 내구의 반지름과 외구의 반지름을 각각 $a = 6[\mathrm{cm}]$, $b = 8[\mathrm{cm}]$ 로 하고 동심 도체구의 외구를 접지하였다. 내구에 900 [V]의 전위를 가할 경우 내구에 충전되는 전하량 [C]을 구하시오.

05 정전용량이 각각 2 $[\mu\mathrm{F}]$와 4 $[\mu\mathrm{F}]$인 두 개의 콘덴서가 직렬로 연결되어 있다. 이 양단에 150 [V]의 전압을 가할 때 2 $[\mu\mathrm{F}]$의 콘덴서에 걸리는 전압 [V]을 구하시오.

06 정전용량이 각각 10 $[\mu\mathrm{F}]$ 와 20 $[\mu\mathrm{F}]$ 인 두개의 콘덴서가 병렬로 연결된 회로에 정전용량이 30 $[\mu\mathrm{F}]$ 인 콘덴서를 직렬로 연결할 때의 합성 정전용량을 구하시오.

07 전기통신 분야에 이용되는 동축 원통도체의 종류와 용도를 조사하시오.

08 전기통신 분야에 이용되는 평행 도체의 종류와 용도를 조사하시오.

Chapter

04 유전체와 전기 영상법

4-1 유전체

어떤 물질의 외부에 정전계를 인가하면 전류(전도전류)가 거의 흐르지 않지만, 시간에 따라 변하는 전계를 인가하면 물질 내의 구속전자가 변위를 일으켜 전류(변위전류)가 흐르는데 이를 **유전체**라 한다.

4-2 유전율과 비유전율

그림 4-1 (a)와 같이 평행판 콘덴서의 전극 사이를 공기로 채웠을 때 정전용량을 C_0라 하고, (b)와 같이 콘덴서의 전극 사이에 절연물을 넣었을 때 정전용량을 C라 하면, Faraday의 실험에 의하여 $C > C_0$ 인 관계가 있음이 알려져 있다. 이것은 전극 전극판에 동일한 전위차에 가할때 전극 사이에 절연물을 넣었을 때가 전극사이가 공기로 채워진 경우보다 더 많은 전하가 축적되어 정진용량이 증가하기 때문이나. 이와 같이 정전용량이 절연물에 의하여 변하는 것은 그 절연물에 의하여 전계가 변하기 때문이며 이러한 절연물을 **유전체**라 한다.

여기서 C와 C_0의 비는 식(4-1)과 같이 나타내 진다.

$$\frac{C}{C_0} = \epsilon_s \tag{4-1}$$

식 (4-1)에서 ϵ_s ($\epsilon_s \geq 1$)는 도체의 형상에 관계없이 절연물의 종류와 물리적 상태에 따라 정해지는 물질의 고유정수로 **비유전율**이라 한다. 그리고 이 비유전율 ϵ_s 와 진공의 유전율 ϵ_0 와의 곱을 **유전율**이라 하며 이것을 ε 으로 표시한다.

$$\epsilon = \epsilon_s \epsilon_0 \quad [\mathrm{F/m}] \tag{4-2}$$

그림 4-1 평행판 콘덴서

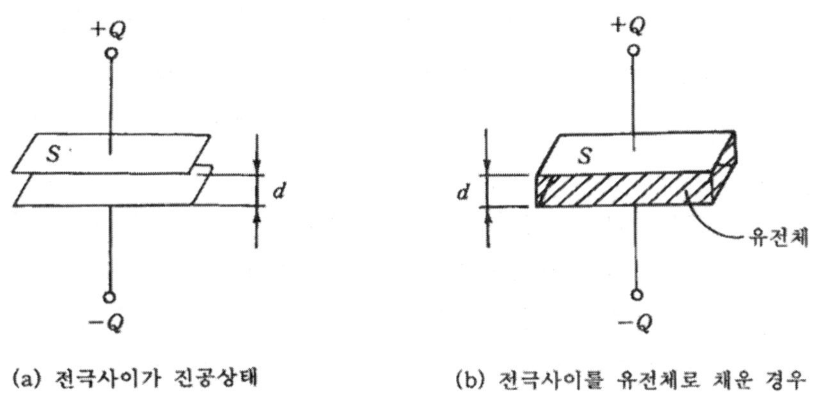

[표 4-1] 유전체의 비유전율과 절연내력

물 질	비유전율, ε_s	절연내력 [kV/m]
진 공	1.0000	∞
공 기	1.0005	3
물	75-81	-
폴리에틸렌	2.1-2.5	50
변압기유	2.2-2.4	24 - 57
테프론	2.1	60
유 리	3.8-10	5-20
석 영	3.5-4.0	8
백 운 모	6.7	70-220
티탄산바륨(BaTiO)	1200	-

그림 4-1 (a)와 (b)에서 전극판의 면적을 S [m^2] 라 하면 정전용량은 식 (3-30)에서와 같이 각각 다음과 같이 된다.

$$C_0 = \frac{\epsilon_o S}{d} [\mathrm{F}] \tag{4-3}$$

$$C = \frac{\epsilon_o \epsilon_s S}{d} = \frac{\epsilon S}{d} [\mathrm{F}] \tag{4-4}$$

식 (4-4)에서 $\epsilon = \epsilon_o \epsilon_s [\mathrm{F/m}]$ 이다. 그러므로 전극간에 일정한 전위차를 가하고 전극 사이에 유전체를 채운 경우의 정전용량 C 는 유전체를 전극 사이에 채우지 않은 경우의 정전용량 C_0 보다 ϵ_s배 크게 된다. 이는, ϵ_s 배 만큼의 전하가 더 많이 축적됨을 의미한다.

기체의 비유전율은 1에 가까우나 고체, 액체의 경우는 물질에 따라 유전율이 다르다. 표 4-1은 각종 유전 물질의 **비유전율**과 **절연 내력**을 표시한 것으로 절연 내력이란, 유전체에 어느 크기 이상의 전계의 세기를 가하면 절연성이 급속히 저하되는 현상이 나타나게 되는데 이를 **절연 파괴**라 한다. 즉 절연내력이란 절연파괴가 일어나는 전계의 세기를 나타낸다.

◎ **예제 4-1**

면적이 S 이고 전극사이의 간격이 d 인 평행판 콘덴서가 있다. 이 전극사이를 진공상태로 유지 시키는 경우와 비유전율 ε_s 인 유전체로 채우는 경우에 전극사이의 (1)전위차와 (2)전계의 세기를 비교하시오. 단 전하는 $+Q$ 와 $-Q$ 를 주었고, 진공상태의 전위와 전계의 세기를 각각 V_0, E_0 라하고 유전체로 채운 경우의 전위와 전계의 세기를 각각 V, E 라 한다.

풀이 (1) $Q = C_0 V_0 = CV = \epsilon_s C_0 V$

$$\therefore V = \frac{V_0}{\epsilon_s}$$

(2) $V_0 = E_0 d$, $V = Ed$ $\quad \therefore E = \dfrac{E_0}{\epsilon_s}$

답 (1) $V = \frac{V_0}{\epsilon_s}$, (2) $E = \frac{E_0}{\epsilon_s}$

4-3 분극현상

금속과 같이 **자유전자**를 갖는 물체는 전기적인 힘이 가하여지면 자유전자가 이동하여 **전도전류**가 흐른다. 그러나 자유전자를 갖지 않는 절연체는 전기력이 가하여지면 구속전자는 이동은 하지 않고 변위만 일으켜서 변위전류가 흐르게 된다. 이와 같이 절연체 중에서도 전기작용이 일어나므로 절연체를 **유전체**라 한다. **그림** (4-2)의 (a)와 같이 정상상태에서는 원자핵과 전자의 전하량이 평행을 이루고 있으나 유전체에 전계를 가하면 양전하를 가진 원자핵은 전계의 방향으로, 음전하를 가진 전자는 전계의 반대방향으로 전하가 극히 미소한 거리 δ만큼 변위하여 **그림** 4-2(a)의 (b)와 같이 핵과 전자는 속박된 채로 **전기쌍극자**를 형성한다. 유전체는 많은 원자나 분자로 구성되어 있으므로 많은 전기쌍극자를 가지며 각 쌍극자는 모멘트가 생기면서 **그림** 4-2(c)와 같이 된다. 이 경우, 유전체 내부에서는 +, − 전하가 상쇄되어 전기적인 작용이 나타나지 않으나 유전체의 양단에는 상쇄되지 않으므로 분극전하 q에 의한 전계가 형성된다. 이 현상을 **유전분극** 또는 **분극**이라 한다.

이경우 유전체 자체에서 형성될 정계의 세기를 분극의 세기 $\vec{P}$ 라 하며, 단위체적당의 **평균 쌍극자 모멘트**로 정의 한다.

$$\vec{P} = \lim_{\Delta V \to 0} \frac{\Delta \vec{M}}{\Delta V} \ [\mathrm{C/m^2}] \qquad (4\text{–}5)$$

식 (4-50에서 $\vec{M}$ 은 쌍극자모메트이고, V는 유전체의 체적이다.

그림 4-2 유전체의 분극

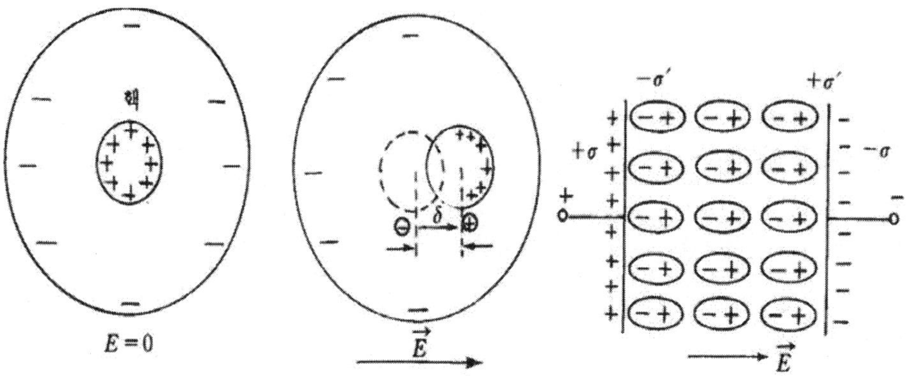

(a) 전계를 가하지 않은 정상상태 (b) 전기 쌍극자 형성 (c) 유전분극

4-4 전계와 전속 밀도의 관계

유전율 ε인 유전체 내의 전계 $\vec{E}$는 식(2−28)에서 ϵ_0 대신에 ϵ을 대입하면 식(4−11)과 같다.

$$\vec{E}=\frac{Q}{4\pi\epsilon r^2}\hat{a_r}\ [\mathrm{C/m^2}] \tag{4–11}$$

전속밀도 $\vec{D}$는 식 (4−12)와 같이 나타내진다.

$$\vec{D}=\frac{Q}{4\pi r^2}\hat{a_r}\ [\mathrm{C/m^2}] \tag{4–12}$$

따라서 유전체내에서의 전계의 세기 $\vec{E}$ 와 전속밀도 $\vec{D}$ 와의 관계는 식 (4−13)과 같이 나타낼 수 있다.

$$\vec{E}=\frac{\vec{D}}{\epsilon},\ \vec{D}=\epsilon\vec{E}\ [\mathrm{V/m^2}] \tag{4–13}$$

식 (4−13)의 관계로부터 진공중의 전계에 관한 법칙을 유전체로 나타내면 다음과 같다.

① 쿨롬의 법칙

$$\vec{F}=\frac{Q_1 Q_2}{4\pi\epsilon r^2}\hat{a_r}\ [\mathrm{N}] \tag{4–14}$$

② 가우스의 법칙

$$\nabla\cdot\vec{E}=\frac{\rho}{\epsilon} \tag{4–15}$$

$$\nabla\cdot\vec{D}=\rho \tag{4–16}$$

③ 발산정리

$$\oint_S \vec{E}\cdot\hat{n}\,dS=\frac{Q}{\epsilon_o}=\frac{1}{\epsilon_o}\int\rho\,dv=\int_V\nabla\cdot\vec{E}dv \tag{4–17}$$

$$\oint_S \vec{D}\cdot\hat{n}\,dS=Q=\int_V\rho\,dv=\int_V\nabla\cdot\vec{D}dv \tag{4–18}$$

◎ 예제 4−2

비유전율 ϵ_s=4, 전계의 세기 200 [kV/m]인 유전체 내에서 전속밀도 D [$\mu\mathrm{C/m^2}$]를 구하시오.

풀이 $D=\epsilon E=\epsilon_0\epsilon_s E$

$=8.854\times10^{-12}\cdot4\cdot200\times10^3$

$=7.08\,[\mu\mathrm{C/m^2}]$

답 $7.08\,[\mu\mathrm{C/m^2}]$

◎ 예제 4-3

비유전율 ε_s=10 인 유전체내의 전계의 세기가 20 [kV/m]이다. 표면전하 밀도 σ [μ C/m^2]를 구하시오.

풀이

$$\sigma = \epsilon E = \epsilon_0 \epsilon_s E$$
$$= 8.854 \times 10^{-12} \cdot 10 \cdot 20 \times 10^3$$
$$= 1.771[\mu\mathrm{C/m^2}]$$

답 $1.771\,[\mu\mathrm{C/m^2}]$

◎ 예제 4-4

비유전율 ε_s=10 인 유전체면의 전속밀도 $\vec{D} = 5\hat{i} - 3\hat{j} + 2\hat{k}$ [C/m^2] 일 때 다음을 구하시오.

(1) 표면전하밀도 (2) 표면에 수직인 단위 벡터 (3) 표면의 전계의 세기

풀이

(1) $\sigma = |\vec{D}| = \sqrt{(5)^2 + (-3)^2 + (2)^2} = \sqrt{38}$ [C/m^2]

(2) $\widehat{a_N} = \dfrac{\vec{D}}{|\vec{D}|} = \dfrac{5\hat{i} - 3\hat{j} + 2\hat{k}}{\sqrt{38}}$

(3) $\vec{E} = \dfrac{\vec{D}}{\epsilon} = \dfrac{\vec{D}}{\epsilon_0 \epsilon_s} = \dfrac{5\hat{i} + 3\hat{j} + 2\hat{k}}{10\epsilon_0}$ [V/m]

답 (1) $\sigma = \sqrt{38}$ [C/m^2], (2) $\widehat{a_N} = \dfrac{5\hat{i} - 3\hat{j} + 2\hat{k}}{\sqrt{38}}$

(3) $\vec{E} = \dfrac{5\hat{i} - 3\hat{j} + 2\hat{k}}{10\epsilon_0}$ [V/m]

4-5 전계의 세기와 분극의 세기와의 관계

평행판 콘덴서의 양극판 사이에 유전체를 채우고 공기를 채운 경우와 같은 전위를

가하게 되면 **그림** 4−3과 같이 전하가 생기며 유전체에는 유전체 분극에 의하여 $-\sigma'$ 와 $+\sigma'$ 인 **분극 전하 밀도가** 나타난다.

공기를 채운 경우 전계의 세기를 $\overrightarrow{E_0}$라 하면, 식 (3−27)에 의하여 식 (4−19)와 같이 나타내 진다.

$$\overrightarrow{E_0} = \frac{\sigma}{\epsilon_o} \tag{4-19}$$

극판 사이에 균질성의 유전체를 삽입하면 그 원자 혹은 분자의 분극에 의하여 극판에 접한 면에 분극전하밀도가 나타나게 되므로, 유전체 중의 전계 $\vec{E}$ 는 평행판 콘덴서의 극판 면에서의 전하가 $(\sigma - \sigma')$로 감소된 경우와 같게 되어 이 때의 전계 $\vec{E}$는 식 (4−20) 과 같이 나타내 진다.

$$\vec{E} = \frac{\sigma - \sigma'}{\epsilon_o} \tag{4-20}$$

분극의 정의에 의하여 $\vec{P} = \sigma'$ 이므로 식 (4−20)은 식 (4−21)과 같이 된다.

그림 4−3 분극전하

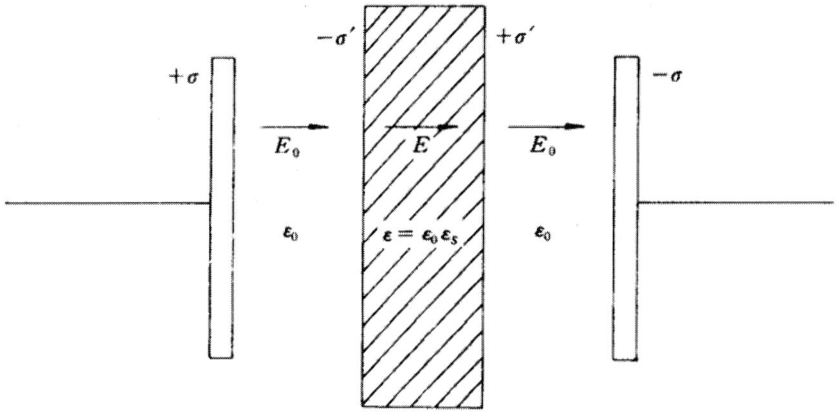

$$\vec{E} = \frac{\sigma - \vec{P}}{\epsilon_o} \qquad (4\text{-}21)$$

따라서 식 (4−19)과 식 (4−21)을 비교하여 볼 때 유전체를 채운 경우의 전계의 세기는 진공인 경우의 전계보다 약하게 됨을 알 수 있다.

식 (4−19)과 (4−21)으로부터 분극의 세기 $\vec{P}$는 식 (4−22)과 같다.

$$\vec{P} = \epsilon_o(\epsilon_s - 1)\vec{E}\ [\mathrm{C/m^2}] \qquad (4\text{-}22)$$

식 (4−22)로부터 유전체 내에 전계의 세기 $\vec{E}$를 구하면 식 (4−23)을 얻는다.

$$\vec{E} = \frac{\vec{P}}{\epsilon_o(\epsilon_s - 1)} = \frac{\sigma'}{\epsilon_o(\epsilon_s - 1)}\ [\mathrm{V/m}] \qquad (4\text{-}23)$$

따라서 유전체 내의 전계는 외부에서 주어진 전하와 분극에 의하여 발생된 분극 전하에 의하여 구해짐을 알 수 있다. 분극 전하는 분자 혹은 원자 내에서 나타나는 현상이므로 외부에서 가하는 전하와 같이 전하를 분리해 낼 수는 없다. 이제까지 다루어 온 자유롭게 분리할 수 있는 전하를 **진전하**라 하며, 외부에서 가한 전하와 유전분극에 의한 전하를 합친 것 $(\sigma - \sigma')$을 **겉보기의 전하**라 한다.

◎ 예제 4−5

균일한 전계에 수직으로 비유전율 ϵ_s=10 인 유전체판를 놓았을 때 유전체판 표면의 전하밀도 σ =1 [pC/m^2] 일 때 유전체판 중의 전계의 세기 [mV/m] 를 구하시오.

✔풀이

$$\vec{E} = \frac{\vec{P}}{\epsilon_0(\epsilon_s - 1)} = \frac{\sigma'}{\epsilon_0(\epsilon_2 - 1)}$$

$$= \frac{10^{-12}}{8.854 \times 10^{-12}(10-1)}$$

$$= 12.5\,[\mathrm{mV/m}]$$

답 12.5 [mV/m]

4-6 전속밀도와 분극의 세기의 관계

그림 4-4의 (a)와 같이 평행판 콘덴서 극판 사이를 공기로 채운 경우의 전계의 세기를 $\overrightarrow{E_0}$ 라하면 전속밀도와의 관계는 식 (4-24)과 같이 구해진다.

$$\overrightarrow{D} = \epsilon_0 \overrightarrow{E_0} \tag{4-24}$$

그림 4-4의 (b)에서와 같이 분극 현상이 일어난 유전체의 총 전속밀도 $\overrightarrow{D}$는 자유전하밀도(전도 전류)에 의한 전속밀도와 속박전하밀도(분극 전류)에 의한 전속밀도(분극의 세기)의 합으로 나타난다. 이 관계를 식으로 나타내면 총 전속밀도 $\overrightarrow{D}$는 식 (4-25)과 같다.

$$\overrightarrow{D} = \epsilon_o \overrightarrow{E} + \overrightarrow{P} \tag{4-25}$$

따라서 식 (4-25)은 식 (4-26)과 같다.

$$\overrightarrow{D} = \epsilon \overrightarrow{E} = \epsilon_o \overrightarrow{E} + \overrightarrow{P} \tag{4-26}$$

그림 4-4 전속밀도와 분극의 세기

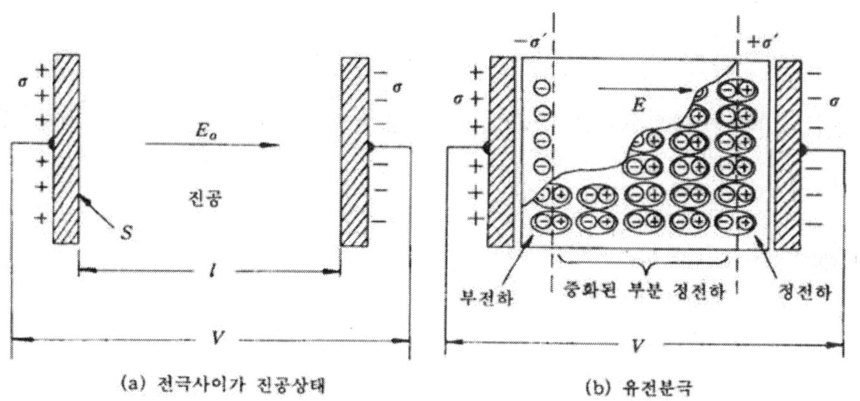

식 (4−26)을 분극의 세기 $\vec{P}$ 로 나타내면 식(4−27)를 얻는다.

$$\vec{P} = \epsilon \vec{E} - \epsilon_o \vec{E} = \epsilon_o \epsilon_s \vec{E} - \epsilon_o \vec{E}$$

$$= \epsilon_o (\epsilon_s - 1) \vec{E} = X \vec{E} \qquad (4\text{–}27)$$

식 (4−27)에서 $X = \epsilon_o (\epsilon_s - 1)$을 **유전감수율**(dielectric susceptibility) 또는 **전극 분극률**(polarizability)이라 한다.

식 (4−24)와 식 (4−25)에서 보는 바와 같이 진공 중의 전속밀도는 유전체 중의 전속밀도와 서로 같다.

◎ 예제 4−6

비유전율 ϵ_s=5 인 유전체 중의 전속밀도 D=4.3 [μC/m^2] 일 때 분극의 세기[[μ C/m^2] 를 구하시오.

✔풀이 $\vec{P} = \epsilon_0 C(\epsilon_s - 1)\vec{E}$ $\vec{D} = \epsilon \vec{E} = \epsilon_0 \epsilon_s \vec{E}$

$$\therefore \vec{P} = (\epsilon_0 \epsilon_s - \epsilon_0)\frac{\vec{D}}{\epsilon_0 \epsilon_s} = \vec{D} - \frac{\vec{D}}{\epsilon_s} = \vec{D}(1 - \frac{1}{\epsilon_s})$$

$$\therefore P = 4.3 \times 10^{-6}(1 - \frac{1}{5}) = 3.44[\mu C/m^2]$$

답 3.44

◎ 예제 4−7

비유전율 ε_s=3 인 유전체에 20 [kV/m]의 전계를 가하는 경우 분극의 세기[[μC/m^2]를 구하시오.

✔풀이 $\vec{P} = \epsilon_0 (\epsilon_s - 1)\vec{E}$

$$= 8.854 \times 10^{-12} \cdot (3-1) 20 \times 10^3$$

$$= 0.354 [\mu C/m^2]$$

답 0.354

4-7 유전체 경계면에서의 경계조건

4-7-1 전속밀도의 경계조건

유전율이 각각 ϵ_1, ϵ_2 인 2종류의 유전체가 **그림** 4-5 (a),(b)와 같이 경계면을 이루고 있을 때 경계조건에 대하여 살펴보자. **그림** 4-5(a)와 같은 미소 원통에 식 (2-23)의 가우스의 법칙을 적용하면 법선 성분에 대한 경계조건을 구할 수 있다. 원통의 측면으로부터의 전속의 출입을 무시할 수 있도록 아주 작은 높이를 갖는 원통형의 폐곡면을 가정한다. 여기서 경계면의 전하밀도를 σ라 하면 식 (4-28)을 얻는다.

$$\int_s \vec{D} \cdot \hat{n} dS = \int_s D_n dS = \int_s D_{n1} dS - \int_s D_{n2} dS = \sigma \int_s dS \qquad (4\text{–}28)$$

따라서 식 (4-28)은 식 (4-29) 와 같이 된다.

$$D_{n1} - D_{n2} = \sigma \qquad (4\text{–}29)$$

완전 유전체의 경우 경계면에 전하가 존재하지 않으므로 $\sigma = 0$이다. 따라서, 식 (4-29)는 식 (4-30)과 같이 나타내 진다.

$$D_{n1} = D_{n2} \qquad (4\text{–}30)$$

전속밀도가 유전체 경계면에 경사지게 입사하는 경우에는 식 (4-31)과 식 (4-32)와 같이 구해진다.

그림 4-5 유전체 경계면에서 전계 및 전속밀도의 굴절

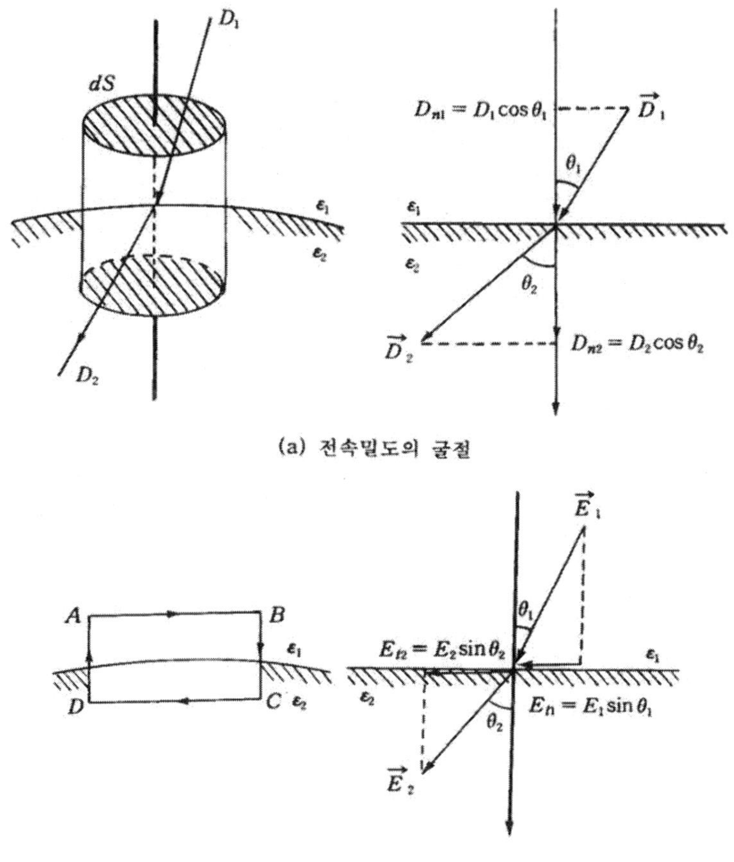

(a) 전속밀도의 굴절

(b) 전계의 굴절

$$D_1 \cos\theta_1 = D_2 \cos\theta_2 \tag{4-31}$$

$$\epsilon_1 E_1 \cos\theta_1 = \epsilon_2 E_2 \cos\theta_2 \tag{4-32}$$

식 (4−30), 식 (4−31)과 식 (4−32)로 부터 전속밀도의 경계면에 수직한 성분은 경계면에 전하가 존재하지 않을 때 서로 같고 연속임을 알 수 있다. 이를 **전속밀도의 경계조건**이라 한다.

4-7-2 전계의 경계조건

그림 4-5(b)와 같이 경계면을 사이에 두고 적분로 $ABCD$를 따라서 $\vec{E}$의 일주 적분의 경우 높이 Δh에 해당하는 변 DA, BC의 길이는 얼마든지 작게할 수 있기 때문에 이 적분은 무시 할 수 있다.

$$\oint_{ABCD} \vec{E} \cdot \vec{dl} = \int_A^B \vec{E} \cdot \vec{dl} + \int_C^D \vec{E} \cdot \vec{dl} = \int E_{t1}\, dl - \int E_{t2}\, dl \qquad (4\text{-}33)$$

$$= \int (E_{t1} - E_{t2}) dl$$

식 (4-33)에서 정전계의 경우 $\oint_{ABCD} \vec{E} \cdot \vec{dl} = 0$이므로 식 (4-34)와 식(4-35) 관계가 성립된다.

$$E_{t1} = E_{t2} \qquad (4\text{-}34)$$

전계가 유전체 경계면에 경사지게 입사하는 경우에는 식 (4-35)와 식 (4-36)과 같이 구해진다.

$$E_1 \sin\theta_1 = E_2 \sin\theta_2 \qquad (4\text{-}35)$$

$$\frac{D_1}{\epsilon_1} cos\theta_1 = \frac{D_2}{\epsilon_2} cos\theta_2 \qquad (4\text{-}36)$$

식 (4-34), 식 (4-35)와 식 (4-36)으로 부터 경계면에 평행한 성분은 서로 같고 연속임을 알 수 있다. 이를 **전계의 경계조건**이라 한다.

4-7-3 유전체 경계면에서의 굴절의 법칙

식 (4-32)을 식(4-35)로 나누면 식 (4-37)를 얻는다.

$$\frac{\epsilon_1}{\tan\theta_1} = \frac{\epsilon_2}{\tan\theta_2} \qquad (4\text{-}37)$$

따라서 식 (4−38)과 같은 **굴절의 법칙**을 얻을 수 있다.

$$\frac{\epsilon_1}{\epsilon_2} = \frac{\tan\theta_1}{\tan\theta_2} \tag{4-38}$$

◎ 예제 4-8

공기중의 전계 $E_0 = 15$ [kV/m]가 입사각 $30°$ 로 비유전율 ϵ_s=3 인 유전체로 입사할 때 유전체중의 전계의 세기[kV/m]를 구하라.

풀이

$E_0 \sin\theta_0 = E_2 \sin\theta_2$

$\therefore E_2 = E_0 \dfrac{\sin\theta_0}{\sin\theta_2} = 15 \times 10^3 \dfrac{\sin 30°}{\sin 60°}$

$= 15 \times 10^3 \cdot \dfrac{\frac{1}{2}}{\frac{\sqrt{3}}{2}} = 5\sqrt{3} \times 10^3 [\mathrm{V/m}]$

$= 5\sqrt{3} [\mathrm{kV/m}]$

$\dfrac{\epsilon_0}{\epsilon_2} = \dfrac{\tan\theta_0}{\tan\theta_2}$

$\rightarrow \tan\theta_2 = \dfrac{\epsilon_2}{\epsilon_0} \tan\theta_0$

$= \sqrt{3}$

$\therefore \theta_2 = 60°$

답 $5\sqrt{3}$ [kV/m]

4-8 유전체가 있는 경우 전정용량 계산 예

(1) 평행판 전극 사이에 두 종류의 유전체를 평행하게 채운 경우

그림 4−6의 (a)와 같이 면적이 S [m^2]인 평행판 전극 사이에 유전율이 ϵ_1, ϵ_2 이고, 각 유전체의 두께가 각각 d_1, d_2인 유전체를 전극에 평행하게 채우고 전극 사이에 V [V]의 전위차를 가할 때 각 유전체에서의 정전용량을 구해보자.

두 개의 콘덴서 C_1과 C_2가 직렬로 연결되어 있는 것과 같으므로 식 (4−39)를 이용하여 구할 수 있다.

$$\frac{1}{C} = \frac{1}{C_1} + \frac{1}{C_2} \text{ [F]} \tag{4-39}$$

그림 4-6 2층 유전체층을 갖는 평행판 콘덴서

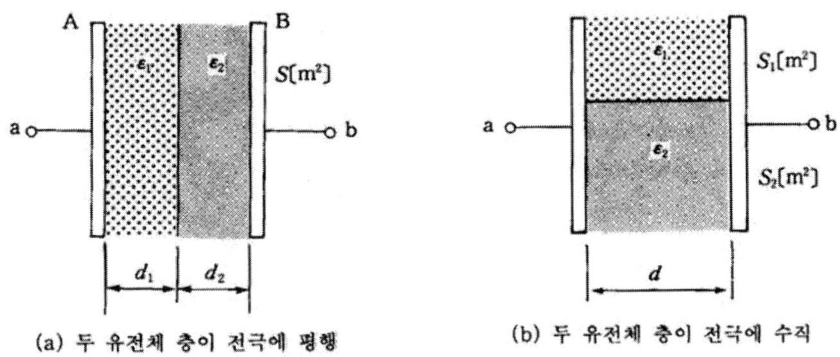

식 (4-39)에서 $C_1 = \dfrac{\epsilon_1 S}{d_1}$ [F], $C_2 = \dfrac{\epsilon_2 S}{d_2}$ [F] 이다. 즉,

$$C = \frac{C_1 \cdot C_2}{C_1 + C_2} = \frac{\dfrac{\epsilon_1}{d_1}S \cdot \dfrac{\epsilon_2}{d_2}S}{\dfrac{\epsilon_1}{d_1}S + \dfrac{\epsilon_2}{d_2}S} = \frac{\epsilon_1 \epsilon_2 S}{\epsilon_1 d_2 + \epsilon_2 d_1} \text{ [F]} \tag{4-40}$$

이다.

(2) 평행판 전극 사이에 두 종류의 유전체를 극판에 수직하게 채운 경우

그림 4-5의 (b)와 같이 면적이 S [m²]인 평행판 전극 사이에 유전율이 ϵ_1, ϵ_2 이고 전극과 만나는 유전체 면의 면적이 각각 S_1, S_2인 유전체를 전극에 수직하게 채운 경우 전극 사이에 V [V]의 전위차를 가할 때의 각 유전체에서의 정전용량을 구해보자.

두 개의 콘덴서 C_1과 C_2가 병렬로 연결되어 있는 것과 같으므로 식 (4-41)를 이용하여 구할 수 있다.

$$C = C_1 + C_2 \text{ [F]} \tag{4-41}$$

◎ 예제 4-9

극판의 면적이 S [㎡] 이고 극판 사이 간격이 d [m]인 평행판 콘덴서가 있다. 여기에 비유전율이 ϵ_1, ϵ_2 및 ε_3 인 3개의 유전체를 넣을 때 다음의 경우에 합성 정전용량을 구하시오.

(1) 3개의 유전체를 극판에 평행하게 배치하는 경우(단 유전체의 두께 d_1 으로 모두 같다)

(2) 3개의 유전체를 극판에 수직하게 배치하는 경우(극판과 만나는 유전체면의 면적이 S_1 으로 모두 같다)

풀이 (a)

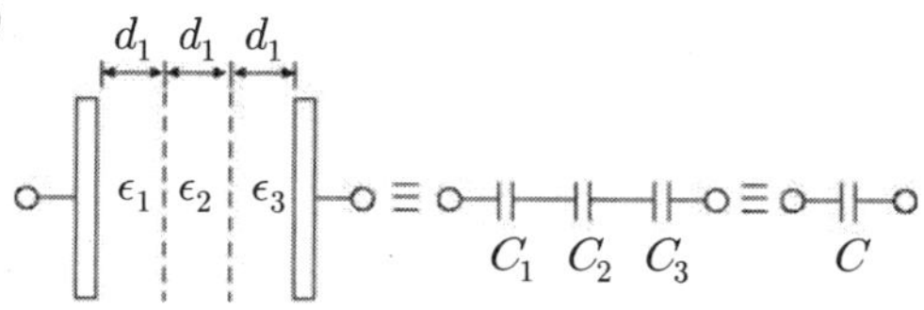

$$\frac{1}{C}=\frac{1}{C_1}+\frac{1}{C_2}+\frac{1}{C_3}=\frac{C_1C_2+C_2C_3+C_1C_3}{C_1C_2C_3}$$

$$C_1=\frac{\epsilon_1 S}{d_1}\text{ [F]},\ C_2=\frac{\epsilon_2 S}{d_1}\text{ [F]},\ C_3=\frac{\epsilon_3 S}{d_1}\text{ [F]}$$

$$\therefore C=\frac{C_1C_2C_3}{C_1C_2+C_2C_3+C_1C_3}\text{ [F]}=\frac{S\epsilon_1\epsilon_2\epsilon_3}{d_1(\epsilon_1+\epsilon_2+\epsilon_3)}\text{ [F]}$$

(b)

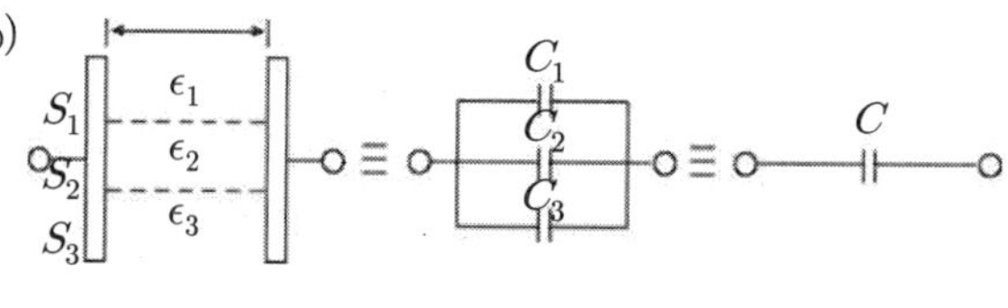

$$C=C_1+C_2+C_3$$

$$C_1=\frac{\epsilon_1 S_1}{d}\text{ [F]},\ C_2=\frac{\epsilon_2 S_1}{d}\text{ [F]},\ C_3=\frac{\epsilon_3 S_1}{d}\text{ [F]}$$

$$\therefore C=\frac{S_1}{d}(\epsilon_1+\epsilon_2+\epsilon_3)\text{ [F]}$$

답 (1) $\dfrac{\epsilon_1\epsilon_2\epsilon_3 S}{d_1(\epsilon_1+\epsilon_2+\epsilon_3)}$ [F] , (2) $\dfrac{\epsilon_1 S_1+\epsilon_2 S_2+\epsilon_3 S_3}{d}$ [F]

식 (4−41)에서 $C = \frac{\epsilon_1 S_1}{d}$ [F], $C_2 = \frac{\epsilon_2 S_2}{d}$ [F] 이다.

즉,

$$C = \frac{\epsilon_1 S_1}{d} + \frac{\epsilon_2 S_2}{d} \text{ [F]} \tag{4-42}$$

이다.

(3) 동심구의 정전용량

그림 4−7과 같이 반경 a [m]와 반경 b [m]인 동심구 사이에 유전율 ε인 유전체를 채운 경우 정전용량은 식 (3−14)로부터 식 (4−43)과 같이 구해진다.

$$C = \frac{Q}{V_{ab}} = \frac{4\pi\epsilon}{\frac{1}{a} - \frac{1}{b}} = 4\pi\epsilon\left(\frac{ab}{b-a}\right) \text{ [F]} \tag{4-43}$$

그림 4−7 동심구 사이를 유전체로 채운 경우

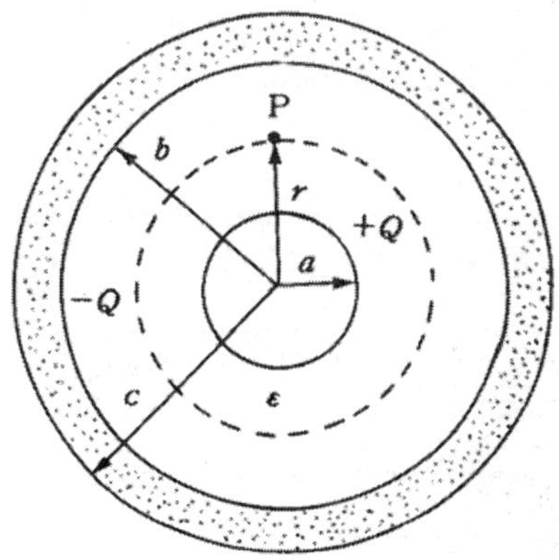

◎ 예제 4-10

내구의 반지름 a=10 [cm], 외구의 반지름 b=20 [cm] 인 동심구 콘덴서의 내.외부 도체 사이에 비유전율 ε_s=2 인 유전체를 채우는 경우 이 동심구 콘덴서의 정전용량을 구하시오.

풀이 $C=4\pi\epsilon\frac{ab}{b-a}=4\pi\epsilon_0\epsilon_s\frac{ab}{b-a}$

$=4\pi 8.854\times10^{-12}\cdot 2\cdot\frac{20\times10^{-2}\cdot10\times10^{-2}}{20\times10^{-2}-10\times10^{-2}}$

$=44.4\times10^{-12}[\mathrm{F}]$

$=44.4[\mathrm{pF}]$

답 44.4 [pF]

(4) 동축 원통의 정전용량

그림 4-8과 같이 무한히 긴 동축 원통 사이에 유전체가 채워져 있을 때 단위 길이당 정전용량은 식 (3-17)로 부터 식 (4-44)과 같다.

$$C=\frac{\lambda}{V_{ab}}=\frac{2\pi\epsilon}{\ln\frac{b}{a}}=\frac{2\pi\epsilon}{2.303\log_{10}\frac{b}{a}}\ [\mathrm{F/m}] \quad (4\text{-}44)$$

그림 4-8 동축원통 사이를 유전체로 채운 경우

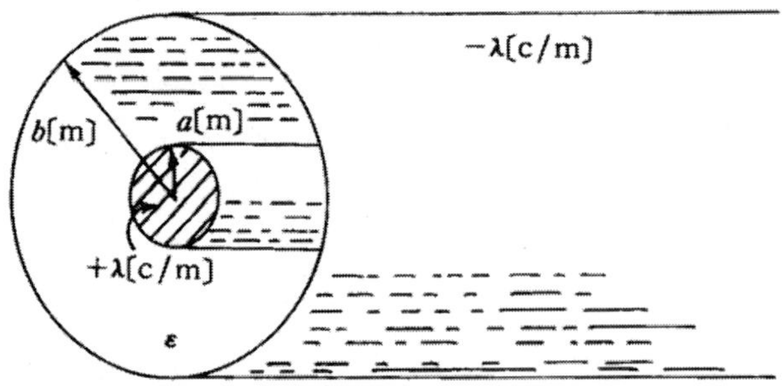

◎ 예제 4-11

내원통의 반지름 a=10 [cm], 외원통의 반지름 b=20 [cm] 인 무한히 긴 동축원통 사이에 비유전율 ϵ_s=2 인 유전체를 채우는 경우 이 동축원통의 단위길이당 정전용량을 구하시오.

풀이
$$C=\frac{2\pi\epsilon}{\ln\frac{a}{a}}=\frac{2\pi\epsilon}{2.303\log_{10}\frac{b}{a}}=\frac{2\cdot\pi\cdot 8.854\times 10^{-12}\cdot 2}{2.3030\log 2}$$
$$=160.6\times 6\times 10^{-12}[\mathrm{F}]=160.6[\mathrm{pF}]$$

답 160.6 [pF]

4-9 유전체의 특수 현상

이제까지 주로 유전율 ε이 일정한 경우로서 유전체 내에서 분극 $\vec{P}$가 전계의 세기 $\vec{E}$에 비례하는 이상적인 유전체에 대하여 다루었다. 그러나 여기서 다루는 유전체의 **특수 현상**이란 유전율이 일정하지 않은 경우로 유전체의 분극 $\vec{P}$가 전계의 세기 $\vec{E}$에 비례하지 않는 경우이다.

(1) 접촉 전기

도체와 도체, 유전체와 유전체 또는 유전체와 도체를 서로 접촉시키면 한편의 전자가 다른편으로 이동하여 각각이 양전하와 음전하로 대전하는 현상이 일어난다. 이때 나타나는 전기를 **접촉전기**라고 부른다. 따라서 마찰전기도 이 접촉전기의 일종이라고 볼 수 있다.

도체와 도체사이에 접촉전기가 일어나면 두 도체간에 전위차가 생긴다. 이 전위차를 **접촉전위차**라 하며, 이 현상을 **볼타(Volta)효과**라고도 한다.

이 접촉전위차의 크기는 매질 및 온도에 따라 결정되고 접촉면적과는 관계가 없다.

(2) Pyro 전기

전기석이나 티탄산바륨의 결정을 가열 또는 냉각하면 결정의 한쪽 면에 양전하가 다른쪽 면에는 음전하가 발생한다. 이 전하의 극성은 가열 할 때와 냉각할 때 서로 정반대이다. 이런 현상을 **초전효과**라 하며 이 때 발생한 전하를 **초전기**라 한다. 이러한 초전현상은 자발 분극을 가지는 유전체에서 나타나는데 온도의 변화에 의해서 자발 분극의 크기가 변화하기 때문에 일어난다.

초전효과는 열에너지를 전기에너지로 변환시키는 것으로 대단히 유용한 현상이다.

(3) 압전기

초전현상을 나타내는 결정은 기계적인 압력이 가해져도 전기가 나타난다. 즉 결정에 어떤 방향으로 압축 또는 인장등의 응력을 가하면 내부에 전기분극이 일어나고 그 단면에 분극 전하가 나타난다. 전기분극은 응력에 비례한다. 이러한 현상을 **압전효과** 또는 **압전현상**이라 한다. 이때 단면에 나타나는 분극전하를 **압전기**라 한다. 이러한 압전효과가 잘 나타나는 물질로는 수정, 전기석, 롯셀염, 티탄바륨 등이 있다.

한편 압전효과를 나타내는 결정에 전계를 가하면 전계에 비례하는 전기적 응력이 결정에 나타난다. 이 현상을 **압전기의 역효과**라 하고, 기계적 응력에 의하여 압전기를 발생하는 효과를 압전기의 직접효과라고도 한다. 이와 같은 가역성은 전기에너지와 기계에너지이 상호변환이 가능함을 나타내는 것이다. 이 에너지 상호변환 특성은 전기공학에서 마이크, 압력 측정, 초음파 발생, 정수기 전기진동의 발생 등 응용범위가 매우 넓다.

4-10 전기 영상법

4-10-1 전기 영상법

균일한 유전체의 공간에서의 전하분포를 알고 있으면 전위분포는 비교적 간단히 구할 수 있다. 그러나 전계 내에 도체가 있거나 또는 여러 종류의 유전체가 서로 접해 있게 되면 전위분포를 간단히 구할 수 없게 되며 이러한 경우에는 포아송 방정식이나 라플러스방정식을 이용하여 전위분포를 구하게 된다. 그러나 어떤 경우에는 이들 방정식을 이용하지 않고도 해를 구할 수 있는 **전기영상법**이 이용된다.

전기 영상법은 전계의 계산을 간단히 하기 위해서 광학에서 거울면에 의하여 생기는 영상과 같이 도체나 유전체의 경계면에 대하여 맺어지는 전기적 영상을 가상하여 본래의 전하 분포와 경계 조건을 만족하도록 주어진 정전장을 등가장으로 치환하여 구하는 방법이다. 이때, 주어진 가상의 전하를 **영상 전하**라 한다.

또한 전기 영상법이 만족해야 하는 경계 조건은 다음과 같다.

- 경계면에서 전속밀도의 법선 성분은 같다.
- 경계면에서 전계의 접선 성분은 같다.
- 도체 표면은 등전위면이다.

4-10-2 점전하와 평면도체

그림 4-9(a)와 같이 도체면 OO'에서 거리 a인 점 P에 점전하 Q가 존재할 때 전계를 구해 보자.

그런데 P'점에 점전하 $-Q$를 가상하면 평면도체를 제거해도 전계는 아주 같음을 알 수 있다. 이 P'점을 **영상점**이라 하고, $-Q$를 **영상전하**라 한다.

도체면에 유도된 전하 σ와 점전하 Q간에 작용하는 인력 F는 영상전하 $-Q$와 Q간에 작용하는 힘과 같으며, 따라서 **그림** 4-9 (b)에 의하여 식 (4-45)과 같이 구해진다.

$$F = -\frac{Q^2}{4\pi\epsilon_o(2a)^2} = -\frac{Q^2}{16\pi\epsilon_o a^2}\,[\mathrm{N}] \tag{4-45}$$

식 (4-45)은 흡인력을 나타내며 이를 **영상력**이라 한다.

그림 4-9 점전하와 평면도체

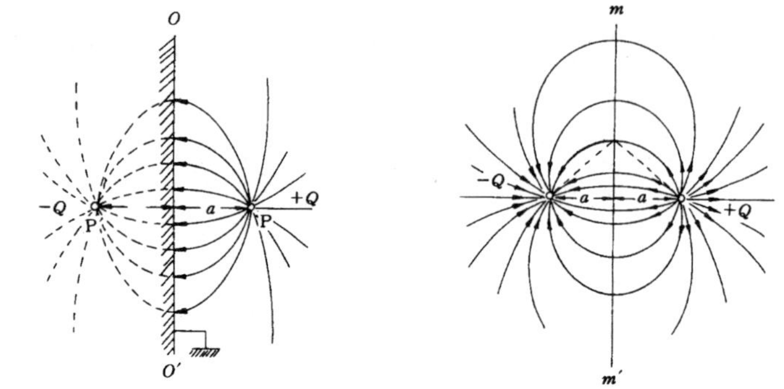

(a) 영상전하　　　　(b) 영상력

◎ 예제 4-12

무한 평면 도체로부터 수직거리 r=1 [m]인 곳에 점전하 +1 [C]가 있다. 이 수직거리상의 $\frac{1}{2}$ [m] 되는 점에서 전위 V [V]와 전계의 세기 E [V/m]를 구하시오.

✔풀이

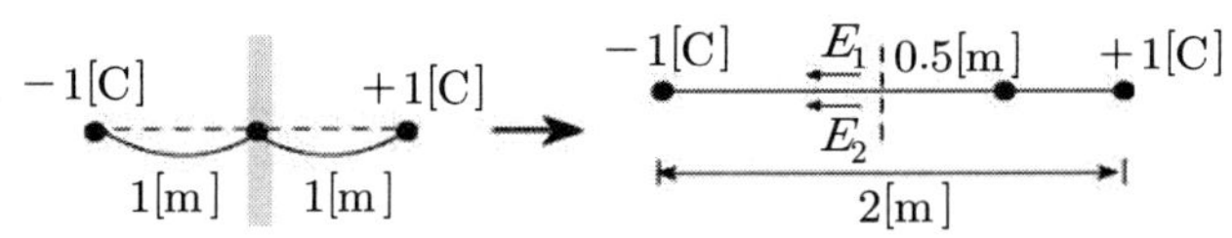

(a) $V = \dfrac{Q_1}{43\pi\epsilon_0 r_1} + \dfrac{Q_2}{4\pi\epsilon_0 r_2}$

$= 9\times10^9\left(\dfrac{-1}{\frac{3}{2}} + \dfrac{1}{\frac{1}{2}}\right) = 9\times10^9\left(-\dfrac{2}{3}+2\right) = 12\times10^9[\mathrm{V}]$

(b) $\vec{E} = -\left(\dfrac{Q_1}{4\pi\epsilon_0 {r_1}^2} + \dfrac{Q_2}{4\pi\epsilon_0 {r_2}^2}\right)\hat{a_r}$

$= -9\times10^9\left\{\dfrac{1}{\left(\frac{3}{2}\right)^2} + \dfrac{1}{\left(\frac{1}{2}\right)^2}\right\}\hat{a_r}[\mathrm{V/m}] = -9\times10^9\left(\dfrac{4}{9}+4\right)[\mathrm{V/m}]$

$= -40\times10^9\hat{a_r}[\mathrm{V/m}]$

$\therefore \vec{E} = -40\times10^9\hat{a_r}[\mathrm{V/m}]$

답 $V = 12\times10^9$ [V], $\vec{E} = -40\times10^9\,\hat{a}_r$ [V/m]

연 습 문 제

01 $C_1 = 1\,[\mu\mathrm{F}]$ 와 $C_2 = 4\,[\mu\mathrm{F}]$ 의 두 개의 콘덴서를 직렬로 연결할 때 두 콘덴서에 공기를 주입할 때와 C_1에만 비유전율 $\epsilon_s = 2$인 유전체를 채울 때, 유전체를 채운 경우의 정전용량이 유전체를 채우기전 보다 얼마나 커지는지 구하시오.

02 비유전율 ϵ_s 인 유전체내에 있는 전하 Q에서 나오는 전기력선의 수를 구하시오.

03 비유전율 $\epsilon_s = 5$인 유전체내에 20 [cm]의 거리를 두고 1 [C]과 2 [C]의 전하가 있다. 이 전하 사이에 작용하는 힘 F [N]을 구하시오.

04 무한 평면 도체의 표면에서 2 [m]인 곳에 점전하 4 [C]이 놓여 있다. 전하가 받는 힘[N]을 구하시오.

05 $z > 0$ 인 부분은 자유 공간이고, $z < 0$ 인 부분은 비유전율 $\epsilon_s = 3$인 유전체이다. 자유공간내의 전속밀도가 $\vec{D} = 3\hat{i} + 4\hat{j} - 5\hat{k}$ [C/m²] 일 때 유전체내의 전계 $\vec{E}$ 를 구하시오.

06 접촉전기에 대하여 설명하시오.

07 초전효과에 대하여 설명하시오.

08 압전효과에 대하여 설명하시오.

Chapter 05

전류와 저항

5-1 전류와 전류밀도

양 전하를 지니는 대전도체와 음 전하를 지니는 대전도체를 가느다란 도체로 연결하면 두 대전도체 사이에는 전위차에 의하여 전하의 이동현상이 나타난다. 이 전하의 이동을 **전류**라 한다. 금속과 같은 양도체에는 자유전자가 많으므로 전계를 가하면 이 전기력에 의하여 전자는 전계와 반대방향으로 이동하여 전류가 잘 흐른다. 이와 같이 자유전자의 이동으로 생긴 전류를 **전도전류**라 하고, 진공내에서의 전자의 이동이나 전해액 중에서 이온 등과 같은 하전 입자의 운동을 **대류전류**라 하며, 콘덴서 내에서와 같이 구속전자의 변위에 의하여 생기는 전류를 **변위전류**라 한다.

이러한 전류에는 크기와 방향이 시간의 변화에 무관하게 일정한 직류와 크기와 방향이 시간에 따라 주기적으로 변화하는 교류가 있다.

전류의 세기는 도체 내의 임의의 단면을 단위시간에 통과하는 전하의 양으로 정의한다. 즉 시간 t[s] 동안에 임의단면을 통과한 전하의 양이 Q[C]라고 하면 전류의 세기 I[A]는 식 (5-1)과 같이 나타낸다.

$$I = \frac{Q}{t}[\mathrm{C/s}] = \frac{Q}{t}[\mathrm{A}] \tag{5-1}$$

순간적인 전류를 $i\ [A]$라고 하면 이는 도체계에서 주어진 어떤 점을 통과하는 전하의 시간에 대한 비율로 식 (5-2)와 같다.

$$i = \frac{dQ}{dt}[\mathrm{A}] \tag{5-2}$$

SI 단위계에서 전류의 단위는 1 [m]의 거리를 두고 있는 무한 길이의 아주 가느다란 평행도체 사이에 단위 길이당 2×10^{-7}[N]의 힘이 작용하는 전류가 평행 도선에 흐를 때 이 때의 전류를 1 **암페어**라 하고 1[A]로 표시한다.

전류의 방향에 수직인 단면적 $S[\mathrm{m}^2]$에 전류 $I[\mathrm{A}]$가 흐르고 있을 때 전류밀도는 식 (5-3)과 같으며, 이는 벡터량으로 단위면적을 단위시간에 통과하는 전하량을 나타낸다.

$$\vec{J}=\frac{\vec{I}}{S}\,[\mathrm{A/m^2}] \tag{5-3}$$

어느 매질의 단위체적에 n[개]의 전자(e[C])가 전계 E [V/m]의 힘을 받아서 속도 v[m/s]로 운동하고 있을 때 전류밀도는 식 (5-4)와 같다.

$$\vec{J}=ne\,\vec{v}\,[\mathrm{A/m^2}] \tag{5-4}$$

그림 5-1과 같이 어떤 미소면 dS를 통과하는 전류밀도가 $\vec{J}$ 일 때 전 전류 I는 식 (5-5)로 부터 구해진다.

$$I=\int\vec{J}\cdot\hat{n}\,dS \tag{5-5}$$

그림 5-1 전류밀도

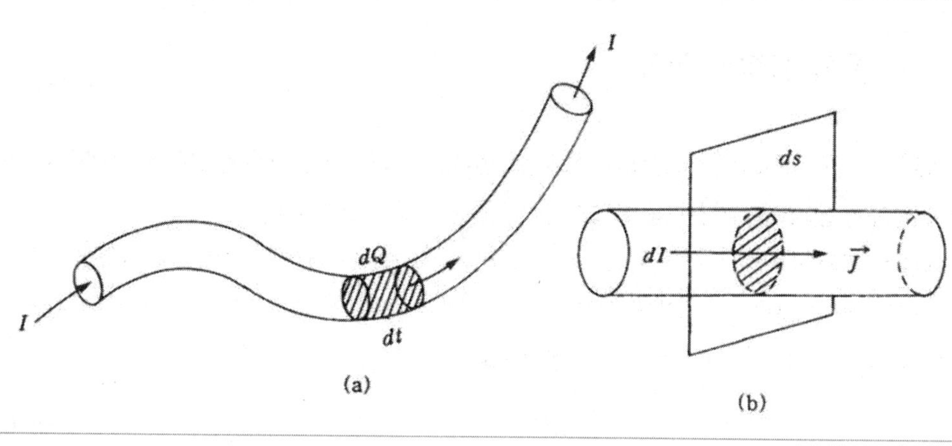

◎ 예제 5-1

반지름이 1 [mm]인 구리선에 흐르는 전류가 π [A] 일 때 이 구리선에서 전류밀도 J [A/m²] 를 구하시오.

풀이 $J=\dfrac{I}{S}=\dfrac{I}{\pi r^2}=\dfrac{\pi}{\pi\cdot(10^{-3})^2}=10^6\,[\mathrm{A/m^2}]$

답 $10^6[\mathrm{A/m^2}]$

◎ 예제 5-2

반지름이 1 [mm]인 구리선에 흐르는 전류가 20 [A]이다. 구리의 자유전자수가 단위 체적당 8.38×10^{28} 개라고 할 때 자유전자의 평균속도 v [m/s] 를 구하시오.

풀이 $J=nev$

$$\therefore v=\frac{J}{ne}=\frac{I}{sne}=\frac{20}{\pi r^2\cdot ne}$$

$$=\frac{20}{\pi(10^{-3})^2\cdot 8.38\times10^{28}\cdot 1.6\times10^{-19}}$$

$$=4.74\times10^{-4}[\mathrm{V/m}]$$

답 4.74×10^{-4} [m/s]

5-2 옴의 법칙과 저항

독일학자 옴(ohm)은 "도체에 흐르는 전류는 도체 양단간의 전위차에 비례하고 도체의 저항에 반비례한다"는 옴의 법칙을 실험적으로 설명하였다.

그림 5-2와 같이 가는 도선의 두 점 A와 B 사이에 전위차 (전압) V [V]를 가하면 이 전위차에 비례하는 전류 I가 흐른다. 도체의 저항을 R [Ω]이라 하면 이 도선에 흐르는 전류의 크기 I는 식 (5-6)와 같다.

$$I=\frac{V}{R}\,[A] \tag{5-6}$$

저항 R 양단에는 식 (5-7)로 표시되는 전압 강하가 나타난다.

$$V = RI \ [V] \tag{5-7}$$

식 (5-7)에서 저항 R은 전류 I와 전압 V사이의 비례상수이고 그 단위는 옴(ohm)이라 읽고 [Ω]으로 표시한다. 이 저항은 전류의 흐름을 방해하는 성분을 나타낸다.

그림 5-2 옴의 법칙

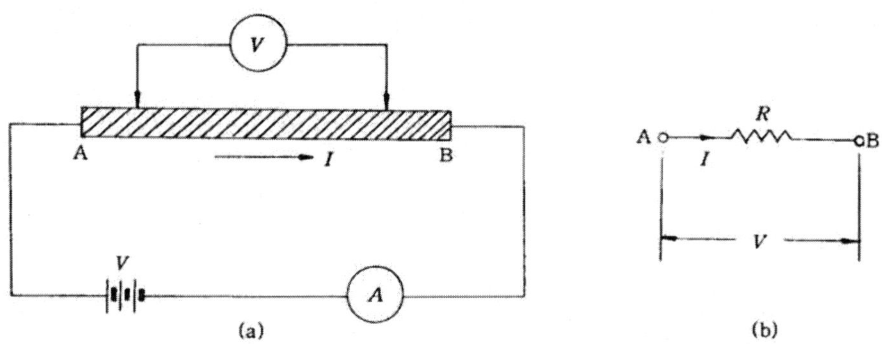

5-3 전기저항

5-3-1 고유저항과 전기전도도

전기저항은 옴의 법칙에서 식 (5-7) 과 같이 전류와 전압이 비례상수로 전류의 흐름을 방해하는 성분을 나타낸다. 이는 도체의 종류, 모양, 크기 및 온도 등 도체의 물리적인 특성에 의하여 정해지는 양으로 일반적으로 **저항**이라 한다.

그림 5-3과 같이 도체의 단면적을 S [m^2]라 하고 도체의 길이를 l [m]라 할 때 도체의 저항 R 은 식 (5-8)과 같이 단면적에 반비례하고 길이에 비례한다.

$$R = \rho \frac{l}{S} [\Omega] \tag{5-8}$$

그림 5-3 도체의 구조

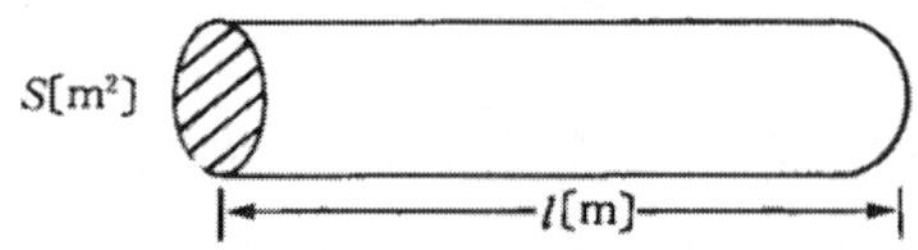

식 (5-8)에서 비례상수 ρ는 **저항률** 또는 **고유저항**이라 하며 도체의 재질이나 온도에 따라 결정되는 물질 고유의 값이며 단위는 [Ωm]를 사용한다.

고유저항의 역수를 **전도도** 또는 **도전율**이라 하며 기호로는 σ를 사용한다

$$\sigma = \frac{1}{\rho}\,[℧/\mathrm{m}] \tag{5-9}$$

따라서 식 (5-8)의 저항은 식 (5-10)과 같이 나타낼 수 있다.

$$R = \frac{l}{\sigma S}\,[\Omega] \tag{5-10}$$

저항의 역수를 **콘덕턴스**라 하고 단위는 저항의 역인 **모오**(mho)라 읽고 [℧]로 나타내거나 지멘스[S]를 사용한다.

$$G = \frac{1}{R}\,[\mathrm{S}] \tag{5-11}$$

표 5-1에 주요 금속 도체의 고유저항을 나타내었다.

[표 5-1] 금속도체의 고유저항 ρ (단위: [$\Omega \cdot \mathrm{m}$])

원 소 (20[℃])				절연체 (20[℃])	
은	1.62×10^{-8}	니 켈	6.9×10^{-8}	운 모	$(0.4 \sim 200) \times 10^{13}$
동	1.69×10^{-8}	철	10.0×10^{-8}	석영유리	25×10^{16}
알루미늄	2.82×10^{-8}	백 금	10.5×10^{-8}	고 무	$(12 \sim 15) \times 10^{13}$
마그네슘	4.46×10^{-8}	주 석	11.4×10^{-8}	파라핀	$(1 \sim 500) \times 10^{14}$
몰리브덴	4.47×10^{-8}	연	21.8×10^{-8}	에폭시 수지	$10^{14} \sim 10^{15}$
아 연	6.1×10^{-8}	수 은	95.8×10^{-8}	테프론	$10^{14} \sim 10^{17}$

◎ 예제 5-3

반지름이 1 [mm] 이고 길이가 500 [m]인 동선의 상온에서 저항 R [Ω]을 구하시오. 단 상온에서 동선의 저항율은 1.69×10^{-8} [Ω · m] 이다.

✔풀이 $R = \rho\frac{l}{S} = \rho\frac{l}{\pi r^2} = 1.69 \times 10^{-8}\frac{500}{\pi(10^{-3})^2}$

$= 2.69[\Omega]$

답 2.69 [Ω]

5-3-2 저항의 온도계수

도체의 온도가 올라가게 되면 원자격자의 열진동이 격렬하게 되어 전계에 의하여 가속된 전자의 충돌 횟수가 증가하여 저항이 증가하게 된다. 따라서 전기저항은 일반적으로 온도의 상승에 따라 증가하게 되는데 저항의 온도에 따른 변화는 식 (5-12)와 같다.

$$\rho_t = \rho_{t0}\{1 + \alpha_{t0}(t - t_0) + \beta_{t0}(t - t_0)^2 + \cdots\} \tag{5-12}$$

식 (5-12)에서, α_{t0}, β_{t0}는 온도 t_0에서 **재질의 온도계수**라 한다. 표 5-2에 도체의 온도계수를 나타내었다. 일반적으로 β 는 α 에 비하여 작기 때문에 무시한다. 따라서 식 (5-12)를 근사적으로 표시하면 식 (5-13)과 같다.

$$\rho_t = \rho_{t0}\{1 + \alpha(t - t_0)\} \tag{5-13}$$

식 (5-13)에서 t_o는 주로 20 [℃]를 취한다. α 값은 금속 도체에서는 (+)값이지만 전해액 및 반도체에서는 보통 (-)값을 갖는다.

식 (5-13)을 저항으로 표시하면 식(5-14)와 같이 나타낼 수 있다.

$$R_t = R_{t0}\{1 + \alpha_{t0}(t - t_0)\}[\Omega] \tag{5-14}$$

[표 5-2] 20 [℃]에서 도체의 온도계수 : α_{20}

금속 종류	온도계수
금	3.4×10^{-3}
은	3.8×10^{-3}
동	3.9×10^{-3}
알루미늄	3.9×10^{-3}
텅스텐	4.5×10^{-3}
수 은	9.0×10^{-4}
청 동	1.7×10^{-3}
니크롬	2.0×10^{-4}
망 간	1.0×10^{-5}
서어미스터	-4.0×10^{-2}

◎ 예제 5-4

어떤 저항선의 저항이 20 [℃]에서 100 [Ω] 이다. 이 저항선의 온도가 80 [℃]로 상승되었을 때의 저항 [Ω]을 구하시오. 단, 이 동선의 온도계수가 20 [℃]에서 α_{20} = 0.04 이다.

풀이

$$R_t = R_{t0}\{1+\alpha(t-t_0)\}$$
$$= 100\{1+0.04(80-20)\}$$
$$= 340\,[\Omega]$$

답 340 [Ω]

5-3-3 저항의 연결법

저항의 연결방법에는 직렬 연결법과 병렬 연결법과 이 두 방법을 혼합한 **직·병렬 연결방법**이다.

그림 5-4와 같이 저항을 연결하는 방법을 **직렬 연결법**이라 한다. 이와 같이 저

항을 직렬 접속하고 단자 AB에 전압 V를 가한 경우 각 저항의 단자전압은 옴의 법칙으로 부터 식 (5-15)와 같이 구해진다.

$$V_1 = IR_1$$
$$V_2 = IR_2 \quad (5\text{-}15)$$
$$V_3 = IR_3$$

따라서 AB 사이의 전압 V는 식 (5-16)과 같이 구해진다.

$$V = V_1 + V_2 + V_3 = IR_1 + IR_2 + IR_3 = I(R_1 + R_2 + R_3) \quad (5\text{-}16)$$

따라서 직렬접속의 합성저항 R은 식 (5-17)과 같다.

$$R = R_1 + R_2 + R_3 \quad (5\text{-}17)$$

그림 5-4 저항의 직렬접속

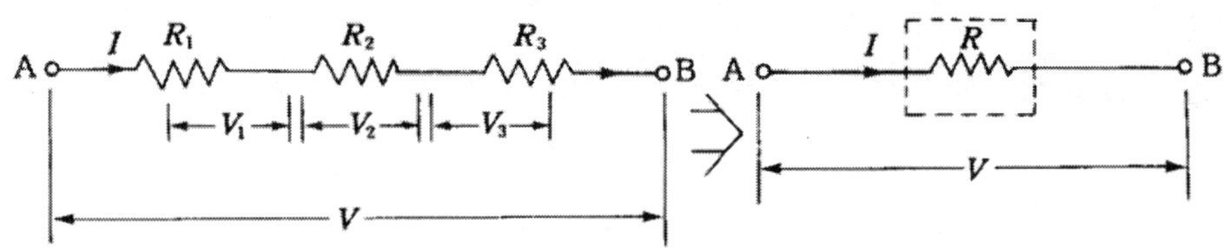

그림 5-5와 같이 저항을 연결하는 방법을 **병렬 연결법**이라 한다. 이와같이 저항을 병렬접속하고 AB 단자에 전압 V를 가할 때 각 저항의 단자 전압은 옴의 법칙을 이용하여 식 (5-18)과 같이 구해진다.

$$V_1 = I_1R_1 \quad (5\text{-}18)$$
$$V_2 = I_2R_2$$
$$V_3 = I_3R_3$$

그런데 $V = V_1 = V_2 = V_3$ 이기 때문에 합성저항 R은 식 (5-19)를 이용하여 구할 수 있다.

$$\frac{1}{R} = \frac{1}{R_1} + \frac{1}{R_2} + \frac{1}{R_3} \tag{5-19}$$

그림 5-5 저항의 병렬 접속

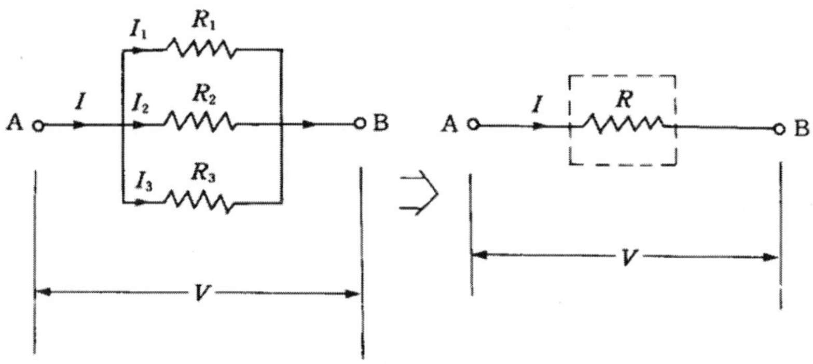

5-4 줄열과 전력

도선에 전류가 흐르는 것은 전위차에 의하여 전하가 이동하기 때문이며, 이는 전계가 일을 하기 때문이다. 저항 R [Ω]인 도선에 I [A] 의 전류가 흐른다면 저항 R 양단에는 $V = IR$[V] 만큼의 전압강하가 나타난다. 이때 도선에 전류를 계속 흐르게 하려면 이 전압강하를 극복하여 계속하여 전하를 이동시켜 주어야 한다.

R[Ω]을 통과하는 전하는 I[C]당 V[V]만큼의 일을 하게 되기 때문에 식 (5-20)과 같은 **전기에너지**(전력)가 발생한다.

$$P = V\frac{dQ}{dt} = VI = I^2R = \frac{V^2}{R} \text{ [W]} \tag{5-20}$$

식 (5-20)의 에너지는 전원에서 공급되므로 **전력**(power)이라 하며 단위는 W [watt] = [J/s]를 사용한다.

P [W]의 전력이 t [s] 동안 계속 공급되었을 때의 전력량은 식 (5−21)과 같이 구해진다.

$$W = P \cdot t = IVt = I^2 Rt \text{ [J]} \tag{5-21}$$

식 (5−21)을 **줄의 법칙**(Joule's law)라 하며 전선줄에 열을 발생하여 온도를 상승시키므로 **"줄열"**이라고 한다.

그런데 1 [cal] = 4.185 [J]에 해당하므로 발생하는 열량을 cal로 나타내면 식 (5−22)와 같다.

$$H = \frac{1}{4.185} I^2 Rt \fallingdotseq 0.24 I^2 Rt \text{ [cal]} \tag{5-22}$$

◎ 예제 5−5

1 [kW]의 전열기가 1시간 동안 한 일(J)을 구하시오.

풀이 $W = P \cdot t = IVt = I^2 Rt$

$\therefore\ W = 10^3 \cdot 3600 = 3.6 \times 10^6 \text{[J]}$

답 3.6×10^6 [J]

◎ 예제 5−6

10^6 [cal]의 열량을 전력량[kWh]으로 표시하시오.

풀이 $H = 0.24 I^2 Rt \text{[Cal]}$

$10^6 \text{[Cal]} = 10^6 \cdot 4.185 \text{[J]}$

$1 \text{[KWh]} = 1 \text{[kW]} \cdot 1 \text{[h]} = 1000 \text{[W]} \cdot 3600 \text{[s]}$

$= 3.6 \times 10^6 \text{[J]}$

$\therefore$ 전력량 $W = \dfrac{4.185 \times 10^6}{3.6 \times 10^6} = 1.16 \text{[kWh]}$

답 1.16 [kWh]

5-5 전류의 연속성

전류의 연속성은 일반적인 전류계 및 정상 전류계에서 성립하는 전류밀도와 전하밀도의 관계를 나타내는 것이다. 이로부터 다음에 다루는 **멕스웰 방정식**에서 변위전류가 존재해야하는 필연성을 증명할 수 있다.

그림 5-6과 같이 임의의 폐곡면 S[m^2]를 가상하고 이 면에서 단위 시간당 유출되는 전하량을 생각하여보자. 임의의 면적 S[m^2]상의 미소 면적소를 dS라 하고 전류밀도를 $\vec{J}$라 하면 전전류 I는 이 폐곡면을 둘러싼 체적 V 속의 시간에 따른 전하의 감소 비율과 같다. 따라서 전전류 I는 식 (5-23)과 같다.

$$I = \oint_s \vec{J} \cdot \hat{n}\, dS = -\frac{dQ}{dt} \tag{5-23}$$

체작 V속의 임의의 점의 전하 밀도를 ρ라 하면 체적 내의 총 전하량은 식 (5-24)와 같다.

$$Q = \int_v \rho dv \tag{5-24}$$

식 (5-23)에 발산 정리를 사용하여 면적적분을 체적적분으로 바꾸고 전하량을 식 (5-24)를 이용하여 나타내면 식 (5-25)와 같다.

$$I = \oint_S \vec{J} \cdot \hat{n}\, dS = \int_v (\nabla \cdot \vec{J}) dv = -\frac{d}{dt}\int_v \rho dv \tag{5-25}$$

식 (5-25)를 다시 정리하면 식 (5-26)을 얻는다.

$$\int_v (\nabla \cdot \vec{J}) dv = -\int_v \frac{\partial \rho}{\partial t} dv \tag{5-26}$$

식 (5-26)은 피 적분함수가 같으므로 식 (5-27)이 구해진다.

$$\nabla \cdot \vec{J} = -\frac{\partial \rho}{\partial t} \tag{5-27}$$

그림 5-6 전류의 발산

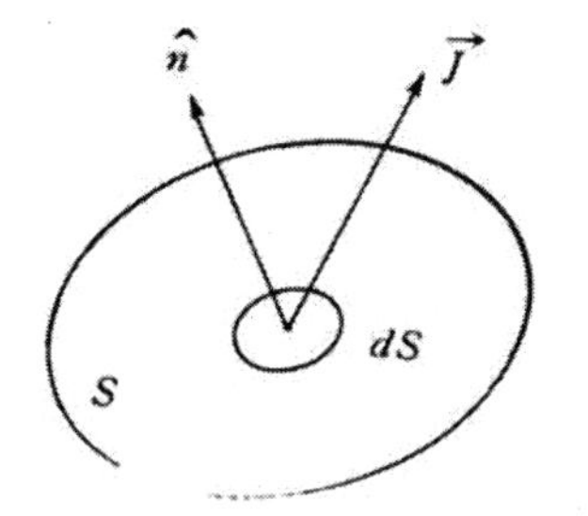

식 (5-27)은 도체 내의 임의의 점에서 전류밀도의 발산이 그 점에서 전하밀도의 시간적 감소율과 같다는 것으로 전하의 보존법칙을 설명하는 **전류의 연속방정식**이라 한다. 그런데 정상전류계의 경우 시간적인 전하의 축적이나 소멸이 없기 때문에 정상전류계의 경우는 식 (5-28)로 나타낼 수 있다.

$$\nabla \cdot \vec{J} = 0 \tag{5-28}$$

◎ 예제 5-7

전류밀도 $\vec{J}= 0.5y^2\hat{j}+ z\hat{k}$ [A/m²] 일 때 $-1 \leqq x \leqq 1, -2 \leqq y \leqq 2, -3 \leqq z \leqq 3$ 에서 발산하는 총전류 [A]를 구하시오.

풀이 $I=\int_v \nabla \cdot \vec{J} \cdot dv$

$$\nabla \cdot \vec{J}=\left(\frac{\partial}{\partial x}\hat{i}+\frac{\partial}{\partial y}\hat{j}+\frac{\partial}{\partial z}\hat{k}\right) \cdot (0.5y^2\hat{j}+z\hat{k})$$

$$=y+1$$

$$\therefore I=\int_v (y+1)dxdydz=\int_v y\,dxdydz+\int_v dxdydz$$

답 48 [A]

5-6 옴의 법칙의 미분형

그림 5-7과 같이 전류계의 임의의 점에서 한 점 P에서의 전류 밀도를 $\vec{J}$ 라 하고, 점 P를 에워싸는 단면적 dS와 전류가 흐르는 방향의 길이 dl인 미소원통을 가정하면 단면을 통과하여 흐르는 전전류 dI는 식 (5-29)와 같이 나타내 진다.

$$dI = \vec{J} \cdot \overrightarrow{dS} = J\,dS\cos\theta \tag{5-29}$$

또한, 미소원통의 전길이 dl 사이의 저항을 dR이라 하면 식 (5-30)을 얻는다.

$$dR = \rho\frac{dl}{dS} = \frac{dV}{dI} \tag{5-30}$$

식 (5-30)에서 dV는 미소원통 양단의 전압이다. 식 (5-29)를 식 (5-30)에 대입하여 정리하면 식 (5-31)을 얻는다.

$$dR = \rho\frac{dl}{dS} = \frac{dV}{dI} = \frac{dV}{J\,dS\cos\theta} \tag{5.31}$$

그림 5-7 옴의 법칙의 미분형

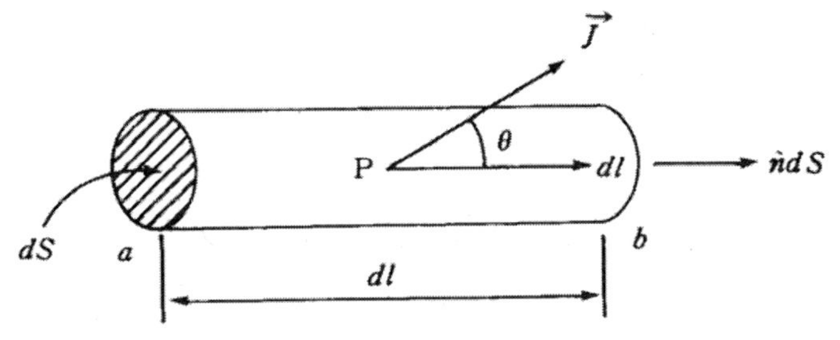

그림 5-7에서 미소 원통을 흐르는 미소 전류의 방향이 미소면적의 방향과 일치한다면 즉 $\vec{J}$ 와 $\overrightarrow{dS}$ 의 방향이 일치하여 $\theta = 0°$이 되면 식 (5-32)를 얻는다.

$$\rho\frac{dl}{dS}=\frac{dV}{JdS} \tag{5.32}$$

따라서 전류밀도 $\vec{J}$ 는 식 (5−33)으로 나타내 진다.

$$\vec{J}=\frac{1}{\rho}\frac{dV}{dl}=\frac{1}{\rho}\vec{E}=\sigma\vec{E} \tag{5-33}$$

이 식을 **옴의 법칙의 미분형**이라 한다.

5-7 전류계의 경계조건

도전율 σ_1, σ_2인 두 도체의 경계면에 **그림** 5−8과 같이 전류가 흐를 때 전류밀도와 전계의 굴절은 정전계와 전류계의 유사성을 적용하여 다음과 같은 경계 조건이 성립한다.

- 경계면에서 전계의 접선 성분은 같다.
- 경계면에서 전류밀도의 법선 성분은 같다.

그림 5-8 전류밀도의 굴절

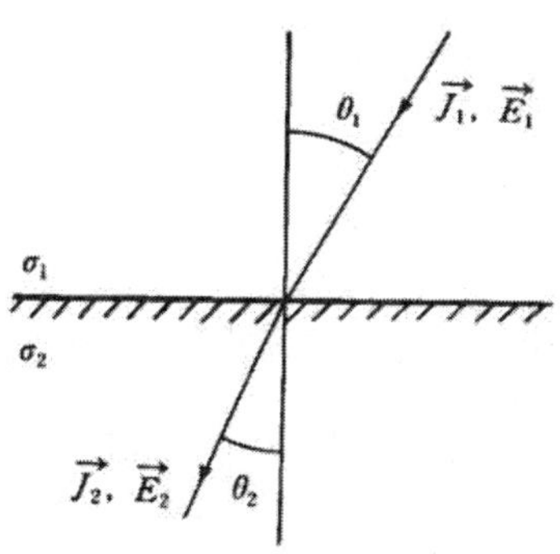

따라서,

$$E_1\sin\theta_1 = E_2\sin\theta_2 \tag{5-34}$$

$$J_1\cos\theta_1 = J_2\cos\theta_2$$

이 성립한다.

식 (5−33)에 의하여 $J_1 = \sigma_1 E_1$, $J_2 = \sigma_2 E_2$의 관계가 있으므로 이를 식 (5−34)에 대입하여 정리하면 식 (5−35)와 같은 **전류계의 굴절의 법칙**이 얻어진다.

$$\frac{\tan\theta_1}{\tan\theta_2} = \frac{\sigma_2}{\sigma_2} \tag{5-35}$$

5-8 열전현상

5-8-1 열전대(thermocouple)

그림 5−9와 같이 다른 종류 두 금속을 접합하여 폐회로를 만들고 접합점에 온도차를 주게 되면 기전력이 발생하여 전류가 흐르게 된다. 이 기전력을 **열기전력**이라고 하고, 이때 흐르는 전류를 **열전류**라 한다. 열기전력의 크기는 금속의 종류 및 접합점의 온도에 따라 결정된다. 기전력이 생기는 이유는 T_2점과 T_1점의 온도의 차가 있으므로 고온부분에서는 자유전자의 격자진동이 격렬하게 되어 저온부분쪽으로 자유전자가 이동하여 두 금속의 양단에 전위차를 일으키기 때문이다.

이러한 효과를 나타내는 한 쌍의 금속을 **열전대**(thermocouple)라고 하고, 이 현상을 **열전 효과** 또는 **제벡 효과**라 한다.

그림 5−9에서 접촉부의 온도차를 $\Delta T = T_2 - T_1$이라 할 때의 열기전력을 ΔV라 하면 **열전능**(thermoelectropower) Q는 식 (5−36)과 같이 표시된다.

$$Q = \frac{\Delta V}{\Delta T} \tag{5-36}$$

이 열전대는 용광로속의 온도측정이나 온도제어 등에 사용된다.

그림 5-9 열전 효과

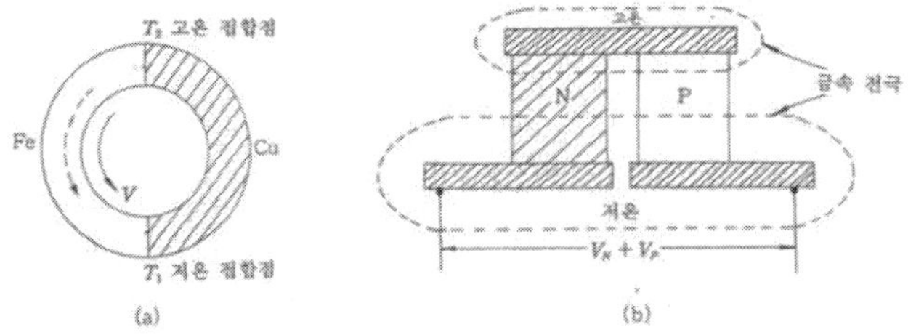

5-8-2 펠티어 효과(peltier effect)

열전대의 특성과 다르게 두 종류의 금속으로 폐회로를 만들어 여기에 전류를 흘리면 양 접촉점에서 한쪽은 온도가 올라가로 반대로 한쪽은 온도가 내려가서 열의 발생 또는 흡수가 생기고 전류를 반대방향으로 변화시키면 열의 발생부와 흡수부가 바뀌는 현상이 일어난다. 이것은 펠티어가 발견한 현상으로 **펠티어 효과**(peltier effect)라 한다. 그 때 열량 H [cal]는 폐회로에 흘리는 전류를 $I[A]$ 라 하고, 전류를 흘린 시간을 t 라 할 때 식 (5-37)과 같이 구해진다.

$$H = P\int_{0}^{t} I\,dt \text{ [cal]} \tag{5-37}$$

식 (5-37)에서 P는 **펠티어 계수**이다.

이 펠티어 효과는 제백효과의 역 효과이며 전자냉동 등에 이용된다.

5-8-3 톰슨효과(thomson effect)

톰슨효과(thomson effect)는 펠티어 효과가 서로 다른 두 종류의 금속도체의 접합점에 전류를 흘리면 열의 발생이나 흡수가 발생하였던 것과는 달리 동일한 금속이라도 그 도체 사이에 온도차가 있을 때 전류를 흘리면 열의 발생 또는 흡수가 일어나는 현상이 있다. 이 현상을 **톰슨효과**라 하며 그 온도차를 $\Delta T = T_2 - T_1$, 통과한 전기량을 Q[C]라 하면 열량 H [cal]은 식 (5-39)와 같이 나타내진다.

$$H = \sigma\int_{T_1}^{T_2} Q\,dt \text{ [cal]} \tag{5-38}$$

식 (5-39)에서 σ 는 톰슨 계수이다.

연습문제

01 전선에 1 [μA]의 전류가 흐르고 있을 때 1 [s] 동안에 통과하는 전자의 수를 구하시오. 단 전자의 전하량은 1.602×10^{-19} [C]이다.

02 전류 밀도 $\vec{J} = 5y\hat{i} + 10z\hat{k}$ [A/m²] 일 때 y=2, $-1 \leq x \leq 1, -2 \leq z \leq -2$ 인 부분의 면적을 흐르는 전류를 구하시오.

03 어느 도선의 전류밀도 $J = 10^7 [\mathrm{A/m^2}]$ 이고 단위 체적당 이동 전하가 $10^{10} [\mathrm{C/m^3}]$ 이라 할 때 이 도체내에서 전자의 이동속도 $v [\mathrm{m/s}]$ 를 구하시오.

04 대기중의 두 전극사이에 있는 어떤 점의 전계 E = 5 [V/m]이고 도전율이 10^{-4}[Ω·m]일 때 이점의 전류밀도 J [A/m²]를 구하시오.

05 전열기에 걸리는 전압이 10 [%] 낮아질 경우 소비전력은 몇 [%] 감소하는지 구하시오.

06 어떤 전열기에 100 [V]의 전압을 가할 때 1 [A]의 전류가 흐르고 300 [cal]의 열량이 발생하였다. 전류가 흐른 시간을 구하시오.

07 다음 그림과 같은 회로에서 저항 8 [Ω]에 3 [A]의 전류가 흐르고 있다. 이 때 다음을 구하시오.

(1) 단자 A와 B 사이의 전위차 [V]　　(2) 10 [Ω]에서 소비되는 전력 [W]

08 열전대에 대하여 설명하시오.

09 제벡효과에 대하여 설명하시오.

10 톰슨효과에 대하여 설명하시오.

Chapter

06 정자계

6-1 자기 현상

자석(magnet)이란 이름은 지중해 연안의 마그네시아(Magnessia)라는 곳에 자철광(Fe_2O_3)이 많이 생산되어 붙여진 이름이라 한다. 자석은 철편을 끌어당기는 성질이 있고 중심을 매달면 남쪽(S 극, - 극)과 북쪽(N 극, + 극) 가리킨다. 이러한 성질이 있을 때 금속은 자기를 가지고 있다고 한다. 자석에 있어 작용하는 힘이 가장 강한 부분을 **자극**이라 하며 자석의 양 끝 가까이에 있다.

자석에는 N 극과 S극의 두 자극뿐이며 같은 극끼리는 반발력이 작용하고 서로 다른 극끼리는 흡인력이 작용한다. 이와 같이 자기도 전기와 유사하게 자기현상이 나타나는 공간에 자계를 정의할 수 있다. 그러나 자기의 경우 전기의 도전체에 해당하는 물질이 없고 유전체에 해당하는 자성체가 있다. 따라서 자석에는 전류에 해당하는 자류 또는 중화와 같은 현상이 나타날 수 없다.

자기의 경우 전기의 전하에 해당하는 자기의 전하(magnetic charge)를 나타내는 자하를 사용하나 실제적인 양이 아니고 전하와 비슷하게 취급하기 위하여 도입된 것으로 m [Wb]의 단위를 사용한다. 전기의 경우 전하는 양(+) 전하와 음(-) 전하를 분리 할 수 있으나 자기의 경우는 정자하와 부자하를 분리할 수 없다.

정전계에서 전기적인 힘이 미치는 공간을 전계로 나타냈던 것과 같이 자석 주위의 자기적인 힘이 작용하는 공간을 자계로 나타내며 시간에 따라 변하지 않는 자계를 **정자계**라 한다.

6-2 쿨롱의 법칙(Coulomb's law)

정자계에서도 정전기에서와 같은 **쿨롱의 법칙**(Coulomb's law)을 이용하여 자석 사이에 작용하는 힘을 구할 수 있다. 그런데 자기의 특성이 N극과 S극을 분리할 수 없기 때문에 힘을 측정하기 위한 자석은 매우 가늘고 길어서 한자석의 두 극이 서로 영향을 미치지 않는 다는 가정이 따라야 한다. 이와 같은 자극을 **점자극**이라 한다.

그림 6–1과 같이 두 점자극의 세기를 각각 m_1[Wb], m_2[Wb]라 하고 이 두 점자극이 거리 r [m] 만큼 떨어져 있을 때 그 사이에 작용하는 힘 $\vec{F}$ [N]은 쿨롱의 법칙으로부터 식 (6–1)과 같이 된다.

$$\vec{F} = k\frac{m_1 m_2}{r^2}\hat{a}_r \,[\mathrm{N}] \tag{6–1}$$

그림 6–1 두 점자극에 작용하는 힘

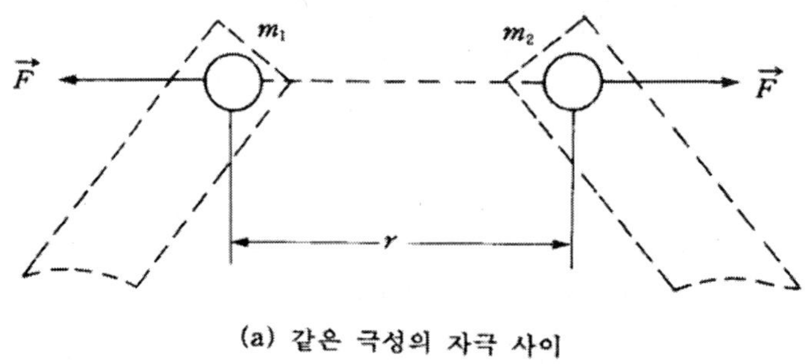

(a) 같은 극성의 자극 사이

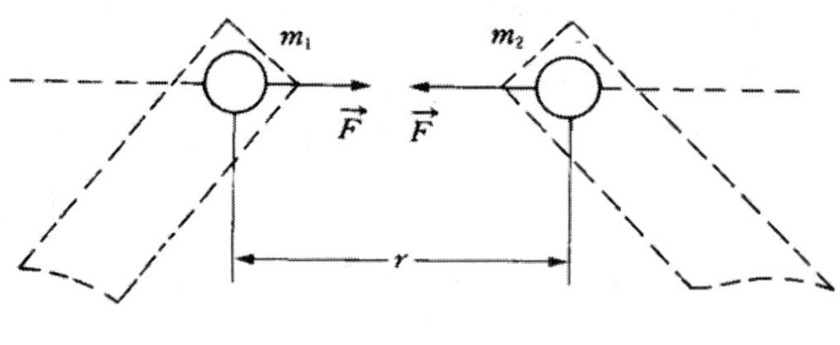

(b) 다른 극성의 자극 사이

자극의 단위는 **웨버**[Wb]를 사용하며, 이는 진공 중에서 같은 크기의 두 점자극을 1[m] 거리에 놓았을 때 작용하는 힘이 6.33×10^4[N]이 되는 자극의 세기를 1웨버[Wb]라고 정의한다. 이 정의로부터 쿨롱의 법칙을 적용하면 비례정수 k는 식 (6-2)와 같이 된다.

$$k = 6.33\times10^4 = \frac{1}{4\pi\mu_0}\ [\mathrm{N}] \tag{6-2}$$

식(6-2)에서 $\mu_0 = \dfrac{1}{4\pi\times6.33\times10^4} = 4\pi\times10^{-7}$[H/m]는 진공의 **투자율**(permeability)이라 한다. 여기서 [H]는 인덕턴스의 단위로 **헨리**(henry)이다.

따라서 식 (6-1)은 식 (6-3)이 된다.

$$\vec{F} = \frac{m_1 m_2}{4\pi\mu_0 r^2}\hat{a_r}\ [\mathrm{N}] \tag{6-3}$$

진공 이외의 매질 중에서 쿨롱의 법칙은 식 (6-4)로 나타내 진다.

$$\vec{F} = \frac{m_1 m_2}{4\pi\mu r^2}\hat{a_r}\ [\mathrm{N}] \tag{6-4}$$

식 (6-4)에서 $\mu=\mu_0\mu_s$로 μ는 **매질의 투자율**이라하며 μ_s는 **매질의 비투자율**이라 한다.

◎ 예제 6-1

진공 중에 2.5×10^{-4} [Wb]와 4×10^{-3} [Wb]인 두 자극 사이에 작용하는 힘이 6.33 [N]이라면 두 자극 사이의 거리 [m]를 구하시오.

✔풀이 $\vec{F} = \dfrac{m_1 m_2}{4\pi\mu_0 r^2}\hat{a_r}$[N]

$$\therefore F = \frac{m_1 m_2}{4\pi\mu_0 r^2} \qquad \therefore r = \sqrt{\frac{m_1 m_2}{4\pi\mu_0 F}} = 6.33\times10^4\cdot\frac{3\times10^{-4}(-2\times10^{-2})}{(0.1)^2}$$

$= 0.1$[m]

답 0.1 [m]

◎ 예제 6-2

진공 중에 3×10^{-4} [Wb]의 N 극과 -2×10^{-2} [Wb]의 S극이 10 [cm]의 거리를 두고 있다. 이 두 자극 사이에 작용하는 힘 F [N]을 구하시오.

✔풀이 $F=\frac{m_1m_2}{4\pi\mu_{+0}r^2}=6.33\times10^4\cdot\frac{3\times10^{-4}(-2\times10^{-2})}{(0.1)^2}$

$=-37.98[\text{N}]$

답 -37.98 [N]

6-3 자계와 자기력선

6-3-1 자계

전계에서와 같이 자석 주위에는 자기적인 힘이 작용하는 공간이 형성되며 이를 **자계**(magnetic field) 혹은 **정자계**라 한다. 자계 중의 한 점에 단위 정자하 (+1 [Wb]) 를 놓았을 때 이에 작용하는 힘의 크기와 방향을 그 점에 대한 **자계의 세기**(intensity of magnetic field) 라 한다. 따라서 자계의 세기는 벡터량이며 $\vec{H}$의 기호를 사용한다. 자계의 세기 단위는 [N/Wb]이지만 실제 사용은 [AT/m]의 단위를 사용하고 있다.

m[Wb]의 점자극으로부터 r[m]의 거리에 있는 점의 자계의 세기는 정의에 의하여 식 (6-3)에서 $m_1=m$, $m_2=1$ 이므로 식 (6-5)를 얻는다.

$$\vec{H}=\frac{m}{4\pi\mu_0r^2}\hat{a}_r\ [\text{AT/m}] \tag{6-5}$$

진공 이외의 매질에서는 식 (6-6)으로 된다.

$$\vec{H}=\frac{m}{4\pi\mu r^2}\hat{a}_r\ [\text{AT/m}] \tag{6-6}$$

여러 점자극에 의한 한 점의 자계는 각 점자극에 의한 자계의 벡터합으로 식(6-7)과 같이 구해진다.

$$\vec{H} = \vec{H_1} + \vec{H_2} + \vec{H_3} + \cdots \tag{6-7}$$

6-3-2 자기력선

자계 내의 단위 정자하(+1 [Wb])을 놓았을 때 자기적인 힘에 의하여 단위 정자극이 이동하는 가상적인 선을 **자기력선**이라 한다.

자기력선상의 각 점에서 접선방향은 그 점에 놓인 정자하에 작용하는 힘의 방향으로 자계의 세기가 작용하는 방향을 나타낸다. 따라서 자계 내의 한 점에 놓인 미소량의 정자하는 그 점을 통과하는 자력선을 따라서 이동하게 된다. 정자하는 다른 정자하와는 반발력이 작용하고 부자하와는 흡인력이 작용하기 때문에 자기력선은 반드시 N극 (+극)에서 출발하여 S극(-극)에서 끝나는 성질을 가지게 된다.

따라서 자기력선은 벡터 $\vec{H}$의 방향으로 그려진 지력선을 나타내며 $\vec{H}$의 크기는 수직한 단위면적을 통과하는 자기력선의 수와 같도록 정의한다. **그림** 6-2와 같이 자계 $\vec{H}$가 $\vec{ds}$와 수직이 아닐 경우의 자기력선의 수는 $\vec{H}$의 $\vec{dS}$에 대한 수직성분인 법선성분을 취하여야 하므로 면적 S[m^2]를 지나는 자력선 총수 N은 식 (6-8)과 같이 나타내진다.

$$N = \int_s \vec{H} \cdot \hat{n} dS = \int_s H\cos\theta dS \text{ [개]} \tag{6-8}$$

식 (6-8)에서 $\hat{n}$은 면적 dS에 대한 법선 단위벡터이다. 자극의 세기 m [Wb]에서 나오는 총 자력선은 정전계의 가우스 법칙을 그대로 적용하면 식 (6-9)로 주어진다.

$$N = \int_s \vec{H} \cdot \hat{n} dS = \frac{m}{\mu_0} \text{ [개]} \tag{6-9}$$

그림 6-2 자기력선의 분포

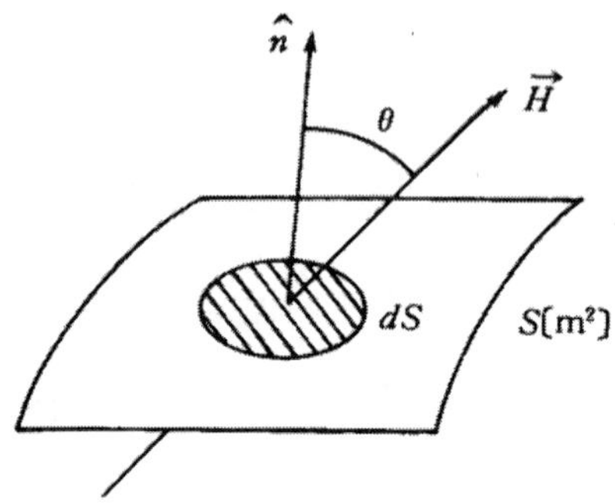

◎ 예제 6-3

자극의 세기가 ±10 [μWb]이고 길이가 10 [cm]인 막대 자석의 자축상에 자극으로부터 15 [cm]되는 점의 자계의 세기 H [AT/m]를 구하시오.

풀이

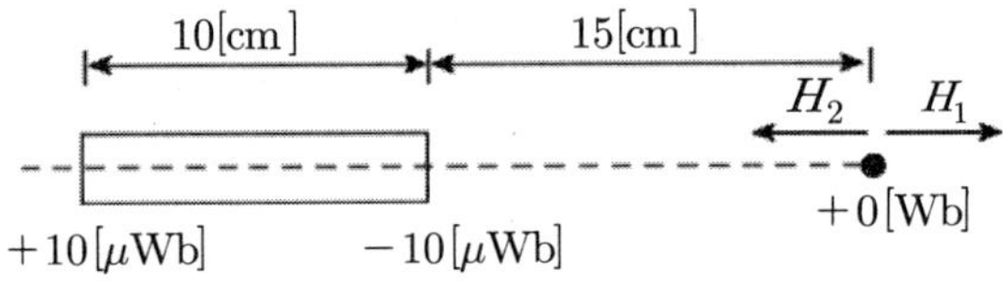

$$H_1 = \frac{m_1 m_2}{4\pi\mu_0 {r_1}^2} = 6.33\times10^4 \cdot \frac{10\times10^{-6}}{(25\times10^{-2})^2}$$

$$= 6.33\times10^3 \cdot \frac{1}{25^2}$$

$$H_2 = 6.33\times10^4 \cdot \frac{-10\times10^{-6}}{(15\times10^{-2})^2} = -6.33\times10^3\frac{1}{15^2}$$

$$\therefore H = H_1 + H_2 = 6.33\times10^3\frac{1}{25^2} - 6.33\times10^3\frac{1}{15^2}$$

$$= -18[\mathrm{AT/m}]$$

답 18 [AT/m]

따라서 진공상태에 놓여있는 $m = 1$ [Wb]인 단위 정자극으로부터는 m/μ_0[개]의 자기력선이 나오고 $-m$ [Wb]인 부자극으로부터는 m/μ_0 [개]의 자기력선이 들어간다.

또한 전속에 대응하는 자속을 정의하여 1 [Wb]에서는 1개의 자속이 나오는 것으로 하며 단위는 [Wb]이다. 면적 S[m^2]를 관통하는 자속 Φ는 자속밀도에 대한 가우스의 법칙으로부터 식 (6-10)과 같이 구해진다.

$$\Phi = \int_s \vec{B} \cdot \hat{n} dS \text{ [Wb]} \tag{6-10}$$

◎ 예제 6-4

진공 중에서 4π [Wb]의 자하로부터 발산되는 총 자력선의 수를 구하시오.

풀이 $N = \frac{m}{m_0} = \frac{4\pi}{4\pi \times 10^{-7}} = 10^7 = 10^7$[개]

답 10^7 [개]

6-4 자위(magnetic potential)

자위란 전위의 정의에서와 같이 단위 정자극 +1 [Wb]를 무한원점에서 자계중의 임의의 한 점 (P)까지 운반할 때 소요되는 일을 말한다. 그림 6-3과 같이 자계 $\vec{H}$ 내의 한 점 P의 자위는 식 (6-11)로 정의 된다.

$$U_P = -\int_\infty^P \vec{H} \cdot d\vec{l} = -\int_\infty^P H\cos\theta dl \text{ [J/Wb]} \tag{6-11}$$

식 (6-11)에서 음의 부호는 외부에서 일 해주어야 함을 의미한다. 따라서 식 (6-11)의 계산결과가 양이 되면 자위가 높아짐을 의미하고 음이 되면 자위가 낮아지고 이것은 자계가 일을 행한 것을 의미한다.

그림 6-4와 같이 어떤 자하 m [Wb]에 의한 자계의 세기가 $\vec{H}$ 일 때 점 A와 점 B사이의 자위차는 단위 정자하를 점 B에서 점 A 까지 이동시키는데 필요로하는 일로 자계 내의 두 점 A, B의 자위를 각각 U_A, U_B라고 할 때 식 (6-12)과 같다.

$$U_{AB} = U_A - U_B = -\int_B^A \vec{H} \cdot \vec{dl} = -\int_B^A H\cos\theta dl \text{ [J/Wb]} \quad (6\text{-}12)$$

그림 6-3 자위의 정의

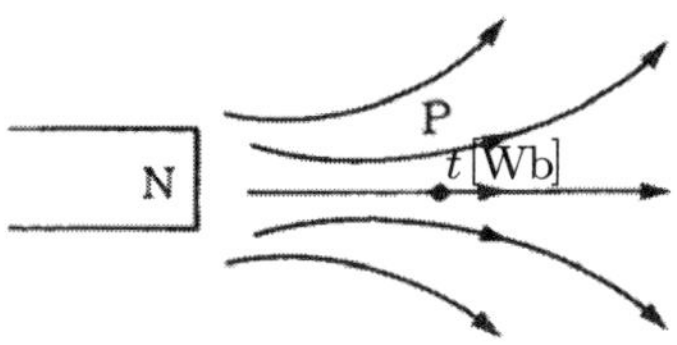

정자계에서도 정전계에서와 같이 자위는 위치만으로 정하여 진다.

자극의 세기가 m[Wb]의 점자극에 의한 자계 중에서 거리 r [m] 만큼 떨어져 있는 점 P의 자위는 식 (6-13)으로 주어 진다.

$$U = -\int_\infty^P \vec{H} \cdot \vec{dr} = \frac{m}{4\pi\mu_0 r} \text{ [J/Wb 또는 A]} \quad (6\text{-}13)$$

전위와 같이 자위도 크기만 가지는 스칼라량이므로 여러 점자극에 의한 자위는 각 점자극의 자위를 대수적으로 합하면 된다.

$$U = \frac{1}{4\pi\mu_0}\left(\frac{m_1}{r_1} + \frac{m_2}{r_2} + \cdots\cdots\right) = \frac{1}{4\pi\mu_0}\sum_{i=1}^{n}\frac{m_i}{r_i} \text{ [J/Wb]} \quad (6\text{-}14)$$

자위경도도 전위경도와 같이 벡터량으로 공간상에서 자계를 나타내며 식 (6-15)로 표시된다.

$$\vec{H} = -\text{grad } U \text{[AT/m]} = -\nabla U \text{ [AT/m]} \quad (6\text{-}15)$$

자계 중에서 같은 자위의 점을 연결한 면을 **등자위면**이라 하며 자력선과 직교한다.

그림 6-4 전자극에 의한 자기력선

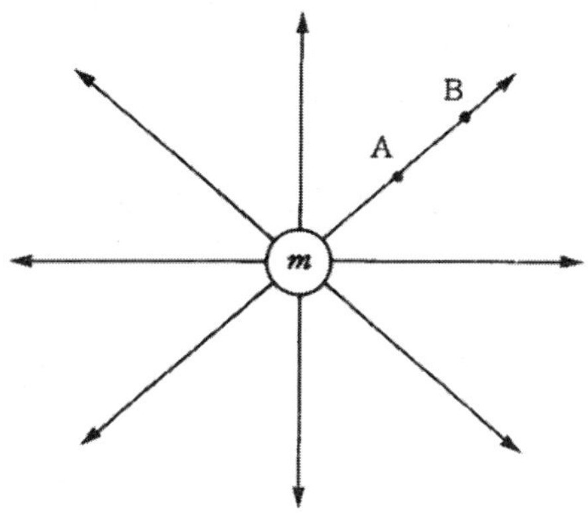

6-5 자기 쌍극자

그림 6-5와 같이 매우 가까운 거리에 있는 ($\delta \ll r$) 크기가 같고 부호가 반대인 한 쌍의 점자극 $+m$[Wb]와 $-m$[Wb]를 **자기쌍극자**라 한다. 이 그림에서 $m\delta$[Wb·m]를 **자기 쌍극자 모멘트**라하고 $+m$와 $-m$를 연결하는 선을 쌍극자의 축이라 한다.

전기 쌍극자에서와 같이 자위와 자계의 세기를 구하면 식 (6-16)과 식 (6-18)과 같다.

$$U = \frac{1}{4\pi\mu_0}\frac{M\cos\theta}{r^2}\ [\text{J/Wb}] \qquad (6\text{-}16)$$

식 (6-16)에서 $M = ml$ [Wb·m]을 **자기 모멘트**라 한다.

$$U = \frac{1}{4\pi\mu_0}\frac{M\cos\theta}{r^2}\ [\text{J/Wb}] \qquad (6\text{-}17)$$

$$H_r = -\frac{\partial U}{\partial r} = \frac{2M\cos\theta}{4\pi M_0 r^3}\ [\text{AT/m}] \qquad (6\text{-}18)$$

$$H_\theta = -\frac{1}{r}\frac{\partial U}{\partial \theta} = \frac{M\sin\theta}{4\pi\mu_0 r^3} \text{ [AT/m]}$$

$$H_\phi = -\frac{1}{r\sin\theta} = \frac{\partial U}{\partial \theta} = 0 \tag{6-19}$$

그리고 점 P의 자계 H의 크기 및 방향은 식 (6−20)과 식 (6−21)에 의하여 정해진다.

$$H = \sqrt{H_r^2 + H_\theta^2} = \frac{M}{4\pi\mu_0 r^3}\sqrt{3\cos^2\theta + 1} \text{ [AT/m]} \tag{6-20}$$

$$\phi = \tan^{-1}\left(\frac{1}{2}tan\theta\right) \tag{6-21}$$

그림 6-5 자기 쌍극자

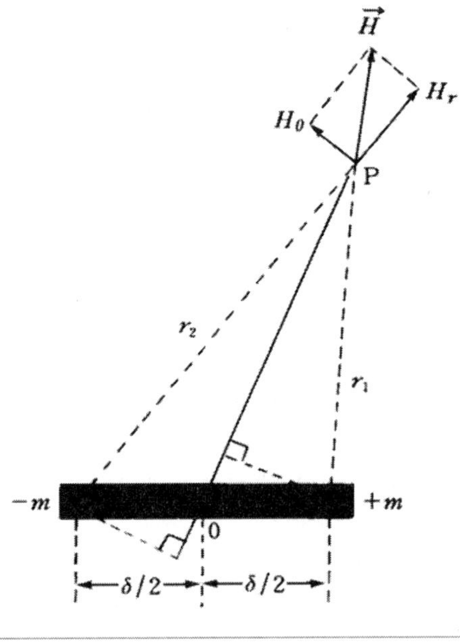

연 습 문 제

01 진공 중에 +0.2 [Wb]와 −0.3 [Wb] 의 자극을 10 [cm] 떼어 놓을 때 두 자극 사이에 작용하는 힘 F [N]을 구하시오.

02 10 [AT/m]의 자계내에 어느 자극을 놓았더니 100 [N]의 힘이 작용하였다. 이 자극의 세기를 구하시오.

03 길이 13 [Cm]의 막대자석 양끝에서 12 [cm], 5[cm]되는 점의 자계의 세기가 14.6 [AT/m]이다. 이 자극의 세기를 구하시오.

04 진공 중에 자극의 세기가 $+16\pi^2$ [Wb]와 $-16\pi^2$ [Wb]인 길이 20 [cm]의 막대 자석이 있다. 이 막대자석의 중심에서 10 [Cm] 떨어진 점의 자계의 세기 H [AT/m]를 구하시오.

05 진공 중에서 자극의 세기 m [Wb]로부터 나오는 전체 자속의 수가 m 개가 됨을 증명하시오.

06 진공 중의 반경 5 [Cm]인 구면의 4 [Cm^2]에서 수직으로 통과하는 자력선의 수가 2×10^{-3} [개] 일 때, 이 구면에서의 자속 밀도를 구하시오.

07 진공중에 자극의 세기가 $+2\times10^{-2}$, -2×10^{-2} 이고 길이 $l=10$ [Cm]인 자기 쌍극자가 있다. 이 자기 쌍극자의 중심에서 쌍극자의 축과 60^0 의 각으로 1 [m] 떨어진 점의 자위 U를 구하시오.

Chapter 07

전류의 자기 작용

7-1 전류의 자기현상

1600년 영국의 길버트(Gilbert)에 의하여 지구가 커다란 자석이라는 것을 발견한 후 2세기가 지난 1820년 전류가 자계를 만드는 현상을 에르스텟(Orestsd)이 발견하였다. 즉 에르스텟은 도선 가까이 놓여진 자침이 도선에 흐르는 전류에 의하여 움직인다는 사실로부터 전류가 흐르는 도선 주위에 자계(magnetic field)가 발생한다는 것을 발견하였다. 그 후 암페어(Ampere)는 많은 실험을 통하여 도선에 흐르는 전류와 자계와의 관계를 정량적으로 밝히게 되어 전자기학에서 중요한 법칙 중의 하나인 암페어의 법칙이 확립 되었다.

암페어의 오른손 법칙은 **그림** 7-1 (a)와 같이 오른손의 엄지 손가락을 세웠을 때 엄지손가락 방향으로 전류가 흐르면 다른 4개의 손가락 방향으로 자력선이 생기며, 이 4개의 손가락 방향으로 전류가 흐르면 엄지손가락 방향으로 자기력선이 발생한다. 이를 **오른 나사 법칙**이라고도 한다. 즉, 전류가 오른나사의 진행방향으로 흐르면 자계는 그 나사의 회전방향으로 발생하고 전류가 나사의 회전방향으로 흐를 때는 자계는 그 진행방향으로 생긴다. **그림** 7-1 (b)는 도선에 전류가 흐를 때 생기는 자계의 방향을 나타낸 것이다.

그림 7-1 전류와 자계의 상호작용

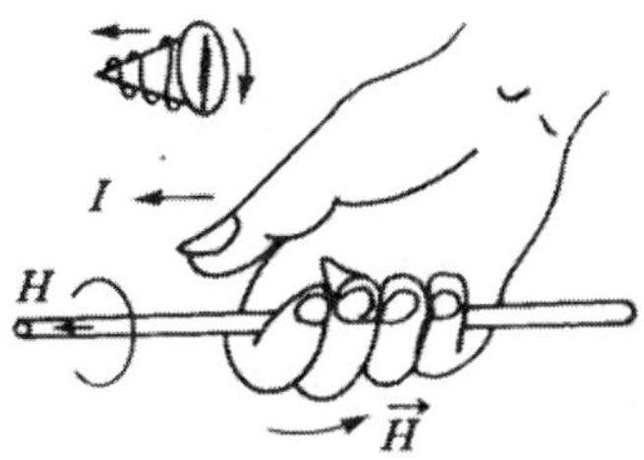

(a) 암페어의 오른손 법칙

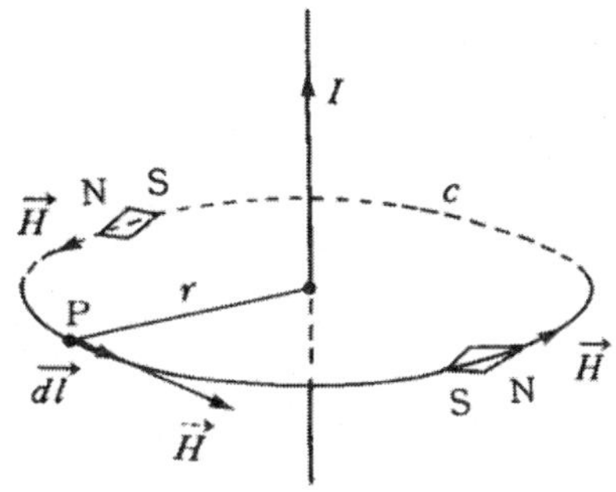

(b) 자계의 방향표시

7-2 암페어의 주회적분 법칙

암페어의 실험결과 직선 도체에 흐르는 전류에 의한 자계의 크기는 다음과 같은 성질이 있다.

- 자계의 세기는 전류의 세기에 비례한다.
- 자계의 세기는 전류가 흐르는 도선으로부터 거리에 반비례한다.
- 자계의 방향은 직선이 놓여있는 평면에 직각이며 오른손 법칙을 따른다.

도선에 전류 $\vec{I}$ [A] 가 흐를 때 그 도선에서 r [m] 만큼 떨어진 점의 자계의 세기 $\vec{H}$ [A/m] 를 암페어의 오른손 법칙을 이용하여 식으로 나타내면 식 (7-1)과 같다.

$$\vec{H} = k\frac{\vec{I}}{r} \text{ [A/m]} \qquad (7\text{–}1)$$

자계의 세기는 1 [A]의 전류가 흐르고 있는 도체에서 $1/2\pi$ [m]인 점의 자계의 세기를 1 [A/m]로 정의 한다. 따라서 식 (7-1)의 비례상수 k는$1/2\pi$이 되기 때문에 식 (7-1)은 식 (7-2)가 된다.

$$\vec{H} = \frac{\vec{I}}{2\pi r} \text{ [A/m]} \tag{7-2}$$

그림 7-2 (a)와 같이 전류 I가 흐르는 도선에서 r [m] 떨어진 점의 자계의 세기를 $\vec{H}$ 라 하고 그 점의 미소길이를 $\vec{dl}$ 이라 하면, 폐회로 C에 대한 석적분은 식 (7-3)과 같다.

$$\oint_c \vec{H} \cdot \vec{dl} = H \oint_c dl = 2\pi r H \tag{7-3}$$

식 (7-2)와 식 (7-3) 으로 부터 식 (7-4)를 얻는다.

$$\oint_c \vec{H} \cdot \vec{dl} = I \text{ [A]} \tag{7-4}$$

그림 (7-2) (b)와 같이 폐곡선내에 N 개의 전류가 존재하는 경우에는 식 (7-5)로 된다.

$$\oint \vec{H} \cdot \vec{dl} = NI \text{ [AT]} \tag{7-5}$$

식 (7-5)를 **암페어의 주회 적분 법칙**이라 하며 이 법칙은 **"임의의 폐곡선에 대한 자계 H [A/m]의 선적분은 이 폐곡선을 관통하는 총전류** I **[A]와 같다"** 로 정의할 수 있다.

그림 7-2 (a)에서 적분경로와 쇄교하는 전류가 공간적으로 분포되어 있는 경우를 생각하여 전류를 적분로를 주변으로 하는 임의의 면에 대한 전류밀도로 표시하면 식 (7-4) 는 식 (7-6) 으로 나타낼 수 있다.

$$\oint_c \vec{H} \cdot \vec{dl} = I = \oint_s \vec{J} \cdot \hat{n} dS \tag{7-6}$$

식 (7-6)에서 법선 벡터 $\hat{n}$은 적분 경로의 적분방향과 오른손 법칙을 따르도록 취하여야 한다. 식 (7-6)에 스토크(Stokes)의 정리를 적용하면 식 (7-7)을 얻는다.

$$\oint_c \vec{H} \cdot \vec{dl} = \oint_s (\nabla \times \vec{H}) \cdot \hat{n} dS = \oint_s \vec{J} \cdot \hat{n} dS \tag{7-7}$$

7-2 암페어의 주회 적분 법칙

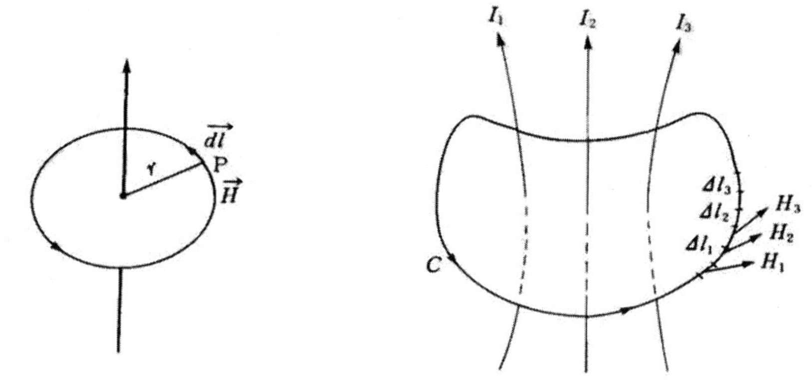

(a) (b)

식 (7−7)의 마지막 2개항의 적분 구간이 같으므로 식 (7−8)을 얻는다.

$$\nabla \times \vec{H} = rot\vec{H} = \vec{J} \ [\text{A/m}^2] \tag{7-8}$$

식 (7−8)은 공간적으로 전류가 분포하고 있는 경우 공간상의 임의 점에서 전류밀도와 자계의 관계를 나타내는 것으로, 면 S의 형상에는 관계없이 항상 성립하며 자계의 회전은 그 점에서의 전류밀도와 같음을 의미한다. 이를 **암페어의 주회 적분 법칙의 미분형**이라 한다.

식 (7–8) 은 암페어의 주회 적분 법칙으로 부터 얻은 Maxwell의 전자방정식 중의 하나이다.

7-3 암페어의 주회적분 법칙을 이용한 자계의 계산

7-3-1 무한장 직선전류에 의한 자계

그림 7−3과 같이 무한히 긴 직선 도선에 I [A]의 전류가 흐르고 있을 때 도선으로

부터 r[m] 떨어진 점 P의 자계는 암페어의 주회적분 법칙을 이용하여 구해보자.

7-3 암페어의 주회 적분의 법칙에 의한 자계의 계산 예

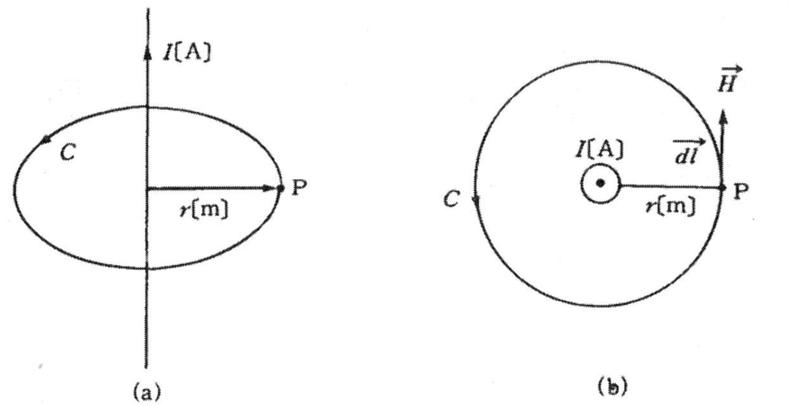

전류가 흐르는 도체 축에 수직되는 면상에 도체를 중심으로 하는 반지름 r [m]인 원을 주회적분 경로 C로 취하면 대칭성에 의하여 자계 $\vec{H}$는 이 원주상의 모든 점에서 크기가 같고 방향은 원의 접선방향이다. 또한 이 적분경로 내의 전류는 I이므로 식 (7-9)를 얻는다.

$$\oint_c \vec{H} \cdot \vec{dl} = 2\pi r H = I \qquad (7\text{-}9)$$

따라서 자계 H는 식 (7-10)이 된다.

$$H = \frac{I}{2\pi r} \ [\mathrm{AT/m}] \qquad (7\text{-}10)$$

식 (7-10)으로부터 무한 길이의 직선전류에 의한 자계의 크기는 직선 전류에 비례하고 직선전류로부터의 거리에 반비례함을 알 수 있다.

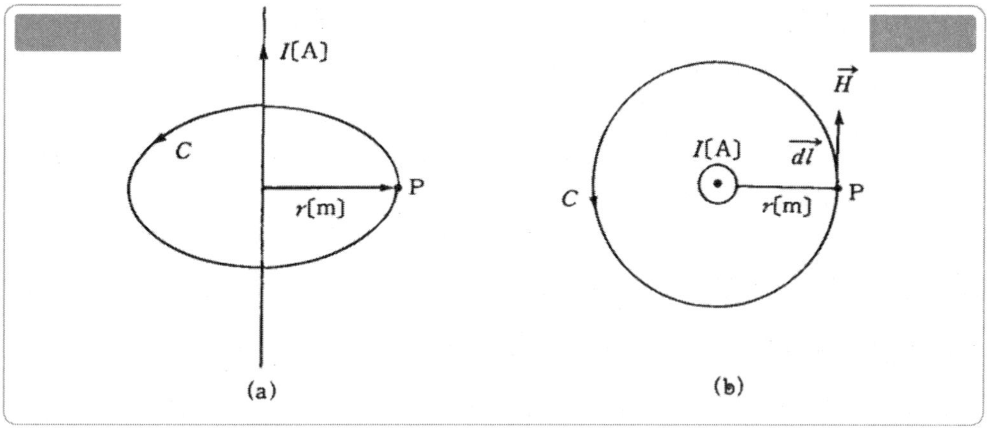

◎ 예제 7-1

무한 길이의 직선 도체에 2π [A]의 전류가 흐르고 있다. 이 도체에서 생기는 자계의 세기가 1 [AT/m]이 되는 점까지의 거리 [m]를 구하시오.

✔풀이 $H=\dfrac{I}{2\pi r}$

$\therefore r=\dfrac{I}{2\pi H}=\dfrac{2\pi}{2\cdot\pi\cdot 1}=1[\mathrm{m}]$

답 1 [m]

7-3-2 무한 길이의 원통형 전류에 의한 자계

그림 7-4 (a)에서와 같이 전류 I [A]가 반지름 a [m]의 무한길이의 원통 도체의 단면에 균일하게 흐를 때의 자계에 대하여 생각하여 보자.

(1) 원주 외부의 자계 : 반지름 r[m] $(r>a)$인 영역

도체 축에 수직한 면에서 반지름 r[m] $(r>a)$인 원을 주회 적분의 적분 경로로 취하면 무한 길이의 직선도체에 I [A]의 전류가 흐르는 것과 같게되어 이 원주 상에서 자계 H_e는 크기가 일정하고 그 방향은 원의 접선방향이다. 이 적분 경로 내의 전류는 I[A]이므로 식 (7-11)을 얻는다.

$$H_e = \frac{I}{2\pi r}[\mathrm{AT/m}] \tag{7-11}$$

(2) 원주 내부의 자계 : 반지름 r[m] ($r < a$)인 영역

원통 도체 내부에 반지름 r [m] ($r < a$)인 동심원을 취하면 원통도체 내의 전류 분포는 균일하므로 이 원주를 통과하는 전류 I_i 는 식 (7-12)와 같다.

$$I_i = \frac{\pi r^2}{\pi a^2} I = \frac{{r_i}^2}{a^2} I \ [\mathrm{A}] \tag{7-12}$$

따라서 전류 I_i 에 의한 자계를 H_i라 하고, 암페어의 주회 적분의 법칙을 적용하면 식 (7-13)를 얻는다.

$$H_i\, 2\pi r = \frac{r^2}{a^2} I \tag{7-13}$$

식 (7-13)으로부터 자계 H_i 는 식 (7-14)와 같이 구해진다.

$$H_i = \frac{I}{2\pi} \frac{r}{a^2}[\mathrm{AT/m}] \tag{7-14}$$

식 (7-11)과 식 (7-14)로 부터 무한 길이의 원주도체에 흐르는 전류에 의한 자계의 세기는 도체 내부에서는 중심으로부터의 거리에 비례하며, 도체 외부에서는 거리에 반비례함을 알 수 있다. 이 원통 도체에 흐르는 전류에 의한 자계의 분포곡선을 **그림** 7-4 (b)에 나타내었다.

만일 전류가 원통도체의 표면에만 흐른다면 원주 C' 내부의 전류는 0이므로 원통 도체 내부의 자계는 없다. 이 경우는 교류전류가 양도체를 흐를 때이다.

$$H_i = 0 \tag{7-15}$$

그림 7-4 무한 길이의 원통형 전류에 의한 자계

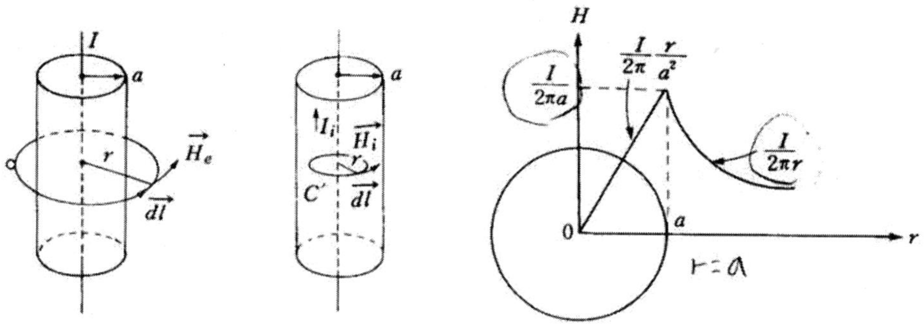

(a) 원통전류에 의한 자계 (b) 원통전류에 의한 자계 분포

◎ 예제 7-2

반지름 a [m] 인 무한 길이의 원통 도체에 1 [A]의 전류가 균일하게 흐르고 있다. 원통 도체의 중심에서 $\frac{a}{2}$ [m] 되는 점의 전계의 세기가 $\frac{1}{2\pi}$ [AT/m]일 때 도선의 반지름 [m]을 구하라.

풀이 원통내부 자계 $H=\frac{r}{2\pi a^2}I$

$$\therefore \frac{1}{2\pi}=\frac{\frac{1}{3}a}{2\pi a^2}2$$

$$\therefore a=\frac{2}{3}[\mathrm{m}]$$

답 $\frac{2}{3}$[m]

7-3-3 무한장 솔레노이드에 의한 자계

그림 7-5와 같이 솔레노이드는 원통 위에 코일을 균일하게 감은 것을 말한다. 무한 길이의 솔레노이드에 의한 자계의 세기를 솔레노이드 내부와 외부에서 구해보자.

(1) 솔레노이드 내부의 자계

솔레노이드 안에 **그림** 7-5의 $ABCD$의 폐곡선을 취하고, $\oint \vec{H} \cdot \vec{dl}$을 구하면 AD, BC에 대한 적분은 AD와 BC의 선분벡터와 $\vec{dl}$이 이루는 각이 90°이므로 0이 된다. 따라서 H_{AB}, H_{CD}를 각각 AB, CD부분의 자계라고 하면 식 (7-16)을 얻는다.

$$\oint_c \vec{H} \cdot \vec{dl} = H_{AB} \cdot l - H_{CD} \cdot l \tag{7-16}$$

그런데 이 경우 적분경로는 전류와 쇄교하지 않으므로 식 (7-16)은 0이 되어 식 (7-17)를 얻는다.

$$H_{AB} = H_{CD} \tag{7-17}$$

즉, 이 식으로부터 솔레노이드 내부의 자계는 평등 자계임을 알 수 있다.

(2) 솔레노이드 외부의 자계

그림 7-5에서 적분경로 $EFGH$를 생각하면 (1)에서와 같은 이유에서 외부에서도 평등자계임을 알 수 있다. 그러나 이것은 솔레노이드 외부의 무한 지점까지도 평등자계가 된다는 것인데 이는 불가능한 것으로 이를 만족시키는 조건은 무한장 솔레노이드의 외부에는 자계가 존재하지 않을 수밖에 없다.

$$H_{EF} = H_{GH} = 0 \tag{7-18}$$

(3) 솔레노이드 내부와 외부의 경계영역의 자계

그림 7-5 에서 적분경로 $IJKL$를 취하는 경우를 생각하여 보자. 솔레노이드 내부는 평등 자계이고 솔레노이드 외부의 자계는 없기 때문에 솔레노이드 단위길이의 권수를 n이라 하면 식 (7-19)를 얻는다.

그림 7-5 무한 길이의 솔레노이드에 의한 자계

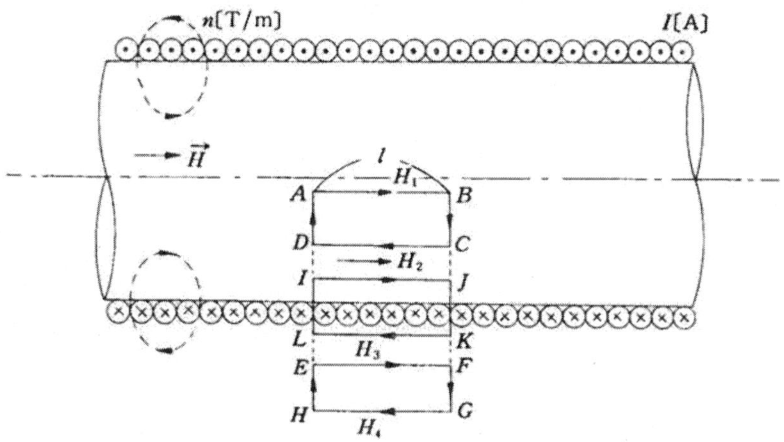

$$\oint_C \vec{H} \cdot \vec{dl} = H_{IJ} \cdot l = nI \cdot l \tag{7-19}$$

즉,

$$H = nI \,[\mathrm{AT/m}] \tag{7-20}$$

를 얻는다.

7-3-4 환상 솔레노이드에 의한 자계

환상 솔레노이드는 **토로이드**(toroid)로도 불리며 이는 솔레노이드의 양단을 합쳐서 **그림** 7-6과 같이 고리 모양으로 만든 코일 이다. 코일의 감은 수를 N이라 하고, 환상 솔레노이드에 전류 I [A]가 흐를 때 자계를 구하자. **그림** 7−6과 같이 평균반지름 r [m]의 원를 적분경로로 취하면 원의 내부에는 NI의 전류가 흐르기 때문에 암페어의 주회 적분 법칙을 취하면 식 (7−21)을 얻는다.

$$\oint_C \vec{H} \cdot dl = 2\pi r H = NI \tag{7-21}$$

그림 7−6 환상 솔레노이드

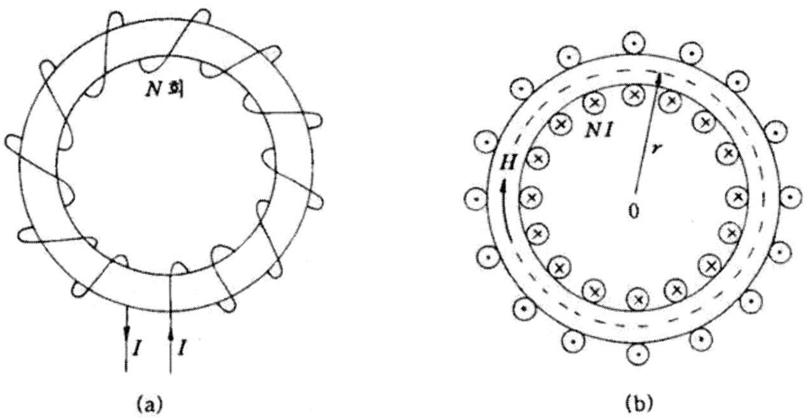

따라서.

$$H = \frac{NI}{2\pi r} \text{ [AT/m]} \tag{7-22}$$

가 된다.

솔레노이드 외부에 대하여 적분로를 택하면 쇄교하는 전류가 없기 때문에 외부 자계는 0이 된다. 즉, 자계는 솔레노이드 내부에만 존재한다.

7-4 비오-사바르(Bio-Savart)법칙

비오-사바르(Bio-Savart)**법칙**은 실험에 의하여 전류 I[A]와 자계의 세기 [A/m]와의 관계를 정량적으로 명확하게 나타낸 법칙이다. 전류에 의한 자계는 7-3절에서 암페어의 주회 적분의 법칙에 의해 구할 수 있었으나 이 법칙에 의해 자계를 계산할 때는 대칭성 자계에 한정되는 수가 많다. 그러나 비오- 사바르의 법칙은 자계의 분포가 대칭성을 지니지 않는 경우에도 적용된다.

그림 7-7에서 전류 I[A] 가 흐르는 도선의 미소부분 dl [m] 로부터 r [m] 만큼 떨어진 임의 점 P의 자계 $d\overrightarrow{H}$는 식(7-23)로 주어지며 그 방향은 r 과 dl 를 포함하는 면에 수직으로 오른나사 법칙에 따른다.

$$d\overrightarrow{H} = \frac{I\overrightarrow{dl}\times\widehat{a_r}}{4\pi r^2} = \frac{I\overrightarrow{dl}\times\overrightarrow{r}}{4\pi r^3} \text{ [A/m]} \tag{7-23}$$

식 (7-23)의 크기는 식 (7-24)와 같이 주어진다.

$$dH = \frac{Idl \sin\theta}{4\pi r^2} \tag{7-24}$$

여기서 θ는 전류방향과 r이 이루는 각이다. 이것을 **비오-사바르 법칙**이라 한다.

그림 7-7 비오-사바르의 법칙

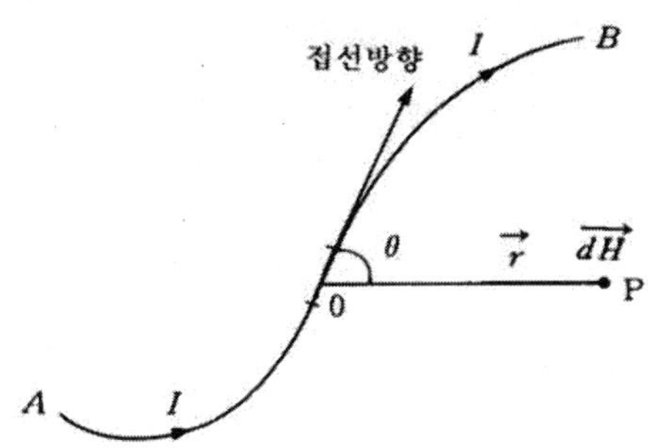

◎ 예제 7-3

미소 전류소 $I d\vec{l} = 27\pi\ \hat{j}$ [Am] 가 공간상의 한 점 (1,1,1) [m] 에 있을 때 점 (3,2,−1) [m] 인 점의 자계의 세기 $d\vec{H}$ [A/m]를 구하시오.

✔풀이

$$d\vec{H} = \frac{\overrightarrow{Idl} \times \hat{a}_r}{4\pi r^2}$$

$$\vec{r} = (3-1)\hat{i} + (2-1)\hat{j} + (-1-1)\hat{k}$$

$$= 2\hat{i} + \hat{j} - 2\hat{k}$$

$$\hat{a}_r = \frac{\vec{r}}{|\vec{r}|} = 2\hat{i} + \hat{j} - 2\frac{\hat{k}}{\sqrt{2^2+1^2+(-2)^2}} = \frac{2\hat{i}+\hat{j}-2\hat{k}}{3}$$

$$\therefore d\vec{H} = \frac{27\pi\hat{j} \times (2\hat{i}+\hat{j}-2\hat{k})}{4\pi \cdot 32 \cdot 3} = -\frac{2\hat{i}+2\hat{j}}{4}$$

$$= -\frac{\hat{i}+\hat{j}}{2}$$

답 $-\dfrac{\hat{i}+\hat{k}}{2}$ [A/m]

7-5 비오-사바르 법칙을 이용한 계산

7-5-1 유한 길이의 직선 전류에 의한 자계

그림 7-8과 같이 z축상의 직선 도선 AB에 전류 I[A]가 흐를 때 도선에서 수직으로 a [m] 떨어진 점 P의 자계를 비오-사바르 법칙을 이용하여 구해보자. 원점 0에서 z 축상의 점 z에 미소전류 요소 Idz를 가정하고 이에 의한 P점의 미소 자계의 크기 dH는 식 (7-24)를 이용하면 식 (7-25)를 얻는다.

$$dH = \frac{I dz \sin\theta}{4\pi r^2} \text{[A/m]} \tag{7-25}$$

식 (7-25)에서,

$$r^2 = a^2 + z^2$$

$$\sin\theta = \sin(90° + \alpha) = \cos\alpha$$

$$z = a\tan\alpha$$

$$dz = a\sec^2\alpha\, d\alpha$$

이다.

따라서 식 (7-25)는 식 (7-26)과 같이 된다.

$$dH = \frac{Ia\sec^2\alpha \cdot \cos\alpha \cdot d\alpha}{4\pi a^2 \cdot \sec^2\alpha} = \frac{I\cos\alpha}{4\pi a} d\alpha \tag{7-26}$$

가 된다.

그림 7-8 유한한 직선 전류에 의한 자계

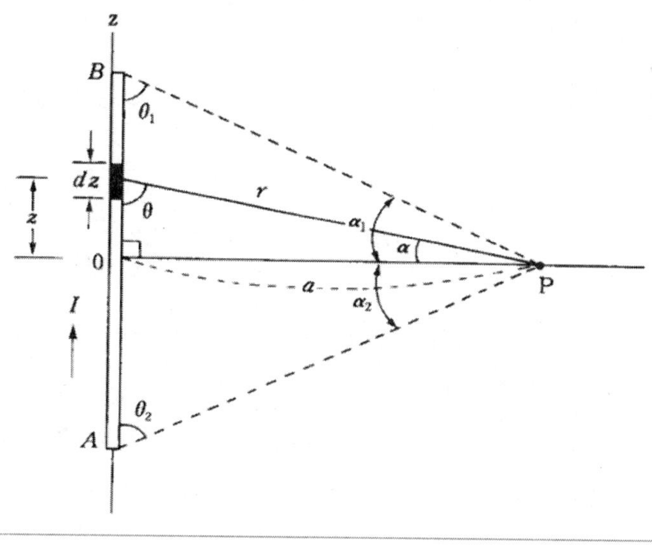

점 P의 총 자계의 세기 H는 식 (7-27)로부터 구해진다.

$$H = \int_{-\alpha 2}^{\alpha 1} dH = \int_{-\alpha 2}^{\alpha 1} \frac{I\cos\alpha}{4\pi\alpha} d\alpha$$

$$= \frac{I}{4\pi a}(\sin\alpha_1 + \sin\alpha_2) = \frac{I}{4\pi a}(\cos\theta_1 + \cos\theta_2) \quad [\text{A/m}] \tag{7-27}$$

직선 전류의 도선이 무한히 길면 $\alpha_1 = \alpha_2 = \frac{\pi}{2}$가 되고 $\theta_1 = \theta_2 = 0$이 되므로 식 (7-27)은 식 (7-28)과 같이 되어 식 (7-10)과 같은 결과가 된다.

$$H = \frac{I}{2\pi a} \quad [\text{A/m}] \tag{7-28}$$

7-5-2 원형 코일 중심축 상의 자계

그림 7-9 에서 전류가 흐르는 반지름 a [m]인 원주위의 미소부분 dl [m]에 의한 중심축 위의 한 점 P의 자계 dH는 식 (7-25)에서 $\theta = \frac{\pi}{2}$ 인 경우이므로 식 (7-29)와 같이 구해 진다.

$$dH = \frac{I}{4\pi r^2} dl = \frac{I}{4\pi(a^2 + z^2)} dl \tag{7-29}$$

이것을 축에 평행한 성분 dH_v 와 축에 수직한성분 dH_h 로 분해하면 식 (7-30)과 식 (7-31)로 각각 구해진다.

$$dH_v = dH\sin\left(\frac{\pi}{2} - \phi\right) = dH\cos\phi = \frac{Idl}{4\pi(a^2 + z^2)} \frac{a}{\sqrt{a^2 + z^2}} \tag{7-30}$$

$$dH_h = dH\cos\left(\frac{\pi}{2} - \phi\right) = dH\sin\phi = \frac{Idl}{4\pi(a^2 + z^2)} \frac{z}{\sqrt{a^2 + z^2}} \tag{7-31}$$

식 (7-30)의 dH_v는 dl의 위치에 관계없이 항상 같은 방향이지만, 식 (7-31)의 dH_h는 dl의 위치에 따라 방향이 변하고 코일을 따라 한 바퀴 돌 때 dH_h성분의 총합은 0이 된다.

따라서, 원형코일 중심 축상의 자계는 식 (7-32)로 주어진다.

$$H = \int_{l=0}^{2\pi a} dH_v = \frac{a^2 I}{2(a^2 + z^2)^{\frac{3}{2}}} \quad [\text{A/m}] \tag{7-32}$$

식 (7−32)에서 $z=0$이면 반지름이 a [m]인 원형코일의 중심이 되고, 여기서의 자계는 식 (7−33)과 같이 된다.

$$H=\frac{I}{2a}\,[\mathrm{A/m}] \tag{7-33}$$

따라서 코일의 감은 수가 N회인 원형코일의 중심에서의 자계는 식 (7−34)와 같이 구해진다.

$$H=\frac{NI}{2a}\,[\mathrm{AT/m}] \tag{7-34}$$

그림 7-9 원형코일 중심 축상의 자계

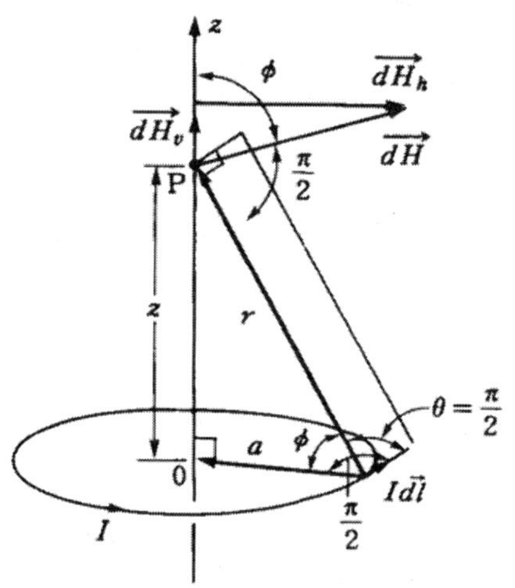

7-6 자계 중의 전류에 작용하는 힘

그림 7−10 과 같이 자속밀도 B [Wb/m^2]가 균일한 자계내에 I [A]의 전류가 흐르는 도체를 자계의 방향과 수직으로 놓으면 전류의 방향과 자계의 방향에 모두 수직한 힘을 받는다. 도선의 길이를 l [m]라 하면 이 도체에 작용하는 힘은 식 (7−35)와

같다.

$$\vec{F} = (\vec{I} \times \vec{B})l \quad [\text{N}] \tag{7-35}$$

식 (7-35)를 플레밍의 왼손 법칙이라 하며, 자계내에 놓여 있는 전류가 받는 힘의 방향을 구할 때 이용한다. 이를 **그림** 7-11 에 나타내었다.

식 (7-35)에서 전류의 방향과 자계의 방향이 이루는 각도를 θ라 하면 힘의 크기는 식 (7-36)과 같이 된다.

$$F = IBl\sin\theta \quad [\text{N}] \tag{7-36}$$

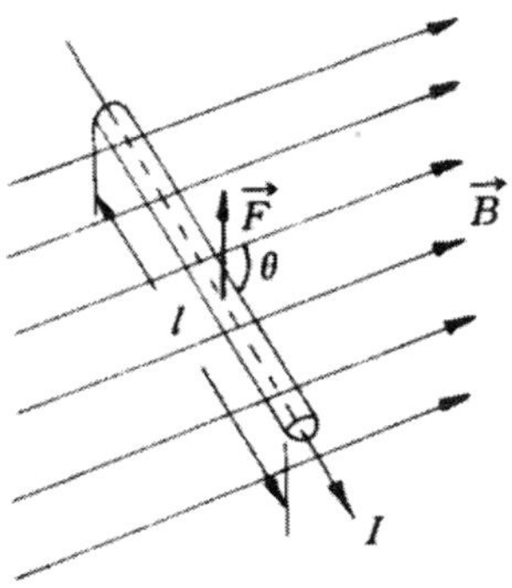

그림 7-10 자계중의 전류가 받는 힘

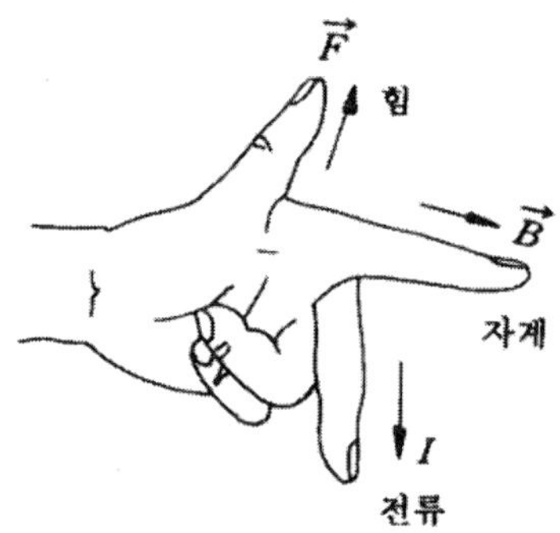

그림 7-11 플레밍의 왼손법칙

◎ 예제 7-4

자속밀도 $B = 0.4$ [Wb/m²]인 평등 자계내에 자계의 방향과 30^0 의 방향으로 놓여진 길이 $l = 1$ [m]의 도선에 $I = 2$ [A]의 전류가 흐를 때 도선이 받는 힘[N]을 구하시오.

✔풀이 $F = IBl\sin\theta$

$= 2 \times 0.4 \times 1 \times \sin 30^\circ = 2 \cdot 0.4 \cdot \dfrac{1}{2} = 0.4[\text{N}]$

답 0.4[N]

7-7 평행도체 전류 사이에 작용하는 힘

그림 7-12 와 같이 평행도체에 흐르는 전류를 각각 I_1, I_2 라 하면 I_1에 의해서 r [m]의 거리에 있는 점의 자계 H_1에 의하여 I_2 가 받는 힘 F_{21} [N]은 H_1과 I_2가 이루는 각은 90° 이므로 식 (7-37)과 같이 구해진다.

$$F_{21} = I_2 B_1 l = I_2 \mu H_1 l \text{ [N]} \tag{7-37}$$

마찬가지로 전류 I_2에 의하여 생긴 자계 H_2 에 의하여 I_1 이 받는 힘은 식 (7-38)과 같이 구해진다.

$$F_{12} = I_1 B_2 l = I_1 \mu H_2 l \text{ [N]} \tag{7-38}$$

무한길이의 직선전류 I_1과 I_2에 의한 자계는 각각 $H_1 = \frac{I_1}{2\pi r}$, $H_2 = \frac{I_2}{2\pi r}$ 이므로 이를 식 (7-37)과 식 (7-38)에 대입하면 식 (7-40)을 얻는다.

$$F_{12} = F_{21} = \frac{\mu I_1 I_2}{2\pi r} l \text{ [N]} \tag{7-40}$$

따라서, 단위 길이당 작용하는 힘 F [N]은 식 (7-41)과 같이 구해진다.

$$F = \frac{F_{12}}{l} = \frac{F_{21}}{l} = \frac{\mu I_1 I_2}{2\pi r} \text{ [N/m]} \tag{8-41}$$

플레밍의 왼손법칙을 이용하여 힘의 방향을 구하면 같은 방향의 전류 사이에는 흡인력, 반대방향의 전류 사이에는 반발력이 작용한다.

그림 7-12 평행전류 사이에 작용하는 힘

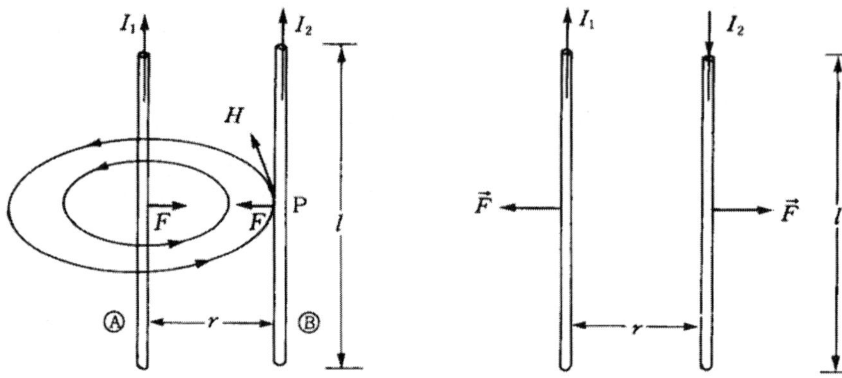

(a) 흡인력 (b) 반발력

◎ 예제 7-5

진공 중에 1 [cm]의 간격을 가진 두 평행 도선에 100 [A]의 전류가 흐르고 있다. 단위 길이당 도선에 작용하는 힘[N/m]을 구하시오.

풀이 $F=\dfrac{\mu_0 I_1 I_2}{2\pi r}=\dfrac{4\pi\times10^{-7}\cdot100\cdot100}{2\cdot\pi\cdot1\times10^{-2}}=0.2[\text{N}]$

답 0.2 [N/m]

7-8 핀치효과와 홀효과

(1) 핀치효과

그림 7-13 과 같은 단면을 갖는 액체도체에 전류를 흘리면 전류의 방향과 수직 방향으로 원형자계가 생겨 중심 방향으로 전류(액체)에 힘이 작용하게 된다. 그 결과 액체단면은 수축하므로 저항이 크게 되어 전류의 흐름이 어렵게 된다.

전류가 작게 되면 수축력은 감소하여 액체단면은 원상태로 되돌아와 다시 전류가 흘러 수축력이 생긴다. 이와 같은 현상이 되풀이 되는 것을 **핀치효과**(Pinch effect)라 한다. 이와 같은 핀치효과에 의하면 열에너지를 좁은 공간에 모을 수도 있다.

그림 7-13 핀치 효과

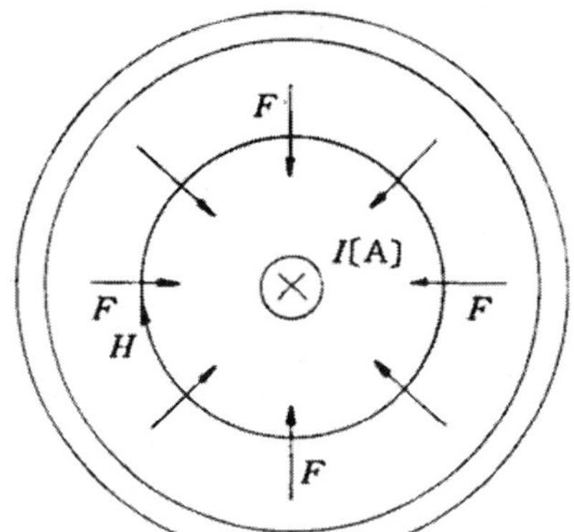

7-8-2 홀 효 과

도체나 반도체에 전류를 흘리고 전류와 직각방향으로 자계를 가하면 전류의 흐르는 방향과 자계의 방향에 수직하게 기전력이 생기는 현상이 나타난다. 이 현상을 **홀효과**(Hall effect)라 한다.

이 현상은 **그림** 7-14 와 같이 P형 반도체의 x축 방향으로 전류 I[A]를 흘리고 y축 방향으로 자속밀도 B [Wb/m^2]를 가하면 정공에는 z축 방향의 힘이 작용해서 정공은 윗면으로 밀려서 윗면에는 양이온이 모이고, 아래 면에는 음이온이 모이기 때문에 단면 d 사이에는 전계가 생겨 식 (7-41)로 주어지는 기전력이 유도된다.

$$V_H = R_H \frac{IB}{d} [V] \tag{7-41}$$

식 (7−41)에서 d [m]는 재료의 두께이다. 비례상수 R_H는 **홀상수**라 하고 물질에 따라 결정된다.

n 형 반도체의 경우는 단면 3에 음이온이 나타나고, 단면 4에 양이온이 나타난다.

그림 7−14 홀 효과

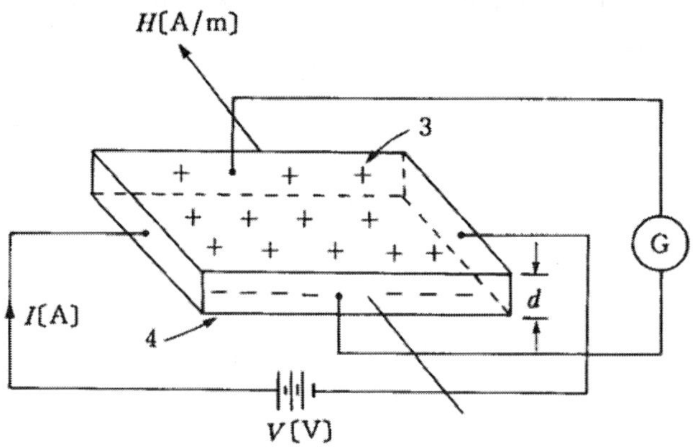

연 습 문 제

01 무한 길이의 직선도체에 흐르는 전류에 의하여 이 도체로부터 5 [m] 떨어진 점의 자계의 세기가 1 [AT/m] 일때 도선에 흐르는 전류[A]를 구하시오.

02 무한히 긴 솔레노이드에서 코일의 감은 수가 10 [cm] 당 100회 이고, 코일을 흐르는 전류가 20 [mA]일 때 솔레노이드 내부의 자계 [AT/m]를 구하시오.

03 환상 솔레노이드의 평균 반지름이 50 [cm]이고 코일의 감은 수가 100회 일 때 솔레노이드 내부의 자계를 200 [A/m]로 하기 위한 전류 [A]를 구하시오.

04 점 $P_1(4,0,0)$에 있는 미소 전류소 $Id\overrightarrow{l_1} = 2\pi\ \hat{k}$ [μA•m]에 의한 $P_2(0,3,0)$에서의 자계 $d\overrightarrow{H_2}$ [nA/m] 를 구하시오.

05 자계내에서 도선에 전류가 흐르는 경우 도선과 자계가 이루는 각이 60° 일 때 도선에 작용하는 힘은 30° 각으로 놓았을 때의 몇 배가되는지 구하시오.

06 반지름 $a = 10$ [cm]이고 코일의 감은 수가 10회인 원형코일 중심 축상의 거리 $z = 20$ [cm]에서 자계의 세기가 $H = \sqrt{5}$ [AT/m] 이다. 코일에 흐르는 전류 I [A]를 구하시오.

07 진공 중에 1 [m]의 간격을 가진 두 평행도선에 단위길이당 작용하는 힘이 $F = 2 \times 10^{-7}$ [N] 이라 면, 이 도선에 같은 크기의 전류가 흐를 때 도선에 흐르는 전류 [A]를 구하시오.

08 핀치효과와 홀효과에 대하여 설명하시오.

Chapter

08 자성체와 자기회로

8-1 자성체의 특성

자계 내에 놓인 자성체는 양끝에 자극이 생긴다. 이와 같이 자성체를 자기적 성질을 가진 상태로 만드는 것을 **자화**라 하고 이 현상을 **자기유도**(magnetic induction)라 한다. 이와 같이 자화될 수 있는 물질을 **자성체**라 하고 자화되지 않는 물질을 **비자성체**라 한다.

자성체 중에서도 **그림** 8-1의 (a)와 같이 자속의 방향과 같은 방향으로 자화하는 물질을 **상자성체**(paramagnetic substance)라 한다. 이 상자성체는 N극의 가까이에는 S극이 생기고 S극의 가까이에는 N극이 생긴다. (b)와 같이 자속의 반대방향으로 자화되는 물체를 **역자성체**(diamagnetic substance)라 한다. 이 역자성체는 N극의 가까이 에는 N극이 생기고 S극 가까이에는 S극이 생긴다. 상자성체 중에서 강한 자기유도를 발생하는 철, 니켈, 코발트 같은 물질을 **강자성체**(ferromagnetic substance)

그림 8-1 자기유도 작용

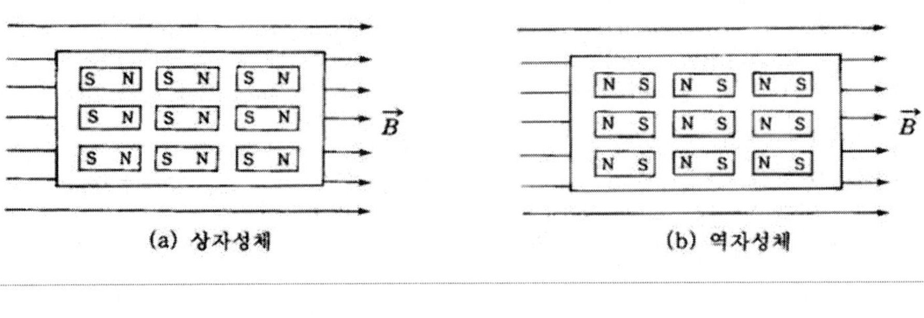

(a) 상자성체 (b) 역자성체

라 하며, 이러한 물질들을 전기기기 및 전자기기의 자성재료로 이용된다. 이러한 자성체에는 다음과 같은 종류가 있다.

① 상자성체 : Al, Mn, Pt, Sn
② 강자성체 : Fe, Ni, Co
③ 역자성체 : Bi, Cu, Zn, Pb

8-2 자화의 세기

강자성체의 경우 자기유도에 의하여 자화되어 자극이 생김으로서 자석이 되는데 이는 분자자석이 규칙적인 배열로 이루어졌다고 볼 수 있다. 이 분자자석은 이들 분자를 구성하고 있는 원자의 핵주위를 돌고 있는 전자의 스핀운동이 주원인이 된다고 생각한다.

물질을 구성하는 원자는 핵 주위에 전자가 원자핵 주위를 따라 궤도운동을 하면 전자 자신은 자신의 축을 중심으로 스핀운동을 하고 있는데, 이 운동이 전류가 되어 자계를 만들므로 원자에 자기 쌍극자 모멘트를 가지게 한다고 생각한다. 그런데 이 자계는 전자의 공전운동에 의한 것보다는 오히려 자전운동인 스핀(spin)에 의한다고 생각한다.

자화의 세기는 자성체의 양단면의 단위면적에 발생된 자기량으로서 그 자성체에 대한 자화 정도를 표시한다.

그림 8-2에서와 같이 자성체의 단면적을 A [m^2]라 하고 발생된 자기량을 m [Wb]이라 할 때 자화의 세기 J는 식 (8-1)로 나타낸다.

$$\vec{J} = \frac{m}{A} \ [\text{Wb/m}^2] \tag{8-1}$$

식 (8-1)의 자화의 세기는 그 체적의 단면에 나타나는 자극밀도로 표시한다. 자화의 방향은 S 극에서 N 극으로 향하는 것을 정(正)으로 한다.

식 (8-1)에 자성체의 길이 l [m]를 곱하여 자기모멘트로 나타내면 식 (8-2)가 된다.

$$\vec{J} = \frac{ml}{Al} = \frac{\overrightarrow{M}}{v} \ [\mathrm{Wb/m^2}] \tag{8-2}$$

식 (8-2)에서 미소체적을 가정하면 식 (8-3)을 얻는다.

$$\vec{J} = \lim_{\Delta v \to 0} \frac{\Delta M}{\Delta v} \ [\mathrm{Wb/m^2}] \tag{8-3}$$

따라서 자화의 세기는 단위체적에 대한 자기모멘트로 정의된다.

물체가 균일하게 자화되어 있는 경우 자성체 내부에는 자극이 존재하지 않고 자성체의 양 단면에만 자극이 생긴다. 이때의 자화의 세기는 단면에 생긴 자극밀도와 같다. 자화의 세기 $\vec{J}$는 자화의 방향으로 취한 벡터이므로 전계 $\vec{E}$에 대한 전기력선의 정의에서와 같이 $\vec{J}$ 의 지력선을 생각할 수 있다. 이것을 **자화선**이라고 하며 자화된 물체의 표면에서 자화선의 종점은 N 극이 되고 출발점은 S 극이 된다. 이것이 곧 자화에 의하여 발생한 자극이 된다. 자성체의 자화상태를 표시하는 $\vec{J}$은 유전체에서의 전기분극의 세기 $\vec{P}$와 동일한 의미를 가지고 있다. 그러나 유전분극의 경우에는 유전체의 내부에서 전하의 이동이 실제로 있었으나 자성체의 경우는 원자 내의 전자의 스핀운동에 의한 미소전류 루프가 근원이므로 자극이 실제로 존재하는 것이 아니고 외부에서 보았을 때 자력선이 나온다고 생각되는 곳을 N극 끝난다고 생각되는 곳을 S 극으로 하여 자기쌍극자를 생각한 것뿐이다.

따라서 지금까지 자극이라고 취급해 온 것은 가상적인 것으로 전기의 전하가 실제의 양이었던 것과는 그 성질이 다르다.

자석에서는 자극을 분리하는 것은 불가능하기 때문에 전기에서 전하의 이동인 전류에 해당하는 자극의 흐름인 자류가 존재하지 않는다. 그러나 자화선의 종점을 자극이라고 정의하면 정전기적인 성질을 그대로 적용할 수 있기때문에 자극을 생각하였던 것이다. 그러므로 경우에 따라서는 자극의 세기를 전하에 대응하는 것으로 생각해서 **자하**라고도 한다.

그림 8-2 자화의 세기

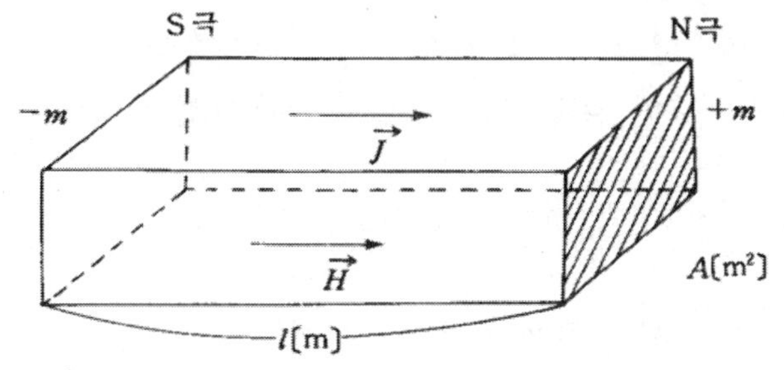

자성체의 자화의 세기 $\vec{J}$ 자성체 내의 자계의 세기 $\vec{H}$에 비례할 것이므로 식 (8-4)로 나타내 진다.

$$\vec{J} = \chi \vec{H} \ [Wb/m^2] \tag{8-4}$$

식 (8-4)에서 χ는 자성체의 종류에 따라 정해지는 비례상수로 자화율이라 한다. 진공의 경우의 자화율은 0 이다.

자성체에서 자속밀도는 외부 자계에 의한 자속밀도와 자화의 세기의 합으로 표시되므로 식 (8-5)로 나타내 진다.

$$\vec{B} = \mu_o \vec{H} + \vec{J} = \mu_o \vec{H} + \chi \vec{H} = \mu \vec{H} \quad [Wb/m^2], [\ Tesla] \tag{8-5}$$

식 (8-5)에서 $I\,[Wb/m^2] = 1\,[T] = 10^4\,[G]$이다. 또한 식 (8-5)에서 투자율 μ는 식 (8-6)과 같다.

$$\mu = \mu_o + \chi = \mu_o(1 + \frac{\chi}{\mu_o}) = \mu_o \mu_s \tag{8-6}$$

따라서 **비투자율**은 식 (8-7)과 같이 구해진다.

$$\mu_s = \frac{\mu}{\mu_o} = 1 + \frac{x}{\mu_o} = 1 + \chi_s \tag{8-7}$$

식 (8-7)에서 $\chi_s = \dfrac{x}{\mu_o}$ 를 **비자화율**이라 한다.

상사성체인 경우 $\chi > 0$, $\mu_s > 1$이며 반자성체인 경우에는 $\chi \ll 0$, $\mu_s < 1$이고 강자성체인 경우 $\mu_s > 10^5$이다.

m[Wb]의 N 극에서 발산하는 총 자속은 가우스의 법칙을 적용하면 m을 중심으로 하는 반지름 r [m]인 구면 위에서의 자속밀도 B에 대한 총합으로 식 (8-8)로 된다.

$$\phi = \int_s \vec{B} \cdot \hat{n} dS = B \cdot 4\pi r^2 = \mu_0 H 4\pi r^2$$

$$= \mu_0 \frac{1}{4\pi\mu_0} \frac{m}{r^2} 4\pi r^2 = m \text{ [Wb]} \tag{8-8}$$

이 관계는 구면이 임의의 폐곡면일 경우에도 성립되는 식이다. 그런데 자석은 세분할 경우 N, S의 양 자극이 반드시 나타나므로 폐곡면 내에는 N, S의 자극이 항상 동시에 발생하여 서로 상쇄되어 식 (8-9)의 조건이 항상 성립한다.

$$\oint_s \vec{B} \cdot \hat{n}\, dS = 0 \tag{8-9}$$

식 (8-9)는 폐곡면 S 를 통하여 들어가는 자속과 나가는 자속이 항상 같은 수가 되어 결국 폐곡면 S 에서 유출하는 총 자속이 0임을 의미한다. 다시 말하면 자속밀도 B는 연속성을 갖는 벡터량으로 이 성질은 자성체의 종류에 관계없이 항상 성립한다. 따라서 벡터량에 대한 발산정리를 적용하여 S면 내의 전 체적에 대한 체적적분으로 고치면 식 (8-10)과 같다.

$$\oint_s \vec{B} \cdot \hat{n} dS = \int_v div = \int_v \nabla \cdot \vec{B} dv = 0 \tag{8-10}$$

식 (8-10)은 자성체 내의 모든 폐곡면에서 성립하는 식으로 자속에 대한 **가우스의 법칙**이라 한다.

따라서,

$$\nabla \cdot \vec{B} = 0 \tag{8-11}$$

이다.

식 (8-11)은 자속이 항상 연속으로 폐곡선을 이루고 있음을 의미한다. 자속밀도 $\vec{B}$에는 식(8-11)의 성질이 있으나 자계 $\vec{H}$의 자기력선은 N극에서 나와 S극에서 끝난다. 이 모양을 비교하기 위하여 두 단면에서 균일한 자극을 가진 원통형 자석이 만드는 $\vec{H}$와 $\vec{B}$를 그림 8-3에 표시하였다. 이 그림에서 알 수 있는바와 같이 $\vec{H}$는 N 극에서 나와 S 극에서 끝나고 있으나 $\vec{B}$는 나오고 들어가는 점이 없는 폐곡선으로 연속성을 띠고 있다.

식 (8-11)은 자계에 대한 Gauss 의 발산정리로 부터 유도된 Maxwell의 전자방정식 중의 하나이다.

그림 8-3 영구자석의 H와 B

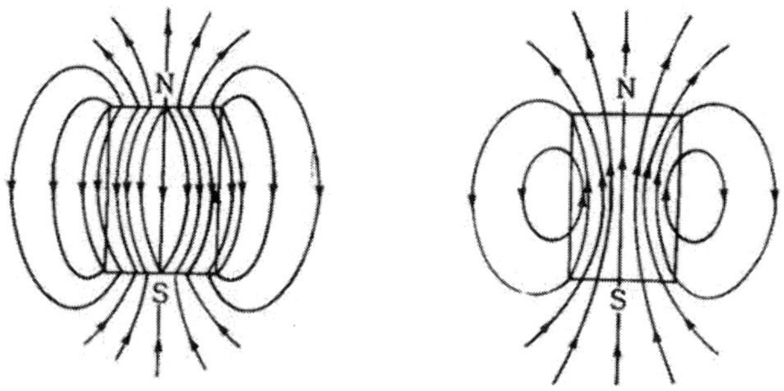

(a) $\vec{H}$ (b) $\vec{B}$

◎ 예제 8-1

반지름이 1 [cm] 이고 길이가 20 [cm]인 원통형 자성체가 있다. 이 자성체가 길이방향으로 균일하게 자화 되었을 때 자화의 세기가 $J = 10$ [Wb/m²] 이었다. 다음을 구하시오.

(a) 자극의 세기 [Wb] (b) 자기 모멘트 [Wb/m]

풀이 (a) $J = \dfrac{m}{A}$ $\therefore m = JA$

$\therefore m = 10 \cdot \pi \cdot (10^{-2})^2 = 3.14 \times 10^{-3}$[Wb]

(b) $M = m \cdot l = 3.14 \times 10^{-3} \cdot 20 \times 10^{-2}$

$= 6.28 \times 10^{-4}$[Wb · m]

답 (a) 3.14×10^{-3}[Wb] , (b) 6.28×10^{-4}[Wb•m]

◎ 예제 8-2

비투자율 $\mu_s = 5$인 자성체 내에서 자계의 세기가 250 [AT/m] 이다. 자화의 세기 J [Wb/m^2]를 구하시오.

풀이 $J = \chi H \quad \chi = \mu - \mu_0 = \mu_0(\mu_s - 1)$

$J = \mu_0(\mu_s - 1)H = 4\pi \times 10^{-7}(5-1)250$

$= 1.26 \times 10^{-3}$[Wb/m^2]

답 1.26×10^{-3}[Wb/m^2]

8-3 자기 감자력

그림 8-4과 같이 평등자계 H_0 중에 상자성체를 놓으면 **자기유도작용**에 의해서 자성체 양단에 자극이 생기며, 이 자극에 의하여 자계 H(자기감자력)를 발생시킨다. 이 자계는 외부에서 가한 자계 H_0에 대한 역방향으로 외부 자계를 감소시킨다. 따라서 자성체 내부의 자계 $\vec{H}$ 는 식 (8-12)와 같이 표시된다.

$$\vec{H} = \vec{H_0} - \vec{H'} \tag{8-12}$$

자성체에서 이러한 현상을 **자기감자작용**(self demagnetizing effect)이라 한다.

상자성체에서는 자기 감자력은 자극의 세기 즉 자화의 세기에 비례하며 또 자성체의 형상에 의하여 결정되므로 식 (8-13)과 같이 표시된다.

$$\vec{H'} = N\frac{\vec{J}}{\mu_0} \tag{8-13}$$

식 (8-13)에서 비례상수 N을 **감자율**(demagnetization factor)이라 하며 $0 \leq N \leq 1$의 범위의 값을 갖는다. 그런데 식 (8-4)에 의하여 식 (8-13)은 식 (8-14)와 같이 된다.

$$\vec{H'} = N\frac{\chi \vec{H}}{\mu_0} \tag{8-14}$$

식 (8−14)를 식 (8−12)에 대입하면 식 (8−15)를 얻는다.

$$\vec{H} = \vec{H_0} - \vec{H'} = \vec{H_0} - N\frac{\chi \vec{H}}{\mu_0} \tag{8-15}$$

따라서 자성체의 내부 자계 $\vec{H}$ 와 자속밀도 $\vec{B}$ 는 식 (8−16)과 식 (8−17)과 같이 각각 구해진다.

$$\vec{H} = \frac{\vec{H_0}}{1+N\frac{\chi}{\mu_0}} = \frac{\vec{H_0}}{1+N\left(\frac{\mu}{\mu_0}-1\right)} = \frac{\vec{H_0}}{1+N(\mu_S-1)} \tag{8-16}$$

$$\vec{B} = \frac{\mu \vec{H_0}}{1+N(\mu_S-1)} \tag{8-17}$$

그림 8−4 자기 감자력

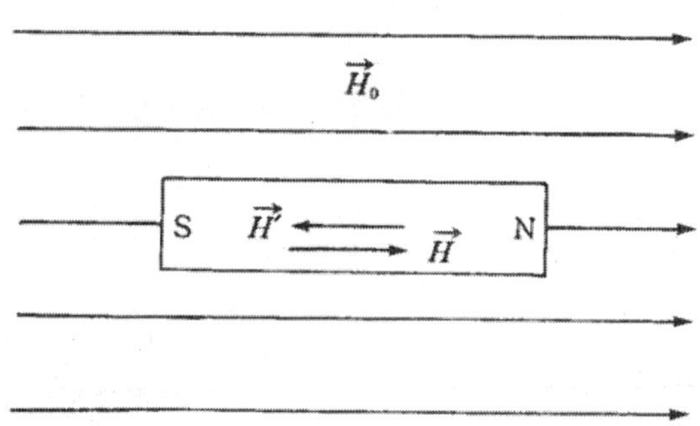

8-4 경계조건

그림 8-5에 표시한 바와 같이 투자율이 다른 두 자성체 ($\mu_1 < \mu_2$)가 평면으로 접하고 있는 경계면에 흐르는 전류 $i=0$이면 정전계에서의 굴절의 법칙이 같게 적용되어 자계에 대한 다음의 경계조건이 성립한다.

- 경계면에 평행한 자계 성분은 경계면의 양측에서 서로 같다.
- 경계면에 수직한 자속밀도 성분은 경계면의 양측에서 서로 같다.

이 두 경계조건을 수식으로 표시하면 전계와 자속밀도에 대한 경계조건인 식 (8-18)과 식 (8-19)를 얻는다.

$$H_1 \sin\theta_1 = H_2 \sin\theta_2 \tag{8-18}$$

$$B_1 \cos\theta_1 = B_2 \cos\theta_2 \tag{8-19}$$

식 (8-18)과 식 (8-19)를 이용하면 식 (8-20)과 같은 굴절의 법칙이 얻어진다.

$$\frac{\tan\theta_1}{\tan\theta_2} = \frac{\mu_1}{\mu_2} \tag{8-20}$$

그림 8-5 자성체 경계면에서의 $\vec{H}$와 $\vec{B}$의 굴절

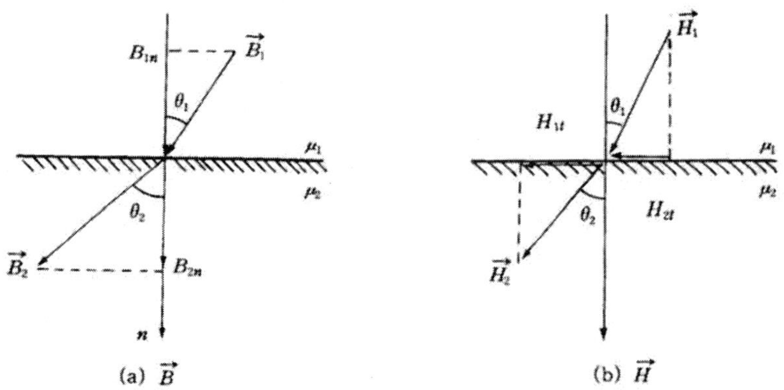

(a) $\vec{B}$ (b) $\vec{H}$

8-5 강자성체의 자화

8-5-1 자화곡선

지금까지 $\vec{B}=\mu\vec{H}$ 의 관계에서 투자율 μ와 자화율 χ가 항상 일정하다고 생각하여 $\vec{B}$ 와 $\vec{H}$는 선형적인 관계로 취급하였다. 그러나 강자성체에서는 자화의 현상이 매우 복잡하여 μ나 χ는 상수가 아니므로 일정한 값을 갖고 있지 않기 때문에 $\vec{B}$ 와 $\vec{H}$는 선형적인 관계로 취급할 수 없게 된다.

강자성체의 경우 $\vec{B}$와 $\vec{H}$는 선형적인 관계가 아닐 뿐만 아니라 자화의 세기가 과거의 이력에 관계되는 현상이 있다. 즉 자계 $\vec{H}$의 값이 같아도 $\vec{H}$가 증가하여 이 값이 된 것인가 또는 감소하여 이 값이 된 것인가에 따라 자속밀도 $\vec{B}$의 값은 달라진다. 이와 같은 현상을 **히스테리시스 현상**이라 한다.

그림 8-6과 같이 전혀 자화되어 있지 않은 강자성체에 외부자계 $\vec{H}$ 를 서서히 증가시켜 자속밀도 $\vec{B}$가 포화상태인 점 D 까지 도달하도록 한후 $\vec{H}$를 역으로 감소시키면 AD 곡선을 되돌아가지 않고 DG 곡선을 따라서 $\vec{B}$가 감소하게 된다. 이 때 $H=0$ 으로 하여도 점 E 에서와 같이 B_r 만큼 남는다. 이 B_r을 **잔류자기** 또는 **잔류자속밀도**라 한다. 더욱 역 방향으로 H를 증가시키면 점 G에서 $B=0$ 이 된다. 이$B=0$ 이 되도록 가한 자계 Hc 를 **보자력**이라 한다. 자계를 역방향으로 더욱 증가시키면 점 K에서 포화되며 이 점 K에서 $\vec{H}$를 정방향으로 증가시키면 KLM 을 따라서 점 D에 도달한다.

이와 같이 자계를 +, −의 방향으로 1 사이클 변화시키면 $B-H$ 곡선은 하나의 폐곡선을 그리게 되므로 이것을 **히스테리시스 루프**라 한다. 이 루프는 자성재료에 따라 그 형상이 매우 다르다. 한 예로서 B_r이 크고 H_c가 작은 것은 잔류자속밀도가 쉽게 소멸됨으로 전자석 철심재료로서 적당하며, B_r은 그다지 크지 않아도 좋으나 H_c가 큰 것은 B_r이 쉽게 소멸되지 않으므로 영구자석재료에 적당하다. 즉 연철은 전자의 특성을 지니며 강철 및 기타 합금은 후자의 특성을 가지고 있다.

그림 8-6 히스테리시스 루프

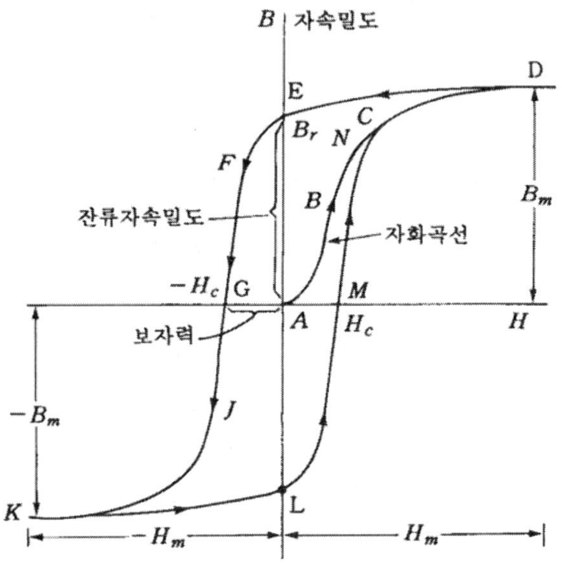

8-5-2 자화에 필요한 에너지

그림 8-7 에서와 같이 강자성체를 자화시키는 경우, 자화시키기 위하여 공급한 에너지는 **자계에너지**로서 축적된다. 자성체의 투자율을 μ [H/m]라 하면 $B=\mu H$ [Wb/m^2]이므로 이 자성체를 자속밀도 0에서 B까지 자화시킬 때 자계 에너지밀도 w는 식 (8-21)과 같이 주어 진다.

$$w=\int_0^B \overrightarrow{H}\cdot\overrightarrow{dB}=\int_0^B \frac{\overrightarrow{B}}{\mu}\cdot d\overrightarrow{B}=\frac{1}{2}\frac{B^2}{\mu}=\frac{1}{2}\mu H^2$$

$$=\frac{1}{2}HB\,[J/m^3] \tag{8-21}$$

따라서 균일자계 내에서 체적 v 내에 포함되는 전체에너지는 식 (8-22)로 나타내 진다.

$$W=\frac{1}{2}BHv=\frac{1}{2}\mu H^2 v=\frac{1}{2}\frac{B^2}{\mu}v \quad [\mathrm{J}] \tag{8-22}$$

그림 8-7 자화에 필요한 에너지

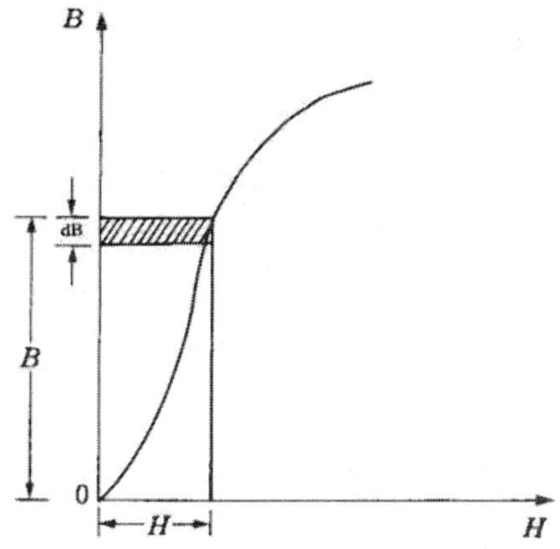

◎ 예제 8-3

비 투자율 $\mu_s = 2000$ 인 철심이 자화하여 자화의 세기 $J = 0.2$ [Wb/m²] 가 되었다. 이 철심에 단위 체적당 축적되는 에너지 w [J/m³]를 구하시오.

풀이

$$J = \chi H = \mu_0(\mu_s - 1)H$$

$$\therefore H = \frac{J}{\mu_0(\mu_s - 1)} = \frac{0.2}{4\pi \times 10^7 (2000-1)} = \frac{0.2}{4\pi \times 10^{-7} 1999}$$

$$w = \frac{1}{2}\mu H^2 = \frac{1}{2}\mu_0\mu_s H^2 = \frac{1}{2}4\pi \times 10^{-7} \cdot 2000 \cdot \left(\frac{0.2}{4\pi \times 10^{-7} 1999}\right)^2 = 8[\mathrm{J/m^3}]$$

답 8 [J/m³]

◎ 예제 8-4

반경 a 인 원주도선에 전류 I [A]가 균일하게 흐를 때, 도체내의 단위 길이당 에너지를 구하시오. (단, 도체의 비투자율 $\mu_s = 1$ 이다.)

풀이 ① 원주도선 내부의 자계 : $H = \dfrac{rI}{2\pi a^2}$

② 도체내의 미소체적 내의 자계 에너지

$$dW = \frac{1}{2}\mu H^2 dv = \frac{1}{2}\mu_0\left(\frac{rI}{2\pi a^2}\right)^2 \cdot rd\,rd\phi\,dz$$

$$= \frac{\mu_0 I^2}{8\pi^2 a^4} r^3 dr\, dpi\, dz$$

③ 단위 길이당 자계에너지

$$W_m = \frac{\mu_0 I^2}{8\pi^2 a^4}\int_0^a r^3 dr \int_0^{2\pi} d\phi$$

$$= \frac{\mu_0 I^2}{8\pi^2 a^4} \cdot \frac{a^4}{4} \cdot 2\pi$$

$$= \frac{\mu_0 I^2}{16\pi} [\mathrm{J/m}]$$

답 $\dfrac{\mu_0 I^2}{16\pi}$ [J/m]

8-6 자기회로

자기회로란 자속이 폐곡선을 이루고 흐르는 길을 말한다. **그림** 8-8 과 같이 환상 철심에 코일을 감고 코일에 전류 $\vec{I}$ 를 흘리면 자속 ϕ 는 코일로 만들어진 원환속을 통과하여 흐른다.

코일의 권수가 N[회] 일 때 자기회로 내의 자계를 $\vec{H}$ [AT/m] 라 하고 자계방향의 미소 선분벡터를 $\vec{dl}$ [m] 이라 하면, 암페어의 주회적분법칙에 의하여 (8-23)을 얻는다.

그림 8-8 환상 자기회로

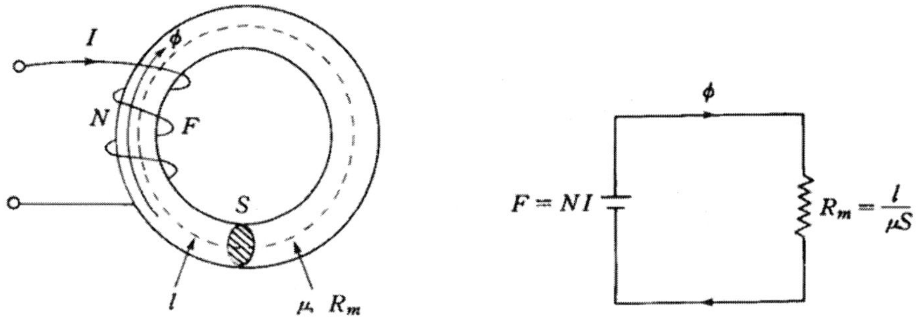

(a) 환상 자기회로 (b) 등가회로

$$F = \oint_c \vec{H} \cdot \vec{dl} = NI\,[AT] \qquad (8\text{–}23)$$

가 성립한다. 이 식에서 NI는 자기회로에 자속 Φ 를 발생시키는 원천이 되므로 NI를 **기자력**이라 한다.

식 (8−23)은 식 (8−24)와 같이 나타내 진다.

$$\frac{B}{\mu} 2\pi r = NI \qquad (8\text{–}24)$$

따라서 자속 ϕ 는 식 (8−25)와 같이 된다.

$$\phi = BS = \frac{\mu NI}{2\pi r} S = \frac{\mu NI}{l} S = \frac{F}{R_m} \qquad (8\text{–}25)$$

식 (8−25)를 자기회로에 대한 옴의 법칙이라고 한다. 이 식에서 l 을 자로의 길이라 하고, R_m 을 자기저항이라 하며 (8−26) 과 같이 구해진다.

$$R_m = \frac{l}{\mu S} \qquad (8\text{–}26)$$

◎ 예제 8-5

철심에 코일을 500회 감고 이 코일에 $I=1.5$ [A]의 전류를 흘릴 때 1.5×10^{-3} [Wb]의 자속이 생긴다. 자기저항 R_m [AT/Wb]를 구하시오.

풀이

$$\phi=\frac{F}{R_m}=\frac{NI}{R_m}$$

$$\therefore R_m=\frac{NI}{\phi}=\frac{500\times1.5}{1.5\times10^{-3}}=5\times10^5[\text{AT/Wb}]$$

답 5×10^5 [AT/Wb]

연 습 문 제

01 자계의 세기 $H_0 = 500$ [AT/m] 인 평등 자계내에 비투자율 $\mu_s = 400$ 이고, 자기 감자율 $N = 3 \times 10^{-3}$인 자성체를 놓았을 때 다음을 구하시오.

(a) 자화율

(b) 자화의 세기

(c) 자성체중의 자화의 세기

(d) 자속 밀도

02 진공으로부터 비투자율 $\mu_s = 400$ 인 자성체 표면에 크기 $H = 100$ [AT/m]의 세기를 가지는 자계가 경계면의 법선에 대하여 $30°$의 각도로 입사하고 있을 때 자성체 내에서 자계와 자속밀도를 구하시오.

03 코일의 감은 수가 500 [회]인 환상 철심이 있다. 이 환상 코일에 흐르는 전류가 2 [A]이고 평균 자로의 길이가 1 [m] 일 때 기자력 [AT]과 자계의 세기[AT/m]를 구하시오.

04 코일의 감은 수가 1000 [회]인 환상 철심이 있다. 이 환상 코일에 흐르는 전류가 2 [A]이고 평균 자로의 길이가 1 [m], 단면적이 [10 cm^2] 이며 비투자율 $\mu_s = 100$ 일 때 다음을 구하시오.

(a) 철심내의 자속 ϕ [Wb]

(b) 축적되는 자기 에너지 W [J]

05 강자성체의 자기 이력곡선을 그리고 설명하시오.

Chapter 09 전자유도 현상

9-1 패러데이(Faraday)의 전자유도법칙

패러데이는 회로에 전류가 흐를 때 자기가 발생하는 전류의 자기작용의 반대 현상인 전자유도에 관한 법칙인 "**회로에 쇄교하는 자속이 변화할 때 그 회로에 유도되는 기전력은 쇄교자속의 시간에 대한 감소비율과 같다.**"를 1831년 실험을 통하여 발견하였다. 이를 **패러데이의 전자유도법칙**이라 한다.

그림 9-1 (a)와 같이 코일에 검류계 G를 연결하여 폐회로를 만들고 이 폐회로에 영구 자석을 근접시켰다 떼었다 하면 코일에 전류가 흐르는 것을 관찰할 수 있다. 영구자석이 근접할 때와 멀어져갈 때 코일에 흐르는 전류의 방향은 서로 반대가 된다. 그러나 영구자석을 움직이지 않고 정지하고 있으면 전류가 흐르지 않는다.

그림 9-1 (b)와 같이 회로 A에는 전지 E와 스위치 S를 연결하고, 회로 B에는 검류계 G를 연결한다. 스위치 S를 닫고 열음을 반복하여 회로 A에 전류를 흐르게 하였다 흐르지 않게 하였다 하면 회로 B에 전류가 흐르는 것을 관찰할 수 있다. 스위치 S를 열고 닫을 때 회로 B에 흐르는 전류의 방향은 서로 반대이다. 그러나 스위치 S를 닫아 회로 A에 전류를 흐르게 한 상태로 유지하던지, 또는 스위치 S를 열어 A에 전류를 흐르지 않게 하면 회로 B에는 전류가 흐르지 않는다.

또한 스위치 S를 닫아 회로 A에 전류를 흐르게 한후, 회로 A나 B를 좌우로 움직여도 위에서와 같이 회로 B에 전류가 흐른다. 그러나 회로 A와 B를 정지시키고 있으면 회로 B에 전류가 흐르지 않는다.

이와 같은 현상은 회로 B와 쇄교하는 자속수가 변화하기 때문에 회로 B에 기전력

그림 9-1 패러데이의 전자유도 법칙

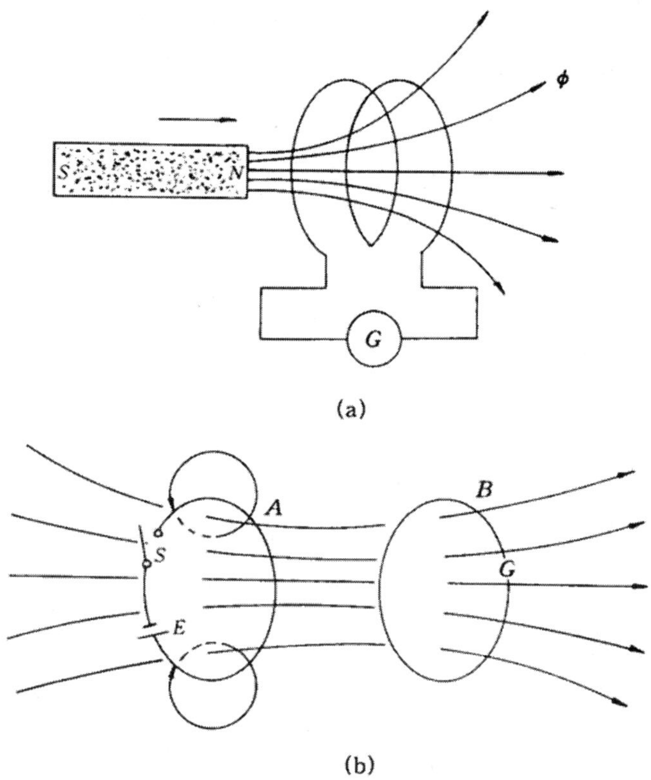

이 유기되는 것으로 이 현상을 **전자유도**라한다. 이 때 발생된 기전력을 **유도 기전력**이라 하고, 이 때 발생된 전류를 **유도전류**라 한다.

패러데이의 전자유도법칙이 발표된 후 렌쯔(Lenz)는 "**전자유도에 의하여 회로에 흐르는 전류는 쇄교자속의 변화를 방해하는 방향으로 흐른다.**" 라는 전자유도에 관한 렌쯔의 법칙을 발표하였다.

패러데이의 전자유도법칙을 식으로 나타내면 자속 ϕ가 변화할 때의 유도기전력 e [V]는 식 (9-1)과 같이 된다.

$$e = -\frac{d\phi}{dt}[V] \tag{9-1}$$

식 (9−1)에서 − 부호는 자속의 변화를 방해하는 방향으로 기전력이 유도됨을 나타낸다. 이를 **패러데이의 법칙** 또는 **패러데이-노이만의 법칙**이라 한다. 또한, 자속 ϕ [Wb]와 쇄교하는 코일의 감은 수가 N인 경우의 유도 기전력은 식 (9−2)와 같다.

$$e = -N\frac{d\phi}{dt}\ [\mathrm{V}] \tag{9-2}$$

자속 ϕ 와 자속밀도 $\vec{B}$ 는 식 (6−10)에 의하여 $\phi = \int_s \vec{B} \cdot \vec{n}dS$ [Wb]의 관계가 있으므로 식 (9−1)은 식 (9−3)으로 나타낼 수 있다.

$$e = -\frac{d\phi}{dt} = -\int_s \frac{\partial \vec{B}}{\partial t} \cdot \hat{n}dS\ [\mathrm{V}] \tag{9-3}$$

또한 임의의 폐회로 C를 통과하는 자속 ϕ 가 시간에 따라 변할 때 C를 따라 발생하는 유기 전계의 세기를 $\vec{E}$ [V/m]라 하면 회로 C에 유기되는 기전력 e는 식 (9−4)가 된다.

$$e = \oint_c \vec{E} \cdot d\vec{l} = \int_s \nabla \times \vec{E} \cdot \hat{n}dS\ [\mathrm{V}] \tag{9-4}$$

따라서 식 (9−3)과 식 (9−4)로 부터 식 (9−5)와 같은 전자유도 법칙의 미분형을 얻는다.

$$\nabla \times \vec{E} = -\frac{\partial \vec{B}}{\partial t} \tag{9-5}$$

식 (9−5)를 **맥스웰의 제2 전자 방정식**이라 한다.

> 식 (9−5)는 패러데이의 전자 유도법칙 으로부터 얻은 Maxwell의 전자방정식 중의 하나이다.

◎ 예제 9-1

감은 수가 10회인 코일에 5 [Wb]의 자속이 쇄교하고 있을 때 1 [ms] 사이에 자속이 0으로 변화 하였다. 이 경우 코일에 유도되는 기전력[V]을 구하시오.

풀이 $e = -N\frac{d\phi}{dt} = -10 \cdot \frac{0-5}{10^{-3}} = 5\times10^{4}$[V]

답 5×10^4 [V]

9-2 도체운동에 의한 유도 기전력

그림 9-2 (a)와 같이 자속 밀도가 $\vec{B}$ 인 균일 자계내를 길이 l [m] 인 도선이 속도 $\vec{v}$ [m/s]로 자계와 θ의 방향으로 운동하고 있을 때 도선에는 A에서 B방향으로 유도 기전력 e가 발생한다.

그림 9-2 (a)에서 시간 dt [s] 동안에 변화되는 면적은 $dS = lvdt$ [m^2]이므로 쇄교하는 자속 $d\phi$는 식 (9-6)과 같다.

$$d\phi = \vec{B} \cdot \hat{n}dS = \vec{B} \cdot \vec{l} \times \vec{v}dt = dt\vec{B} \times \vec{v} \cdot \vec{l} \tag{9-6}$$

따라서 유도기전력의 크기는 식 (9-7)과 같이 구해진다.

$$e = -\frac{d\phi}{dt} = -\vec{B} \times \vec{v} \cdot \vec{l} = \vec{v} \times \vec{B} \cdot \vec{l} = vBl\sin\theta \ [V] \tag{9-7}$$

식 (9-7)은 도선이 균일 자계내를 운동하여 자속을 절단할 때 유기되는 기전력으로 도선이 정지하고 자속이 변화하여도 같은 결과가 얻어진다.

이와 같이 도체의 운동 방향, 자속의 방향 및 기전력의 방향과의 관계를 나타내는 법칙을 **플레밍의 오른손 법칙**이라 한다. 플레밍의 오른손 법칙은 그림 (9-2) (b)와 같이 오른손의 엄지, 검지, 중지를 서로 직각으로 구부리고 엄지를 v의 방향 검지를 B의 방향으로 하면 중지는 유도기전력 e의 방향이 된다.

그림 9-2 플레밍의 오른손 법칙

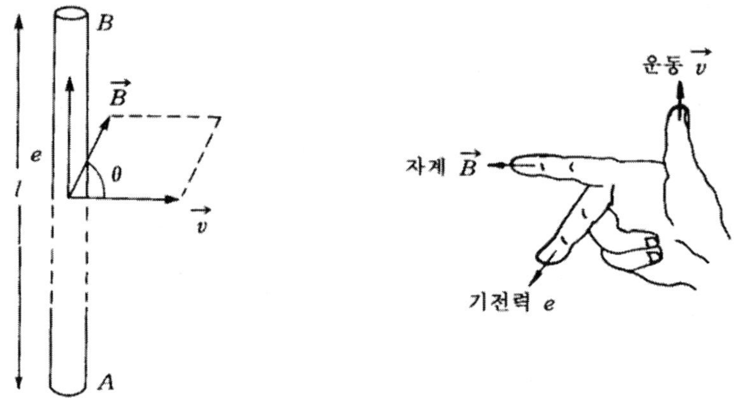

(a) 운동하는 도체와 유도 기전력

(b) 플레밍의 오른손 법칙

◎ 예제 9-2

자속밀도 $B = 5$ [Wb/m^2]인 자계안에서 길이 1 [m]의 직선 도체를 자계 방향에 수직으로 놓고, 자계에 대하여 $30°$ 의 방향으로 1 [m/s]의 속도로 움직일 때 유기되는 기전력[V]을 구하시오.

풀이 $e = vBl\sin\theta = 1 \cdot 5 \cdot 1\sin 30° = 2.5$[V]

답 2.5 [V]

9-3 와전류와 표피효과

9-3-1 와전류(eddy current)

도체를 통과하는 자속이 시간에 따라 변하는 경우이거나 자속과 도체가 상대적으로 운동하여 도체 내의 자속이 시간적 변화하면 이 변화를 막기 위하여 도체 내에 부분적으로 형성되는 임의의 폐회로를 따라 전류가 유기된다. 이 전류를 **와전류** 또는 **맴돌이 전류**라 하며 이를 **그림** 9-3에 나타내었다.

와전류의 크기는 도체의 형상, 크기, 전도도 및 자속의 시간적 변화에 의하여 정해지는 매우 복잡한 모양을 갖는다. 와전류가 도체 내에 발생하면 정상 전류분포에 영향을 주며 동시에 와전류에 의한 줄열이 생겨서 전력의 손실을 초래하게된다. 이를 와류손이라 하며 단위 체적당의 와류손은 식 (9-8)과 같이 나타낸다.

$$P_e \propto \sigma f^2 B_m^2 \ [\mathrm{W/m^3}] \tag{9-8}$$

식 (9-8)에서 f [Hz]는 주파수, B_m[W/m^2]은 최대 자속밀도 이고 σ[℧/m]는 도체의 도전율이다.

와류손은 교류기기의 철심에서 흔히 발생하므로 히스테리시스 손과 같은 철손에 속한다. 변압기나 발전기 등은 철심에 코일을 감아서 전류를 흘리므로 자속의 변화가 크고 철심에는 큰 와전류가 흘러 와류손이 증대한다.

이를 감소시키기 위하여 전류가 흐르지 못하도록 서로 절연한 엷은 철판을 겹쳐서 사용하는데 이것을 성층철심이라 한다. 규소 강판이나 페라이트 등의 철심재료는 전기 전도도가 작으므로 전기기기에 많이 쓰인다.

그림 9-3 와전류의 설명

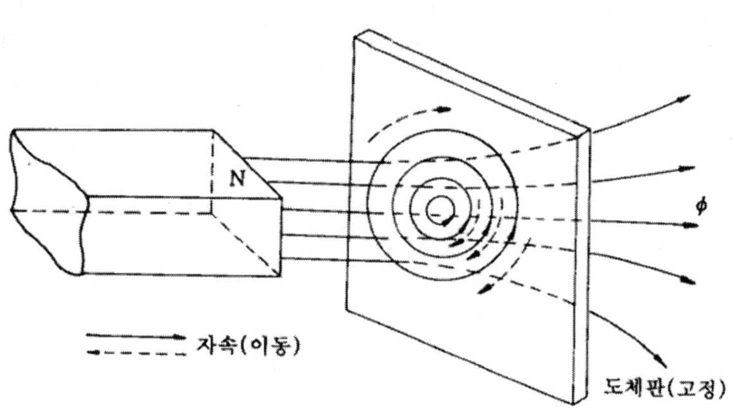

9-3-2 표피효과(skin effect)

그림 9-4와 같이 원주 도체에 전류가 흐르면 그 주위에 자계가 형성된다. 자계가 시간에 따라 변하지 않으면 유도기전력 $e = -\frac{d\phi}{dt} = 0$ 이기 때문에 **그림** 9-4의 (a)와 같이 도체에는 균일한 전류가 흐른다. 그러나 자계가 시간에 따라 변화하면 그 변화가 빠를수록 유도기전력은 크게 발생하고 이는 공급 기전력과 반대방향이 되어 전류의 흐름을 방해한다.

원주 도체의 전류에 의한 자계는 **그림** 9-4의 (c)와 같이 도체 중심부에 가까워질수록 전류와 쇄교하는 자속이 커지므로 $e = -\frac{d\phi}{dt}$에 의한 유도기전력은 공급 기전력의 반대방향으로 커지기 때문에 그림 9-4의 (b)와 같이 도체 중심으로 갈수록 전류는 흐르기 어렵게 된다. 따라서 도체표면 부근의 전류밀도가 도체 중심부의 전류밀도보다 크게 된다. 이와 같이 전류가 도체표면 부근에 집중해서 흐르는 현상을 **표피 효과**라 한다.

원주 도체뿐만 아니라 모든 도체에 교류가 흐르면 표면에서부터 중심으로 깊이 들어갈수록 전류밀도가 작아진다. 이 효과는 주파수가 높아질수록, 도체의 전도도 및 투자율이 클수록 심하다. 이 결과 도체 내부는 전류의 전도에 거의 관여하지 않으므로 외관상으로는 유효면적이 감소하여 전기저항이 증가한 것과 같이 보인다.

표피 효과에 의한 도체 내의 전류 또는 자속의 분포는 도체 표면으로부터의 깊이에 대하여 지수함수적으로 감소하게 된다. 이 때 도체 내부의 전류값이 표면 전류값의 $1/e = 0.368(36.8\%)$이 되는 깊이를 **표피 두께** 또는 **침투깊이**라 한다. 이를 식 (9-9)에 나타내었다.

$$\delta = \sqrt{\frac{2}{\omega\mu\sigma}} = \frac{1}{\sqrt{\pi f \mu\sigma}} \ [\text{m}] \tag{9-9}$$

식 (9-9)에서 $\sigma\,[\mho/\text{m}]$는 도체의 도전율이고 $\mu\,[\text{H/m}]$ 는 도체의 투자율이며 $f\,[\text{Hz}]$는 사용 주파수 이다. 침투깊이 δ 는 주파수가 높을 수록, 도전율과 투자율이 클수록 작아지며, 이를 표피효과가 크다고 한다.

그림 9-4 표피효과의 설명

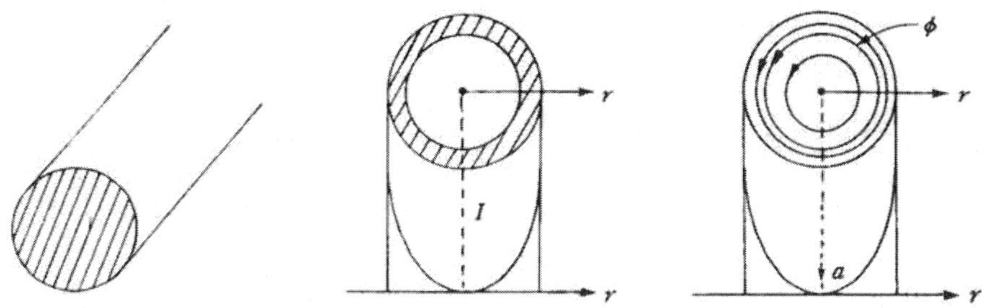

(a) 직류전류 분포 (b) 교류전류 분포 (c) 교류가 흐를 때 도체내의 자속

◎ 예제 9-3

구리 도선에 60 [Hz]와 1 [MHz]의 교류전류가 흐를 때 각각의 경우 침투깊이 δ [m]를 구하시오. (단, 구리의 비투자율 $\mu_s = 1$ 이고 도전율 $\sigma \fallingdotseq 5.8 \times 10^7 [\mho/\mathrm{m}]$ 이다.)

풀이 $\delta = \dfrac{1}{\sqrt{\pi f \mu \sigma}}$

① $60[\mathrm{Hz}]:\ \delta = \dfrac{1}{\sqrt{\pi \cdot 60 \cdot 4\pi \times 10^{-7} \cdot 5.8 \times 10^7}}$

$= 8.5 \times 10^{-3} [\mathrm{m}]$

② $1[\mathrm{MHz}]:\ \delta = \dfrac{1}{\sqrt{\pi \cdot 10^6 \cdot 4\pi \times 10^{-7} \cdot 5.8 \times 10^7}}$

$= 6.9 \times 10^{-5} [\mathrm{m}]$

답 $\delta = 0.0085$ [m] (60 [Hz]), $\delta = 6.6 \times 10^{-5}$ [m] (1[MHz])

연 습 문 제

01 감은 수 N인 코일과 쇄교하는 자속이 $\phi = \phi_m \sin\omega t$ 일 때 유도 기전력을 구하시오.

02 5초 동안에 20 [V]의 기전력을 유기 시키기위한 쇄교자속[Wb]를 구하시오.

03 감은 수 10회인 코일과 쇄교하는 자속이 그림 문제 10-2와 같이 변할 때 각 구간에서의 유도 기전력을 구하시오.

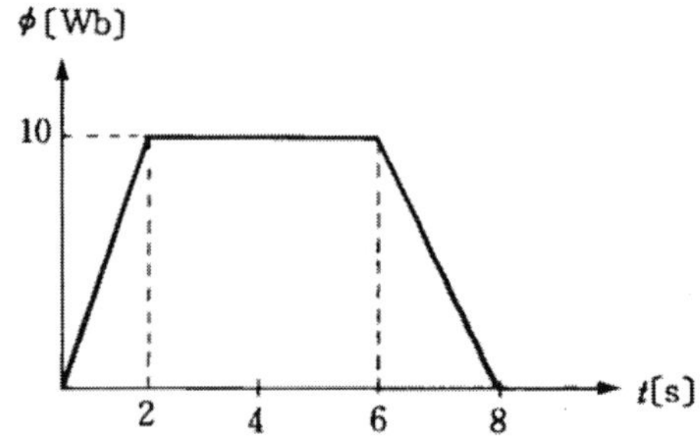

04 $\vec{B} = 10\hat{k}$ [T]의 자계내에서 길이 1 [m]의 직선도체가 속도 $\vec{v} = 5\hat{j}$ [m/s] 로 운동할 때 유도 기전력 $\vec{e}$를 구하시오.

05 와전류와 표피효과에 대하여 설명하시오.

06 구리도선에 파장 1 [cm]인 전자파 전류가 흐르고 있다. 표피 깊이를 구하시오.
(단, 구리의 비투자율 $\mu_s = 1$ 이고 도전율 $\sigma \fallingdotseq 5.8 \times 10^7 [℧/\mathrm{m}]$ 이다.)

Chapter

10 인덕턴스

10-1 자기 인덕턴스

패러데이가 1831년 전자유도에 관한 법칙을 발견한 다음 해인 1832년에 헨리(J.Henry)는 자기회로의 전류변화에 의해서 자기 자신의 회로에 기전력이 유도된다는 것을 발견했다. 즉 임의의 회로에서 이 회로에 흐르는 전류가 변화하면 이 전류에 의한 쇄교 자속수도 변화하게되어 이 변화를 막는 방향의 기전력이 자기 자신의 회로 내에 발생하게 된다. 이러한 현상을 **자기유도**라 한다.

그림 10−1에서와 같이 코일의 감은 수를 N 이라하고 회로에 흐르는 전류를 I 라 할 때코일과 쇄교하는 총 자속수는 $\Phi = N\phi$이므로 자신의 회로에 유도되는 기전력은 식 (10−1)과 같다.

$$e=-\frac{d\Phi}{dt}=-N\frac{d\phi}{dt}=-N\frac{d\phi}{dI}\frac{dI}{dt} \tag{10–1}$$

식 (10−1)에서

$$L=N\frac{d\phi}{dI} \tag{10–2}$$

라 하면 식 (10−1)은 식 (10−3)이 된다.

$$e=-L\frac{dI}{dt}[V] \tag{10–3}$$

따라서 식 (10−2)과 식 (10−3)을 식 (10−1)에 대입하면 식 (10−4)를 얻는다.

$$\Phi = N\phi = LI\,[\mathrm{Wb}] \tag{10-4}$$

식 (10−4)에서와 같이 총쇄교자속수 Φ [Wb]는 코일에 흐르는 전류 I [A]에 비례한다. 이 때의 비례상수 L을 자기 인덕턴스 또는 자기유도계수라 한다. 이것은 전류의 크기에 관계가 없고 회로의 크기, 모양 및 주위 매질의 투자율에 따라 결정된다. 자기 인덕턴스의 단위는 식 (10−5)와 같이 헨리 (Henry, [H])의 단위를 쓴다.

$$L[H] = \frac{\Phi}{I}\frac{[\mathrm{Wb}]}{[\mathrm{A}]} \tag{10-5}$$

그림 10−1 자기 인덕턴스

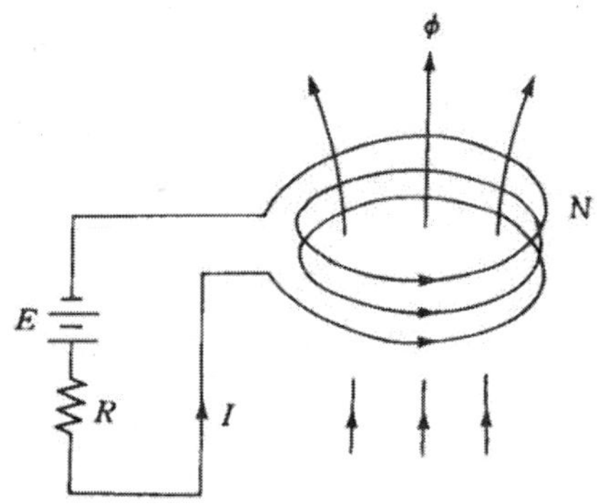

◎ 예제 10−1

자기 인덕턴스가 0.5 [H]인 코일에 전류 $I = 10$ [A] 가 흐를 때 유도 기선력 e [V]를 구하시오.

풀이 $e = -L\frac{dI}{dt} = -L\frac{I}{t} = -0.5 \cdot \frac{10}{1} = -5[\mathrm{V}]$

답 -5 [V]

◎ 예제 10-2

감은 수 200회인 코일에 5 [A]의 전류를 흐르게 했을 때 쇄교 자속이 5×10^{-2}[Wb]이었다. 이 코일의 자기 인덕턴스 [H]를 구하시오.

풀이 $N\phi = LI$

$$\therefore L = \frac{N\phi}{I} = \frac{200 \cdot 5\times10^{-2}}{5} = 2[\mathrm{H}]$$

답 2 [H]

10-2 상호 인덕턴스

그림 10-2와 같이 감은 수가 각각 N_1, N_2 인 2개의 코일 C_1 과 C_2 가 있을 때 코일 C_1 에 전류 I_1을 흘리면 자속의 일부가 코일 C_2 와 쇄교하게 되어 C_2 회로에 전류 I_2가 흐르게 된다. 또 다시 전류 I_2에 의한 자속의 일부는 다시 코일 C_1 과 쇄교하게 되어 2 개의 코일 상호간에 전자유도 현상이 나타난다. 이를 **상호유도**라 한다.

코일 C_1에 흐르는 전류 I_1에 의하여 발생한 자속 중 코일 C_2와 쇄교하는 자속 수를 ϕ_{21}이라하면 코일 C_2와 쇄교하는 총자속수는 식 (10-6)와 같다.

$$\Phi_{21} = N_2\,\phi_{21} \tag{10-6}$$

코일 C_1에 흐르는 전류 I_1에 의하여 발생된 자속에 의하여 코일C_2에 유도되는 유도기전력 e_2는 식 (10-7)이 된다.

$$e_2 = -\frac{d\Phi_{21}}{dt} = -N_2\frac{d\phi_{21}}{dt}\ [V] \tag{10-7}$$

식 (10-7)를 식 (10-1) 과 같이 변형하면 식 (10-8)을 얻는다.

$$e_2 = -N_2 \frac{d\phi_{21}}{dI_1} \frac{dI_1}{dt} [V] \tag{10-8}$$

식 (10−8)에서

$$M_{21} = N_2 \frac{d\phi_{21}}{dI_1} \tag{10-9}$$

로 놓으면 식 (10−10)이 된다.

$$e_2 = -M_{21} \frac{dI_1}{dt} [V] \tag{10-10}$$

위에서와 같은 방법으로 코일 C_2에 흐르는 전류 전류 I_2에 의해서 발생된 자속 중 코일 C_1과 쇄교하는 자속 ϕ_{12}에 의하여 코일 C_1 에 유도되는 기전력은 식 (10−11)과 같이 된다.

$$e_1 = -M_{12} \frac{dI_2}{dt} [V] \tag{10-11}$$

식 (10−10)와 식 (10−11)에서 비례상수M_{12}와M_{21}은 L과 같이 전류의 크기에는 관계없고 회로의 크기, 모양 및 주위의 매질과 코일 C_1과 C_2의 상호위치에 의해서 결정되는 상수로 식 (10−12)의 관계가 있다.

$$M_{12} = M_{21} = M \tag{10-12}$$

식 (10−12)를 코일 C_1 과 C_2 사이의 상호 인덕턴스 또는 상호 유도계수라 한다. 상호인덕턴스 M의 단위도 자기인덕턴스와 동일하게 [H]를 쓴다.

그림 10-2 상호 인덕턴스

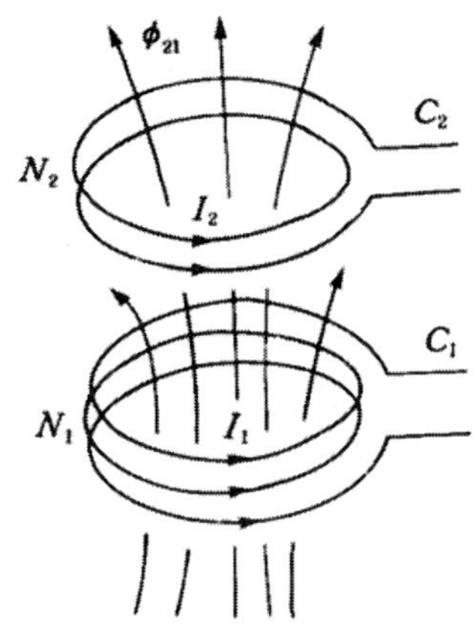

◎ 예제 10-3

상호 인덕턴스가 100 [μ H]인 회로의 1차 코일에 흐르는 전류가 3 [s] 동안에 3 [A]에서 15 [A]로 변화 하였다. 2차 코일에서의 유도 기전력 [V]를 구하시오.

풀이 $e_2 = -M_{21}\dfrac{di_1}{dt} = -100\times10^{-6}\cdot\dfrac{15-3}{3} = -4\times10^{-4}$[V]

답 -4×10^{-4} [V]

10-3 자기 인덕턴스와 상호 인덕턴스의 관계

n개의 코일이 있는 경우 각 코일에 흐르는 전류를 I_1, I_2, …… I_n 이라 하면 각 코일의 쇄교자속수 Φ는 식 (10-13)으로 주어진다.

$$\Phi_1 = L_1I_1 + M_{12}I_2 + M_{13}I_3 + \cdots\cdots + M_{1n}I_n$$
$$\Phi_2 = M_{21}I_1 + L_2I_2 + M_{23}I_3 + \cdots\cdots + M_{2n}I_n$$
$$\cdots\cdots\cdots\cdots\cdots\cdots\cdots\cdots\cdots\cdots \qquad (10\text{–}13)$$

$$\Phi_n = M_{n1}I_1 + M_{n2}I_2 + M_{n3}I_3 + \cdots\cdots + M_{nm}I_n$$

식 (10−13)에서 상호 인덕턴스는 서로 같다. 즉, $M_{rs} = M_{sr}$ 이다.

그림 10−3과 같이 토로이드에 N_1 과 N_2의 코일을 감았을 때 이 두 코일에서의 자기인덕턴스와 상호 인덕턴스와의 관계를 구해 보자. 코일 C_1과 코일 C_2 에 쇄교하는 총 자속을 자기 인덕턴스와 상호 인덕턴스로 표시하면 식 (10−14)과 식 (10−15)와 같이 구해진다.

$$\Phi_1 = L_1 I_1 + M_{12} I_2 \tag{10–14}$$

$$\Phi_2 = M_{21} I_1 + L_2 I_2 \tag{10–15}$$

그림 10−3의 경우 코일 C_1과 코일 C_2의 자기 인덕턴스는 식 (10−16)과 식 (10−17)과 같이되고, 코일간의 상호 인덕턴스는 식 (10−18)과 같이 된다.

$$L_1 = \frac{N_1 \phi_1}{I_1} \tag{10–16}$$

$$L_2 = \frac{N_2 \phi_2}{I_2} \tag{10–17}$$

$$M = \frac{N_2 \phi_1}{I_1} = \frac{N_1 \phi_2}{I_2} \tag{10–18}$$

식 (10−16) ~ 식 (10−18) 로 부터 식 (10−19)와 같은 자기 인덕턴스와 상호 인덕턴스의 관계를 얻을 수 있다.

$$M = \pm \sqrt{L_1 L_2} \tag{10–19}$$

일반적으로 두 코일 각자에서 만들어진 자속이 누설자속 때문에 상대 코일과 전부 쇄교하는 것이 아니므로 식 (10−19)은 식 (10−20)으로 표시한다.

$$M = \pm k \sqrt{L_1 L_2} \tag{10–20}$$

그림 10-3 자기 인덕턴스와 상호 인덕턴스의 관계

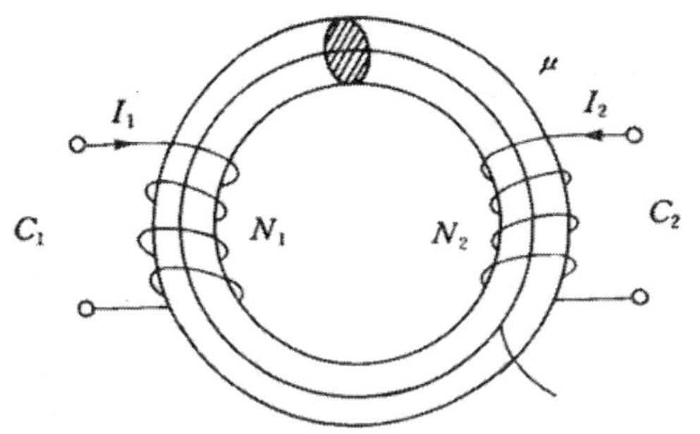

식 (10−20)에서 k를 **결합계수** 하며 이는 두 코일간의 자기적 결합정도를 표시한다. 결합계수는 두 코일의 모양, 크기, 상대위치 등으로 결정되며 $0 \leq k \leq 1$ 의 값을 갖는다. 또 한쪽 자속 중 다른쪽 코일과 쇄교하지 않는 자속을 **누설자속**이라 한다.

식 (10−20)에서 $M > 0$ 인 경우는 두 코일에서 발생된 자속이 합해지는 경우이고, $M < 0$ 인 경우는 두 코일에서 만들어진 자속이 상쇄되는 경우를 뜻한다.

◎ 예제 10-4

두 코일의 자기 인덕턴스가 각각 $L_1 = 0.1$ [H], $L_2 = 0.4$ [H] 이고, 상호 인덕 턴스 $M = 0.18$ [H] 라고 할 때 두 코일의 결합계수 k 를 구하시오.

✔풀이 $M = k\sqrt{L_1 L_2}$

$$\therefore k = \frac{M}{\sqrt{L_1 L_2}} = \frac{0.18}{\sqrt{0.1 \cdot 0.4}} = \frac{0.18}{0.2} = 0.9$$

답 0.9

10-4 인덕턴스의 계산 예

10-4-1 자기 인덕턴스의 계산 예

(1) 환상 솔레노이드

그림 10-4 와 같이 평균자로의 길이 l [m], 단면적 S [m^2], 투자율 μ[H/m], 권선의 감은 수 N [회]인 환상 솔레노이드에 전류 I [A]가 흐를 때의 자속은 식 (10-21)과 같다.

$$\phi = BS = \mu HS = \mu nIS = \mu \frac{NI}{l} S \text{ [Wb]} \tag{10-21}$$

따라서 자기 인덕턴스는 식 (10-4)에 의하여 식 (10-22)과 같이 구해진다.

$$L = \frac{\Phi}{I} = \frac{N\phi}{I} = \frac{\mu S N^2}{l} = \frac{N^2}{R_m} \text{ [H]} \tag{10-22}$$

그림 10-4 원형 솔레노이드

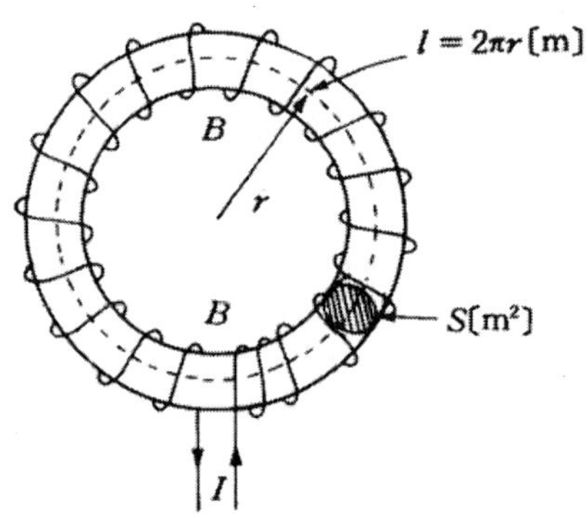

◎ 예제 10-5

코일의 감은 수가 200회인 원형 솔레노이드가 있다. 이 코일에 2 [A]의 전류가 흐를 때 자로의 자속이 2×10^{-2} [Wb] 이었다. 이 코일의 자기 인덕턴스를 구하시오.

풀이 $L=\dfrac{N\phi}{I}=\dfrac{200\cdot2\times10^{-2}}{2}=2[\mathrm{H}]$

답 2 [H]

(2) 유한길이의 솔레노이드

솔레노이드 길이가 유한한 경우에는 자속의 일부가 누설되므로 쇄교자속수가 무한장 솔레노이드에 비해 작게 되고 그 인덕턴스가 작아지게 된다.

솔레노이드의 길이를 l[m], 원형단면의 지름을 D [m], 단위길이에 대한 권수를 n [회/m]라 하면 자기인덕턴스는 식 (10-23)와 같이 된다.

$$L=k\frac{\pi\mu n^2D^2l}{4}\ [\mathrm{H}] \tag{10-23}$$

식 (10-23)에서 k를 **나가오카계수**(Nagaoka's coefficient)라 하며, 이는 $\dfrac{D}{l}$ 에 의해서 결정되는 계수이다.

표 10-1은 공심코일 ($\mu_s=1$)인 경우의 나가오카계수의 실험값이다.

[표 10-1] 나가오카계수

D/l	k	D/l	k	D/l	k
0	1,000	0.8	0.735	8	0.237
0.1	0.954	1	0.688	10	0.203
0.1	0.920	2	0.526	50	0.0611
0.4	0.850	4	0.365	100	0.0350
0.6	0.789	6	0.285		

(3) 직선 도체

반경 a [m]이고 단면적이 S [m^2]인 원통형 도선에 전류 I [A]가 균일하게 흐를 때 이 도체의 단위길이당 인덕턴스를 구하는 문제를 생각하여 보자.

인덕턴스에 축적되는 에너지와 [예제 8-4]로 부터 식 (10-24)가 얻어 진다.

$$W = \frac{1}{2} L_0 I^2 = \frac{\mu_0 I^2}{16\pi} \text{ [J/m]} \tag{10-24}$$

따라서 단위길이당 인덕턴스 L_0 는 식 (10-25)와 같다.

$$L_0 = \frac{\mu}{8\pi} \tag{10-25}$$

식 (10-25)에서 교류전류가 흘러서 표피효과에 의하여 전류가 원통도선의 표면만을 흐른다면 자기 인덕턴스 값은 존재하지 않게되어 $L_0 = 0$ 이다.

(4) 무한 길이의 원통형 평행 선로 사이

그림 10-5 와 같이 반지름 a [m] 인 두 개의 무한 길이의 원통선로가 중심간격 d [m]로 평행 상태를 유지하면서 떨어져 있고, $d \gg a$라 할 때의 단위길이당의 인덕턴스를 구하여 보자.

그림 10-5 무한 길이의 평행 원통 도선

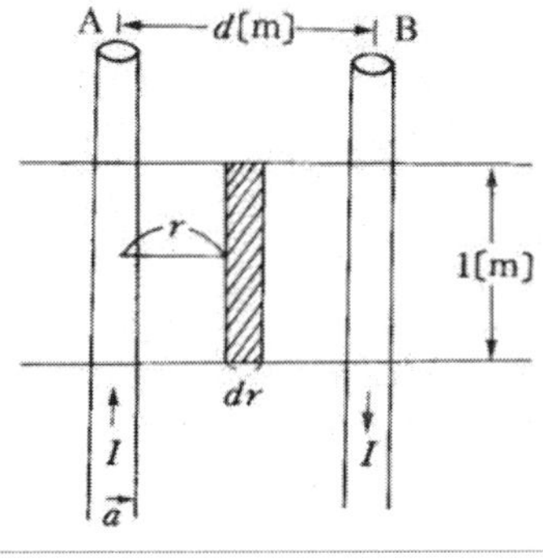

도체 A로 부터 r만큼 떨어진 점의 자계의 세기는 식 (10−26)과 같다.

$$H = \frac{I}{2\pi r} + \frac{I}{2\pi(d-r)} \text{ [A/m]} \tag{10-26}$$

자속밀도 $B = \mu_0 H$ 이므로 빗금친 부분을 통과하는 자속 $d\phi$ 는 식 (10−27)과 같다.

$$d\phi = Bds = \frac{\mu_0 I}{2\pi}\left(\frac{1}{r} + \frac{1}{d-r}\right) 1dr \tag{10-27}$$

자속 ϕ 는 식 (10−28)과 같이 구해진다.

$$\phi = \int_{d-a}^{a} \frac{\mu_0 I}{2\pi}\left(\frac{1}{r} + \frac{1}{d-r}\right)dr = \frac{\mu_0 I}{\pi} ln \frac{d-a}{a}$$

$$\fallingdotseq \frac{\mu_0 I}{\pi} ln \frac{d}{a} \text{ [Wb/m]} \ (d \gg a) \tag{10-28}$$

식 (10−28)로부터 단위 길이당의 인덕턴스 L_0는 식 (10−29)와 같이 구해진다.

$$L_0 = \frac{\phi}{I} = \frac{\mu_0}{\pi} ln \frac{d}{a} \text{ [H/m]} \tag{10-29}$$

한편 전류가 도선에 균일하게 흐르고 있다면 도선의 내부 인덕턴스는 도선이 두 개이기 때문에 식 (10−25)에 의하여

$$L_i = \frac{\mu}{8\pi} \times 2 \text{ [H/m]} \tag{10-30}$$

과 같이 구해 진다. 따라서 원통 도선의 전 자기 인덕턴스는 식 (10−31)과 같이 구해진다.

$$L = \frac{\mu_0}{\pi} ln \frac{d}{a} + \frac{\mu}{4\pi} \text{ [H/m]} \tag{10-31}$$

도체에 교류전류가 흐르는 경우표피효과에 의하여 전류가 원통도선의 표면만을 흐른다면 원통도체 사이의 자기 인덕턴스는 식 (10−29)로 나타낸다.

◎ 예제 10-6

자유 공간에 지름 5 [mm]의 동선을 선간거리 40 [cm]로 평행하게 설치하였다. 단위 길이당의 자기인덕턴스를 구하시오.

풀이

$$L=\frac{\mu_0}{\pi}\ln\frac{d}{a}+\frac{\mu_0}{4\pi}=\frac{\mu_0}{\pi}\left(\ln\frac{d}{a}+\frac{1}{4}\right)$$

$$=\frac{4\pi\times10^{-7}}{\pi}\left\{\ln\left(\frac{5\times10^{-2}}{2.5\times10^{-3}}\right)+0.25\right\}$$

$$=1.3\times10^{-6}[\mathrm{H}]=1.3[\mu\mathrm{H}]$$

답 $1.3[\mu\mathrm{H/m}]$

(5) 지면위에 가설된 직선 선로

그림 10-6과 같이 지상 h [m]인 곳에 반경 a [m] 인 직선 도체가 지면과 평행하게 가설되어 있다. 이 직선 도체에 흐르는 전류 I [A] 일 때 단위 길이당의 자기인덕턴스를 구하여 보자.

앞의 (3)에서의 왕복 도선의 경우와 비교하면 선간거리 $d=2h$ [m]이다. 또한 대지를 등가 대전면으로 생각하면 한선의 단위 길이당 인덕턴스는 식 (10-32)과 같이 구해진다.

그림 10-6 지면위에 가설된 직선 선로

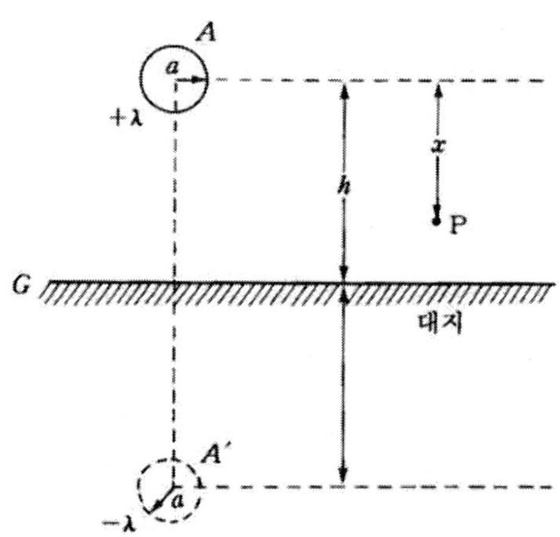

$$L = \frac{1}{2}\left(\frac{\mu_0}{\pi} ln\frac{2h}{a} + \frac{\mu}{4\pi}\right)$$

$$= \frac{\mu_0}{2\pi} ln\frac{2h}{a} + \frac{\mu}{8\pi} \text{ [H/m]} \tag{10-32}$$

◎ 예제 10-7

지상에서 높이 $h = 10$ [m]인 곳에 직경 $D = 4$ [mm]인 선로를 가설하였다. 단위 길이당 자기 인덕턴스를 구하시오.

풀이

$$L = \frac{\mu_0}{2\pi}\ln\frac{2h}{a} + \frac{\mu}{8\pi} = \frac{\mu_0}{2\pi}\left(\ln\frac{2h}{a} + \frac{1}{4}\right)$$

$$= 2\times 10^{-7}\left(\ln\frac{2\cdot 10}{2\times 10^{-3}} + 0.25\right)$$

$$= 1.89\times 10^{-6}[\text{H}] = 1.89[\mu\text{H}]$$

답 1.89 [μH/m]

(6) 무한 길이의 동축원통 사이

그림 10-7과 같이 내부 원통의 반지름 a [m], 외부 원통의 안반지름이 b [m]인 무한히 긴 동축 원통 도체의 단위길이당 자기 인덕턴스를 구해보자. 단 외부도체의 두께는 매우 얇은 것으로 가정한다.

도체사이에 반지름 $r(a < r < b)$이고, 폭이 dr [m]인 단위길이의 얇은 원통을 생각 하면 r 인 위치의 자계 $\vec{H}$는 식 (10-33)과 같다.

$$\vec{H} = \frac{I}{2\pi r}\hat{a}_{\phi} \text{ [AT/m]} \tag{10-33}$$

따라서 빗금친 부분의 면적에 해당하는 dr의 미소 원통을 지나는 자속 $d\phi$는 식 (9-34)와 같다.

$$d\phi = B\,dr = \mu_0 H dr = \frac{\mu_0 I}{2\pi r} dr \text{[Wb/m]} \tag{10-34}$$

그림 10-7 무한 길이의 동축 원통

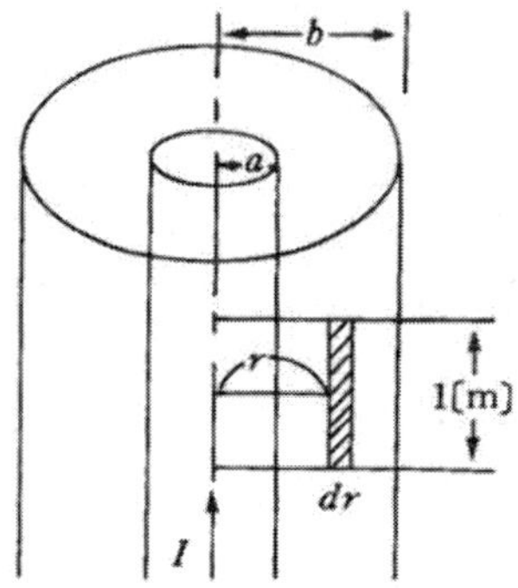

두 도체간을 지나는 자속, 즉 내부도체와 쇄교하는 자속은 식 (10−35)와 같이 된다.

$$\Phi = \int_a^b d\phi = \frac{\mu_0 I}{2\pi}\int_a^b \frac{1}{r}dr = \frac{\mu_0 I}{2\pi}[\ln r]_a^b = \frac{\mu_0 I}{2\pi} ln\frac{b}{a} \tag{10-35}$$

단위 길이당 자기 인덕턴스는 식 (10−5)의 관계식에서 식 (10−36)으로 표시 된다.

$$L_0 = \frac{\Phi}{I} = \frac{\mu_0}{2\pi} ln\frac{b}{a}\ [\mathrm{H/m}] \tag{10-36}$$

그런데 원통 도선 내부의 자기인덕턴스가 $\frac{\mu}{8\pi}$ [H/m]이므로 이것을 합한 동축케이블의 단위 길이당 총 자기 인덕턴스는 식 (10−37)과 같다.

$$L_0 = \frac{\mu_0}{2\pi} ln\frac{b}{a} + \frac{\mu}{8\pi}\ [\mathrm{H/m}] \tag{10-37}$$

식 (10−37)에서 동축 원통에 교류전류가 흘러서 표피 효과에 의하여 전류가 도체의 표면에만 흐른다면 동축 원통 도체 사이의 자기 인덕턴스는 식 (10−36)이 된다.

◎ 예제 10-8

동축선로의 내부 원통의 반지름 $a = 0.5$ [mm]이고, 외부 원통의 반지름 $b = 3$ [mm]인 경우 이 동축선로의 자기 인덕턴스를 구하시오.

✔풀이 $L = \frac{\mu_0}{2\pi}\ln\frac{b}{a} + \frac{\mu}{8\pi} = \frac{\mu_0}{2\pi}\left(\ln\frac{b}{a} + \frac{1}{4}\right)$

$= 2\times 10^{-7}\left(\ln\frac{3}{0.5} + 0.25\right)$

$= 4.084\times 10^{-7}[\mathrm{H}] = 0.41[\mu\mathrm{H}]$

답 $0.41\ [\mu\mathrm{H/m}]$

10-4-2 상호인덕턴스의 계산 예

(1) 환상 솔레노이드

그림 10-8과 같이 단면적이 $S[\mathrm{m}^2]$, 평균자로의 길이 $l[\mathrm{m}]$, 비투자율이 μ_s의 환상철심에 권수 N_1의 1차코일과 권수 N_2의 2차코일이 감겨져 있다. 1차코일에는 $I_1[A]$의 전류가흐르고, 2 차 코일에는 $I_2[A]$의 전류가 흐른다.

1차코일에 I_1의 전류가 흐르면 통하면 철심에서의 자속은 식 (10-38)과 같이 된다.

$$\phi_1 = \frac{N_1 I_1}{R_m} = \frac{N_1 I_1}{\frac{l}{\mu S}} = \frac{\mu S N_1 I_1}{l}[\mathrm{Wb}] \tag{10-38}$$

따라서 2차 코일과의 쇄교자속수는 식 (10-39)로 표시된다.

$$N_2\phi_1 = \frac{\mu S N_1 N_2 I_1}{l} \tag{10-39}$$

식 (10-39)로 부터 두 코일간의 상호 인덕턴스는 식 (10-40)과 같이 구해 진다.

그림 10-8 환상 솔레노이드의 상호 인덕턴스

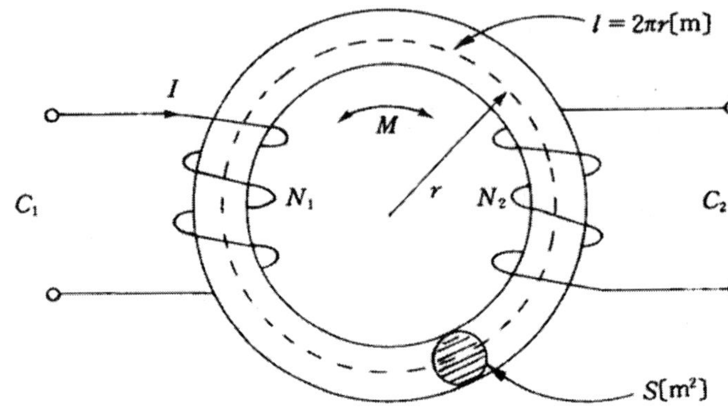

$$M_{21} = \frac{N_2\phi_1}{I_1} = \frac{\mu S N_1 N_2}{l} \tag{10-40}$$

식 (10−40)에서는 1차측 코일에 흐르는 전류를 기준으로 구하였으나, 2차 측 코일에 흐르는 전류를 기준으로 하여도 같은 결과를 얻는다. 식 (10−12)에 의하여 $M_{12} = M_{21} = M$ 이다.

(2) 유한 길이의 솔레노이드

그림 10−9와 같이 단면적 S[m²]되는 가늘고 긴 원통형 코일의 감은 수가 N_1회이고, 이것과 같은 축으로 외곽에 감은 수 N_2의 원통형 코일을 설치할 때 이 두 코일 간의 상호 인덕턴스에 대하여 생각하여 보자.

내측 코일의 선류 I_1에 의한 자속은 식 (10−41)과 같다.

$$\phi = \frac{\mu N_1 S}{l} I_1 \tag{10-41}$$

따라서 외측 코일과 쇄교하는 자속은 $N_2\phi_1$ 이 되어 두 코일간의 상호 인덕턴스는 식 (10−42)와 같이 구해진다.

$$M = \frac{N_2 \phi_1}{I_1} = \frac{\mu N_1 N_2 S}{l} \tag{10-42}$$

위의 계산은 내측 코일에 의한 자속에서부터 구했지만 반대로 외측 코일에 의한 자속에서 구해도 된다.

그림 10-9 유한 길이 코일의 상호 인덕턴스

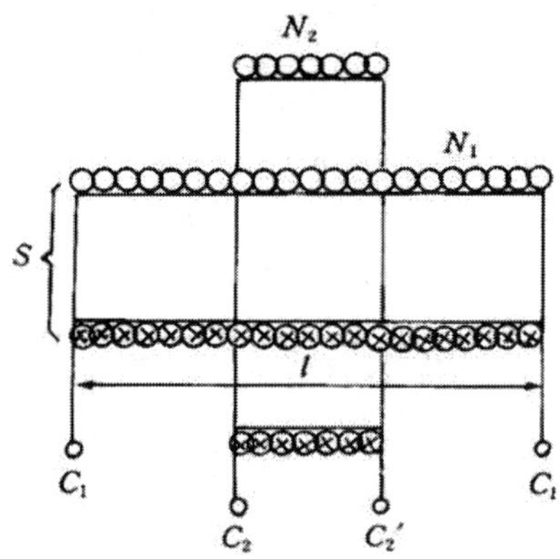

10-5 코일내의 자계 에너지

자기 인덕턴스 L [H]인 코일에 시간에 따라 변하는 전류 I [A]가 흐르면 $e = -L\frac{dI}{dt}$의 역기전력이 생기고, 이 역기전력과 반대방향으로 전하 dq 운반할 때 필요한 일은 식 (9-43)과 같이 된다.

$$dW = -edq = L\frac{dI}{dt}dq = L\frac{dq}{dt}dI = LIdI \tag{10-43}$$

식 (10-43)은 전류를 dI만큼 증가시키는 에너지이므로 I [A] 까지 흐르는데 필요한 일은 식 (10-44)로 주어진다.

$$W = \int_0^I LIdI = \frac{1}{2}LI^2 = \frac{1}{2}\phi I \text{ [J]} \tag{10-44}$$

식 (10−44)와 같이 매질 내에서는 전류가 흐르는 동안은 에너지가 축적된다. 정전 에너지가 기전력 또는 전하에 의하여 축적되지만 전자에너지는 전류에 의하여 축적되므로 회로에 흐르는 전류를 차단하면 에너지는 즉시 없어진다.

◎ 예제 10−9

코일에 흐르는 전류 $I=10$ [A]이다. 이 코일과 쇄교하는 자속수 $\phi=2$ [Wb] 일 때 이 회로에 축적되는 자계 에너지 [J]를 구하시오.

풀이 $W=\frac{1}{2}LI^2=\frac{1}{2}\phi I=\frac{1}{2}\cdot 2\cdot 10=10[J]$

답 10 [J]

10-6 인덕턴스의 연결

10-6-1 직렬연결

자기 인덕턴스가 L_1과 L_2인 두 개의 코일을 직렬로 연결하고 양단에 전압 [V]를 가하면 그림 10−10에서 상호 인덕 턴스가 없는 경우 각 인덕턴스에는 식 (10−45)와 같은 기전력이 유도된다.

$$V_1=L_1\frac{dI}{dt}[V] \tag{10-45}$$

$$V_2=L_2\frac{dI}{dt}[V]$$

따라서 두 코일 양단에서의 기전력은 $V=V_1+V_2$ 이고 합성 인덕턴스를 L이라하면, $V=L\frac{dI}{dt}$의 관계가 성립하므로 식 (10−46)이 구해진다.

$$L\frac{dI}{dt} = L_1\frac{dI}{dt} + L_2\frac{dI}{dt}$$

$$= (L_1 + L_2)\frac{dI}{dt}[V] \tag{10-46}$$

식 (10−46)으로부터 총 자기 인덕턴스는 식 (10−47)과 같이 구해진다.

$$L = L_1 + L_2[V] \tag{10-47}$$

그림 10−10에서 두 코일이 상호인덕턴스 M을 갖는 경우에는 각 코일에서의 유도 기전력은 식 (10−48)과 같이 된다.

$$V_1 = L_1\frac{dI}{dt} \pm M\frac{dI}{dt}[\mathrm{V}] \tag{10-48}$$

$$V_2 = L_2\frac{dI}{dt} \pm M\frac{dI}{dt}[\mathrm{V}]$$

식 (10−48)에서 (+) 부호는 **그림** 10−10 (a)에서와 같이 두 코일에 의하여 만들어진 자속이 합하여지는 경우이고, (−) 부호는 **그림** 10−10 (b)에서와 같이 두 코일에 의하여 만들어진 자속이 상쇄되는 경우이다.

따라서 총 인덕턴스 값은 식 (10−49)와 같이 구해진다.

$$L = L_1 + L_2 \pm 2M \tag{10-49}$$

그림 10−10 코일의 직렬접속

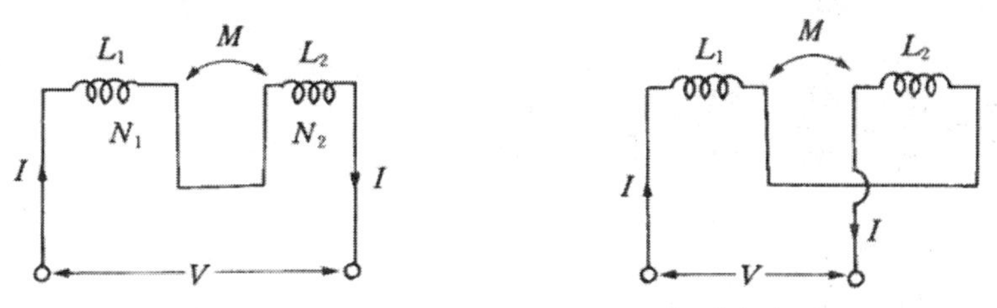

(a) 자속이 증가하는 경우

(b) 자속이 감소하는 경우

◎ 예제 10-10

두 개의 코일을 같은 방향으로 연결하면 합성 인덕턴스가 50 [mH]이고, 반대방향으로 연결하면 10 [mH]이다. 코일의 상호 인덕턴스 M [mH]를 구하시오.

풀이 $L_1+L_2+2M=50\times10^{-3}$ …… ①

$L_1+L_2-2M=10\times10^{-3}$ …… ②

① − ②

$4M=40\times10^{-3}$

$\therefore M=10[\mathrm{mH}]$

답 10[mH]

10-6-2 병렬연결

코일의 병렬 연결에는 **그림** 10-11의 (a)와 (b)와 같이 두가지 방법이 있다. 상호 인덕 턴스가 존재할 때 **그림** 10-11 (a) 방법은 자속을 증가 시키는 방법이고, (b)의 방법은 자속을 감소 시키는 방법이다.

그림 10-11에서 상호 인덕턴스가 없다고 하면, 두 코일이 병렬 연결 이므로 유도 기전력은 같게 되어 식 (10-50)으로 표시된다.

$$V=L_1\frac{dI_1}{dt}=L_2\frac{dI_2}{dt}[V] \tag{10-50}$$

그런데 각 지로의 전류를 I_1, I_2 라 하면 총 전류 $I=I_1+I_2$ 이고, 합성 인덕턴스를 L이라 하면 $V=L\frac{dI}{dt}$의 관계가 있으므로 식 (10=51)이 얻어 진다.

$$\frac{V}{L}=\frac{dI}{dt}=\frac{dI_1}{dt}+\frac{dI_2}{dt}=\frac{V}{L_1}+\frac{V}{L_2}$$

$$\frac{1}{L}=\frac{1}{L_1}+\frac{1}{L_2} \tag{10-51}$$

두 코일 상호간에 상호인덕턴스 M이 존재할 때의 단자 전압은 식 (10-52)와 같이 된다.

$$V = L_1 \frac{dI_1}{dt} \pm M \frac{dI_2}{dt}$$

$$= L_2 \frac{dI_2}{dt} \pm M \frac{dI_1}{dt} [V] \tag{10-52}$$

따라서 총 인덕턴스 값은 식 (10-53)과 같이 구해진다.

$$L = \frac{L_1 L_2 - M^2}{L_1 + L_2 \mp 2M} [H] \tag{10-53}$$

식 (10-53)에서 (-) 부호는 자속을 증가 시키는 방향으로 코일을 연결한 경우 이고(**그림** 10-11 (a)), (+) 부호는 자속을 감소 시키는 방향으로 코일을 연결한 경우 (**그림** 10-11 (b))이다.

그림 10-11 코일의 병렬접속

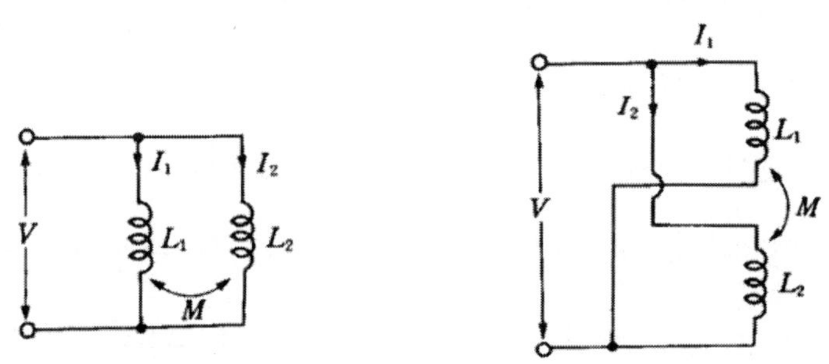

(a) 자속이 증가하는 경우　　(b) 자속이 감소하는 경우

연 습 문 제

01 코일에 흐르는 전류가 1초 동안에 1 [A]에서 3 [A]로 변화 하였다. 이때 코일의 유도전압이 20 [V]라면 이 코일의 자기 인덕턴스 [H]를 구하시오.

02 코일의 자기 인덕턴스가 0.02 [H]인 코일에 흐르는 전류가 2 [A]이다. 코일의 감은 수가 100 [회]일 때 자속을 구하시오.

03 단면적이 10 [cm^2]이고, 단위 길이당 코일의 감은 수가 100 [회]인 무한히 긴 솔레노이드의 자기 인덕턴스를 구하시오. (단, 철심의 비투자율 $\mu_s = 4$ 이다.)

04 코일의 감은 수가 200 [회]이고, 단면적이 1 [cm^2]이며 자로의 길이가 길이가 10 [cm]인 환상 솔레노이드의 자기 인덕턴스를 구하시오. (단, 코일은 공심코일 이다.)

05 다음 선로에 전자파 전류가 흐르고 있어 표피 효과에 의하여 전자파 전류는 도체의 표면에만 흐른다. 이 경우 각 선로의 특성 임피던스를 구하시오. (단, 특성임피던스 $Z_0 = \sqrt{\frac{L}{C}}$ 이다. 여기서 L : 단위 길이당 인덕턴스 이고, C : 단위 길이당 캐페시턴스 이다.)

(1) 반지름 a=2.5 [mm] 인 두 개의 무한 길이의 원통선로가 중심간격 d=3 [cm]로 평행 선로를 구성하고 있다. 두 선로 사이의 비유전율 ϵ_s=1인 유전체로 채워져 있는 경우

(2) 지상 h=10 [m]인 곳에 반경 a=2.5 [mm] 인 직선 도체가 지면과 평행하게 가설되어 있는 경우

(3) 내부 원통의 반지름 a=2.5 [mm], 외부 원통의 안 반지름이 b=7.5 [mm]인 무한히 긴 동축 원통 도체의 내외부도체 사이에 비유전율 ε_s =2.3 인 유전체로 채워져 있는 경우

06 자기 인덕턴스 2 [H]인 코일의 자계내에 축적되는 에너지가 4 [J]일 때 이 코일에 흐르는 전류 [A]를 구하시오.

07 단면적 $S = 100$ [cm^2]인 환상 솔레노이드의 평균 자로의 길이가 100 [cm]이고, 코일의 감은 수가 1000 [회]이다. 철심의 비투자율 $\mu_s = 100$ 이고, 코일에 흐르는 전류 I = 10[A]일 때 코일에 축적되는 에너지를 구하시오.

08 1차 코일과 2차 코일의 자기 인덕턴스가 각각 200 [mH], 98 [mH]일 때 누설자속이 각각 10 [%]라면 두 코일의 상호 인덕턴스 M [H]와 결합계수 k 를 구하시오.

Chapter 11

전자파

11-1 변위전류

그림 11−1과 같은 평행판 콘덴서의 경우 콘덴서 내의 절연물 때문에 자유전자가 이동하지 못하므로 전류는 흐르지 않는다. 그러나 전원 전압이 시간적으로 변하는 전자파 전원인 경우에는 콘덴서 내부에 존재하는 구속전자의 변위에 의해서 전류가 흐를 수 있다고 본다.

이와 같이 유전체 내에 구속되어 있는 전자의 변위에 의하여 흐르는 전류를 **변위전류**라 한다. 변위 전류는 1865년 맥스웰이 콘덴서 전극간의 전류 불연속성을 해결하기 위하여 도입한 것으로 "**변위전류도 전도전류와 같은 자기작용이 있으나 에너지소비는 없다.**"고 하였다.

그림 11−1의 평행판 콘덴서의 면적을 S [m^2], 극간 간격을 d [m] 라 하고 전류 I를 흘리면 콘덴서에는 전하 Q가 축적된다. 이 때 극판의 표면전하 밀도를 σ [C/m^2]이라 하면 콘덴서 극판 사이의 전속밀도 D [C/m^2]는 식 (11−1)과 같다.

$$D = \sigma = \frac{Q}{S} \ [\mathrm{C/m^2}] \tag{11–1}$$

콘덴서에 축적되는 전하가 시간적으로 변화하면 콘덴서 극판 사이의 변위전류(I_d)와 변위 전류 밀도(J_d)는 각각 식 (11−2)와 식 (11−3)과 같이 나타내 진다.

$$I_d = \frac{dQ}{dt} = \frac{\partial}{\partial t}(\sigma S) = S\frac{\partial D}{\partial t} \ [\mathrm{A}] \tag{11–2}$$

$$J_d = \frac{I_d}{S} = \frac{\partial D}{\partial t}\ [\mathrm{A/m^2}] \tag{11-3}$$

식 (11-2)에서 $S\frac{\partial D}{\partial t}$ 되는 전류가 콘덴서의 전극 사이를 흐른다고 생각하면 이는 전극에 연결된 도선의 전도전류와 연속성이 성립된다. 식 (11-2)의 가상적인 전류를 변위전류라 하며 식 (11-3)의 J_d를 **변위전류밀도**라 한다. 이는 맥스웰이 전속밀도 D를 전기변위라 하였기 때문에 I_d는 전기변위의 시간적 변화에 의한 전류라고 하는 의미로 **변위전류**라고 부르는 것이다.

변위전류도 전도전류와 마찬가지로 주위에 자계를 발생시키고 비오-사바르 법칙이나 암페어 법칙을 따른다.

그림 11-1과 같이 콘덴서를 포함하는 회로에 대한 암페어의 주회적분 법칙은 식 (11-4)와 같이 전도 전류와 변위 전류의 합으로 나타내 진다.

$$\begin{aligned}\oint_c \vec{H} \cdot d\vec{l} &= I_c + I_d \\ &= \int_s \vec{J_c} \cdot \vec{ds} + \int_s \frac{\partial \vec{D}}{\partial t} \cdot \vec{ds}\end{aligned} \tag{11-4}$$

그림 11-1 변위 전류

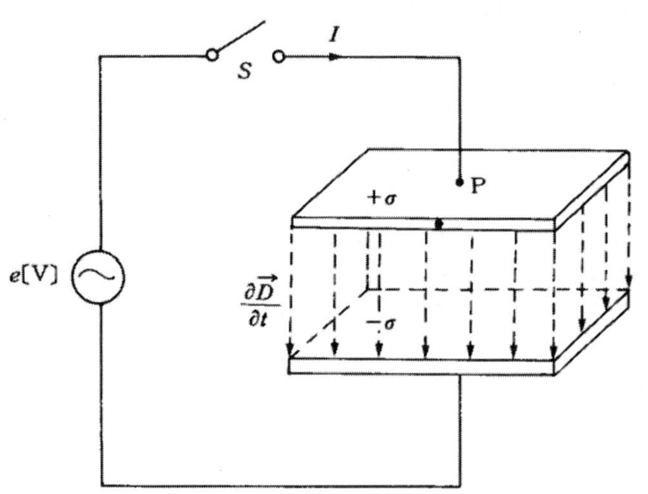

식 (11-4)에서 I_c 는 전도전류를 나타내고, $\vec{J_c}$ 는 전도전류 밀도를 나타낸다. 이 식에 스토크의 정리를 적용하면 식 (11-5)를 얻는다.

$$\nabla \times \vec{H} = \vec{J_c} + \frac{\partial \vec{D}}{\partial t} \qquad (11-5)$$

◎ 예제 11-1

평행판 콘덴서의 극간거리가 1 [cm]이고, 극판 면적이 10 [cm2]이며 극판 사이에 비유전율 $\epsilon_s = 2.3$ 인 유전체가 채워져 있다. 양 극판 사이에 최대값이 1000[V]이고, 주파수가 100 [kHz]인 정현파를 가할 때 콘덴서 내부에 흐르는 변위 전류 밀도 J_d [A/m²]를 구하시오.

풀이

$$Jd = \frac{\partial D}{\partial t}$$

$$D = \epsilon E = \epsilon \frac{V}{d}$$

$$V = V_m \sin\omega t \quad \begin{pmatrix} V_m = 1000 \\ \omega = 2\pi f = 2\pi \times 10^5 \end{pmatrix}$$

$$\therefore J_d = \frac{\partial}{\partial t}\left\{\frac{2.3\times 8.854\times 10^{-12}}{10^{-2}} 1000 \sin 2\pi \times 10^5 t\right\}$$

$$= \frac{2.3\times 8.854\times 2\pi\times 10^8\times 10^{-12}}{10^{-2}} \cos(6.28\times 10^5 t)$$

$$= 1.28\cos(6.28\times 10^5 t)$$

답 $1.278\ \cos(6.28\times 10^5 t)$ [A/m²]

12-2 맥스웰의 전자방정식

(1) 가우스의 법칙에 의하면 어느 폐곡면을 통과하는 전속의 총합은 이 폐곡면 내에 존재하는 총 전하량과 같다. 따라서 이를 수식으로 나타내면 식 (11-6)과 같다.

$$\phi = Q = \oint_s \vec{D} \cdot \hat{n}\, dS = \int_v \rho dv \qquad (11\text{-}6)$$

식 (11−6)에 발산 정리를 적용하면 식 (11−7)를 얻는다.

$$\int_v \nabla \cdot \vec{D}\, dv = \int_v \rho dv \qquad (11\text{-}7)$$

따라서 식 (11−8)을 얻는다.

$$\nabla \cdot D = \rho \qquad (11\text{-}8)$$

식 (11−8)이 전속에 대한 가우스의 법칙에서 유도된 **맥스웰의 전자 방정식** 이다.

(2) 자속에 대하여 가우스의 법칙을 적용하면 식 (11−9)와 같이 된다.

$$\oint_s \vec{B} \cdot \hat{n}\, dS = 0 \qquad (11\text{-}9)$$

식 (11−9)가 0이 되는 것은 유도자계에서는 전하에 해당하는 물질이 존재하지 않으며 자속의 원천이 없기 때문이다.

식 (11−9)에 발산 정리를 적용하면 식 (11−10)과 같이 된다.

$$\int_v \nabla \cdot \vec{B}\, dv = 0 \qquad (11\text{-}10)$$

따라서 식 (11−11)을 얻는다.

$$\nabla \cdot \vec{B} = 0 \qquad (11\text{-}11)$$

식 (11−11)이 자속에 대한 가우스의 법칙에서 유도된 **맥스웰의 전자 방정식** 이다.

(3) 패러데이의 전자 유도법칙에서 유도 기전력은 식 (11−12)과 같이 된다. (제9장 참조)

$$e = -\frac{d\phi}{dt}\,[\mathrm{V}] \tag{11–12}$$

전계의 세기 $E\,[\mathrm{V/m}]$와 기전력 $e\,[\mathrm{V}]$는 식 (11−13)의 관계가 있다.

$$e = \oint_c \vec{E} \cdot d\vec{l} \tag{11–13}$$

정전계에서 폐곡선에 대한 전계의 세기의 주회적분은 0 이 되지만 변화하는 전계의 전적분은 0이 아니다.

또한 자속 ϕ [Wb]는 식 (11−14)과 같이 구해진다.

$$\phi = \int_s \vec{B} \cdot \hat{n}\, dS \tag{11–14}$$

따라서 식 (11−14)을 식 (11−12)에 대입하고 식 (11−13)과 같게 놓으면 식 (11−15)를 얻는다.

$$\oint_c \vec{E} \cdot \vec{dl} = -\frac{d}{dt}\int_s \vec{B} \cdot \hat{n}\, dS = -\int_s \frac{\partial \vec{B}}{\partial t} \cdot \hat{n}\, dS \tag{11–15}$$

식 (11−15)의 좌변에 스토크스의 정리를 적용하면 식 (11−16)이 된다.

$$\int_s (\nabla \times \vec{E}) \cdot \hat{n}\, dS = -\int_s \frac{\partial \vec{B}}{\partial t} \cdot \hat{n}\, dS \tag{11–16}$$

따라서 식 (11−17)를 얻는다.

$$\nabla \times \vec{E} = -\frac{\partial \vec{B}}{\partial t} \tag{11–17}$$

식 (11−11)이 패러데이법칙에 의하여 유도된 맥스웰의 전자방정식 이다.

(4) 암페어(Ampere)**의 주회적분의 법칙**에 의하면 도선에 전류가 흐르면 그 주위에 자계가 발생한다. 도선에 흐르는 전류와 도선 주위의 자계와의 관계를 수식으로 나타내면 시 (11−18)와 같이 된다.

$$\oint_c \vec{H} \cdot \vec{dl} = I = \int_s \vec{J} \cdot \hat{n}\, dS \tag{11-18}$$

11-1절의 식 (11-15)와 같이 전류 밀도 J 는 도체에 흐르는 전도전류밀도 J_c 와 유전체 내의 변위전류밀도 J_d 의 합으로 주어진다. 따라서 식 (11-18)는 식 (11-19)과 같이 된다.

$$\oint_c \vec{H} \cdot \vec{dl} = \int_s \vec{J} \cdot \hat{n}\, dS = I = \int_s \vec{J}_c \cdot \hat{n}\, dS + \int_s \frac{\partial \vec{D}}{\partial t} \cdot \hat{n}\, dS \tag{11-19}$$

식 (11-19)의 좌변에 스토크스의 정리를 적용하면 식 (11-20)를 얻는다.

$$\int_s (\nabla \times \vec{H}) \cdot \hat{n}\, dS = \int_s (\vec{J}_c + \frac{\partial \vec{D}}{\partial t}) \cdot \hat{n}\, dS \tag{11-20}$$

따라서 식 (11-21)를 얻는다.

$$\nabla \times \vec{H} = \vec{J}_c + \frac{\partial \vec{D}}{\partial t} \tag{11-21}$$

식 (11-21)은 패러데이 전자유도 법칙으로부터 유도된 **맥스웰의 제2차 전자 방정식**이라 한다.

11-3 전자파의 파동 방정식

공간 내에 어느 점에서 전계 $\vec{E}$ 와 자계 $\vec{H}$ 는 시간과 위치의 함수로 나타낸다. 전파가 공간을 전파하는 경우이기 때문에 $\vec{J}_c = 0$, $\epsilon = \epsilon_0,\ \mu = \mu_0,\ \sigma = 0$이 되어 식 (11-21)은 식 (11-22)와 같이 된다.

$$\nabla \times \vec{H} = \frac{\partial \vec{D}}{\partial t} = \epsilon_0 \frac{\partial \vec{E}}{\partial t} \tag{11-22}$$

식 (11−22)에서 좌변 $\nabla\times\vec{H}$ 와 좌변 $\frac{\partial\vec{D}}{\partial t}$ 는 각각 식 (11−23)과 식 (11−24)와 같이 나타내 진다.

$$\nabla\times\vec{H}=\begin{vmatrix}\hat{i} & \hat{j} & \hat{k}\\ \frac{\partial}{\partial x} & \frac{\partial}{\partial y} & \frac{\partial}{\partial z}\\ H_x & H_y & H_z\end{vmatrix}$$

$$=\hat{i}\left(\frac{\partial H_z}{\partial y}-\frac{\partial H_y}{\partial z}\right)+\hat{j}\left(\frac{\partial H_x}{\partial z}-\frac{\partial H_z}{\partial x}\right)+\hat{k}\left(\frac{\partial H_y}{\partial x}-\frac{\partial H_x}{\partial y}\right) \tag{11–23}$$

$$\frac{\partial\vec{D}}{\partial t}=\epsilon_0\frac{\partial\vec{E}}{\partial t}=\epsilon_0\left(\frac{\partial E_x}{\partial t}\hat{i}+\frac{\partial E_y}{\partial t}\hat{j}+\frac{\partial E_z}{\partial t}\hat{k}\right) \tag{11–24}$$

식 (11−23)과 식 (11−24)에서 각 성분을 같게 놓으면 식 (11−25)가 얻어 진다.

$$\begin{aligned}\frac{\partial H_z}{\partial y}-\frac{\partial H_y}{\partial z}&=\epsilon_0\frac{\partial E_x}{\partial t}\\ \frac{\partial H_x}{\partial z}-\frac{\partial H_z}{\partial x}&=\epsilon_0\frac{\partial E_y}{\partial t}\\ \frac{\partial H_y}{\partial x}-\frac{\partial H_x}{\partial y}&=\epsilon_0\frac{\partial E_z}{\partial t}\end{aligned} \tag{11–25}$$

식 (11−25)는 공간 어느 점에 있어서 전계가 시간적으로 변화할 때 그 근처에 발생하는 자계의 크기의 관계를 나타낸 것으로 **Maxwell의 제1 전자 기초방정식**이라 한다.

식 (11−17)을 공간상에서 표시하면 식 (11−26)과 같다.

$$\nabla\times\vec{E}=-\frac{\partial\vec{B}}{\partial t}=-\mu_0\frac{\partial\vec{H}}{\partial t} \tag{11–26}$$

따라서 같은 방법으로 각 성분을 구하여 정리하면 식 (11−27)과 같이 된다.

$$\frac{\partial E_z}{\partial y}-\frac{\partial E_y}{\partial z}=-\mu_0\frac{\partial H_x}{\partial t} \qquad (11\text{-}27a)$$

$$\frac{\partial E_x}{\partial z}-\frac{\partial E_z}{\partial x}=-\mu_0\frac{\partial H_y}{\partial t} \qquad (11\text{-}27b)$$

$$\frac{\partial E_y}{\partial x}-\frac{\partial E_x}{\partial y}=-\mu_0\frac{\partial H_z}{\partial t} \qquad (11\text{-}27c)$$

식(11−27)은 공간 어느 점에 있어서 자계가 시간적으로 변화할 때 그 근처에 발생하는 전계의 크기의 관계를 나타내는 것으로 **맥스웰의 제2 전자 기초방정식**이라 한다.

위의 식들을 이용하여 공간을 전파하여 진행해가는 **평면파**에 대한 **파동방정식**을 유도하여 본다.

균일한 매질 내에서 전계 $\vec{E}$ 와 자계 $\vec{H}$ 가 z방향으로 진행하는 전자파인 경우 $\vec{E}$ 나 $\vec{H}$ 는 z와 t의 함수이고 x, y방향에는 일정한 평면전자파를 생각한다. 따라서 x, y방향의 미분은 모두 0이다.

$$\frac{\partial E_x}{\partial y}=\frac{\partial E_y}{\partial x}=\frac{\partial E_z}{\partial x}=\frac{\partial E_z}{\partial y}=0 \qquad (11\text{-}28)$$

$$\frac{\partial H_x}{\partial y}=\frac{\partial H_y}{\partial x}=\frac{\partial H_z}{\partial x}=\frac{\partial H_z}{\partial y}=0 \qquad (11\text{-}29)$$

공간을 전파하는 평면파의 경우 전계와 자계가 진행방향에 수직한 평면 내에만 존재 하므로 z 방향 성분은 없게 된다. 즉 식 (11−25)와 식 (11−27)에서 $H_z=0$, $E_z=0$이 되기 때문에 식 (11−25)와 식 (11−27)은 식 의 마지막 항은 0이 되기 때문에 식 (11−25)와 식 (11−27)에서 나머지 항은 각각 식 (11−30)과 식 (11−31)이 된다.

$$-\mu_0\frac{\partial H_x}{\partial t}=-\frac{\partial E_y}{\partial z},\quad -\mu_0\frac{\partial H_y}{\partial t}=\frac{\partial E_x}{\partial z} \qquad (11\text{-}30)$$

$$\epsilon_0\frac{\partial E_x}{\partial t}=-\frac{\partial H_y}{\partial z},\quad \epsilon_0\frac{\partial E_y}{\partial t}=\frac{\partial H_x}{\partial z} \qquad (11\text{-}31)$$

식 (11−31)를 t로 미분하고 여기에 식 (11−30)을 대입하면 식 (11−32)과 식 (11−33)을 얻는다.

$$\epsilon_0 \frac{\partial^2 E_x}{\partial t^2} = -\frac{\partial^2 H_y}{\partial t \partial z} = -\frac{\partial}{\partial z}\left(\frac{\partial H_y}{\partial t}\right) = \frac{1}{\mu_0}\frac{\partial^2 E_x}{\partial z^2} \tag{11-32}$$

$$\epsilon_0 \frac{\partial^2 E_y}{\partial t^2} = \frac{\partial^2 H_y}{\partial t \partial z} = \frac{\partial}{\partial z}\left(\frac{\partial H_x}{\partial t}\right) = \frac{1}{\mu_0}\frac{\partial^2 E_y}{\partial z^2} \tag{11-33}$$

따라서 식 (11−32)와 식 (11−33)을 정리하면 식 (11−34)와 식 (11−35)를 각각 얻는다.

$$\frac{\partial^2 E_x}{\partial t^2} = \frac{1}{\epsilon_0 \mu_0}\frac{\partial^2 E_x}{\partial z^2} \tag{11-34}$$

$$\frac{\partial^2 E_y}{\partial t^2} = \frac{1}{\epsilon_0 \mu_0}\frac{\partial^2 E_y}{\partial z^2} \tag{11-35}$$

식 (11−34)와 식 (11−35)와 같은 미분방정식을 **파동방정식**이라 하며, 이 파동방정식을 **달랑베르방정식**(D'alembert equation)이라 한다.

식 (11−34)와 식 (11−35)의 일반해는 식 (11−36)과 식 (11−37)로 구해진다.

$$\begin{aligned} E_x(z,t) &= E_1 e^{-j\beta z} e^{j\omega t} + E_2 e^{+j\beta z} e^{j\omega t} \\ &= E_1 e^{j(\omega t - \beta z)} + E_2 e^{j(\omega t + \beta z)} \end{aligned} \tag{11-36}$$

$$\begin{aligned} E_y(z,t) &= E_3 e^{-j\beta z} e^{j\omega t} + E_4 e^{+j\beta z} e^{j\omega t} \\ &= E_3 e^{j(\omega t - \beta z)} + E_4 e^{j(\omega t + \beta z)} \end{aligned} \tag{11-37}$$

자계에 대한 해는 식 (11−38)과 식 (11−39)와 같이 구해진다.

$$H_x(z,t) = -\sqrt{\frac{\epsilon_0}{\mu_0}}\,E_3 e^{-j\beta z} e^{j\omega t} + \sqrt{\frac{\epsilon_0}{\mu_0}}\,E_4 e^{+j\beta z} e^{j\omega t} \tag{11-38}$$

$$= -\sqrt{\frac{\epsilon_0}{\mu_0}}\,E_3 e^{j(\omega t - \beta z)} + \sqrt{\frac{\epsilon_0}{\mu_0}}\,E_4 e^{j(\omega t + \beta z)}$$

$$H_y(z,t) = \sqrt{\frac{\epsilon_0}{\mu_0}}\,E_1 e^{-j\beta z} e^{j\omega t} - \sqrt{\frac{\epsilon_0}{\mu_0}}\,E_2 e^{+j\beta z} e^{j\omega t} \tag{11-39}$$

$$= \sqrt{\frac{\epsilon_0}{\mu_0}}\,E_1 e^{j(\omega t - \beta z)} - \sqrt{\frac{\epsilon_0}{\mu_0}}\,E_2 e^{j(\omega t + \beta z)}$$

식 (11−36) ~ 식 (11−39)에서 $(\omega t - \beta z)$ 인 전파는 $+z$ 방향으로 진행하는 파이며, $(\omega t + \beta z)$인 전파는 $-z$ 방향으로 진행하는 파이다. 따라서 전자파 성분은 진행파와 후진파의 합으로 주어진다.

식 (11−36)에서 진행파 성분만 식 (11−34)에 대입하여 정리하면 식 (11−40)을 얻는다.

$$(-\beta^2 + \omega^2 \epsilon_0 \mu_0) E_1 A e^{j(\omega t - \beta z)} = 0 \tag{11-40}$$

식 (11−40)에서 $E_1 e^{j(\omega t - \beta z)}$는 0이 아니므로 β 는 식 (11−41)과 같이 구해 진다.

$$\beta = \pm\,\omega\sqrt{\epsilon_0 \mu_0} \tag{11-41}$$

식 (11−36) ~ 식 (11−39)에서 t와 z는 동시에 변하므로 위상은 항상 일정하다.

$$\omega t \pm \beta z \;=\; \text{일정} \tag{11-42}$$

이며, 양변을 미분하면 식 (11−43)을 얻는다.

$$\omega dt \pm \beta dz = 0 \tag{11-43}$$

따라서, 위상속도 v_p 는 식 (11−44)와 같이 구해진다.

$$v_p = \frac{dz}{dt} = \pm\,\frac{\omega}{\beta} \tag{11-44}$$

식 (11−44)에서 $v_p > 0$이면 $+z$ 방향으로 진행하는 파이고, $v_p < 0$이면 $-z$ 방향으로 진행하는 파이다. 따라서 위상속도 v_p는 식 (11−45)와 같다.

$$v_p = \frac{1}{\sqrt{\epsilon_0 \mu_0}} = 3 \times 10^8 \ [\mathrm{m/s}] \tag{11–45}$$

식 (11−45)을 진공 중에의 전자파의 **전파속도**라 한다. 따라서 전자파는 진공 중에서 광속과 같은 속도로 진행하며, 맥스웰은 이러한 결과로 빛은 전자파의 일종이라고 하였으며, 이러한 가설은 후에 입증되었다.

일반 매질 속에서 전자파의 전파속도는 식 (11−46)과 같다.

$$v_p = \frac{1}{\sqrt{\epsilon\mu}} = \frac{1}{\sqrt{\epsilon_0 \mu_0}} \cdot \frac{1}{\sqrt{\epsilon_s \mu_s}}$$

$$= \frac{3 \times 10^8}{\sqrt{\epsilon_s \mu_s}} [m/s] \tag{11–46}$$

따라서 매질의 종류에 따라 속도가 달라지며, 매질내에서는 자유공간에서의 전파의 전파속도보다 느리게 됨을 알 수 있다.

식 (11−36)~식 (11−39)에서와 같이 전파가 z 방향으로 진행할 때 전계와 자계는 파동의 진행방향에 대해서 직각방향으로 진동하고 있기 때문에 횡파라 하고 일반적으로 **TEM파**라 한다. 또한 **그림** 11−2와 같이 전계와 자계는 어떤 상수평면, 즉 z 가 일정한 평면내의 모든 점에서 동일하기 때문에 **평면파**라 한다.

식 (11−36)~식 (11−39)에서 어떤 순간의 전계 및 자계의 크기의 비를 **고유 임피던스** 또는 **파동 임피던스**라 하며 식 (11−47)과 같이 된다.

$$Z_0 = \frac{E}{H} = \frac{\sqrt{E_x{}^2 + E_y{}^2}}{\sqrt{H_x{}^2 + H_y{}^2}}$$

$$= \sqrt{\frac{\mu_0}{\epsilon_0}} = 120\pi \fallingdotseq 377 \ [\Omega] \tag{11–47}$$

일반 매질인 경우에는 식 (11−48)과 같이 된다.

$$Z = \frac{E}{H} = \sqrt{\frac{\mu}{\epsilon}} = \sqrt{\frac{\mu_0}{\epsilon_0}}\sqrt{\frac{\mu_s}{\epsilon_s}}$$

$$= 120\pi\sqrt{\frac{\mu_s}{\epsilon_s}} \tag{11-48}$$

그림 11−2 평면 전자파

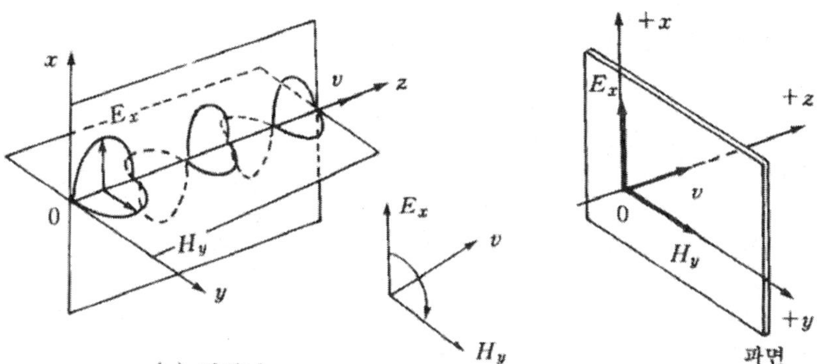

(a) 평면파 (b) 진행파

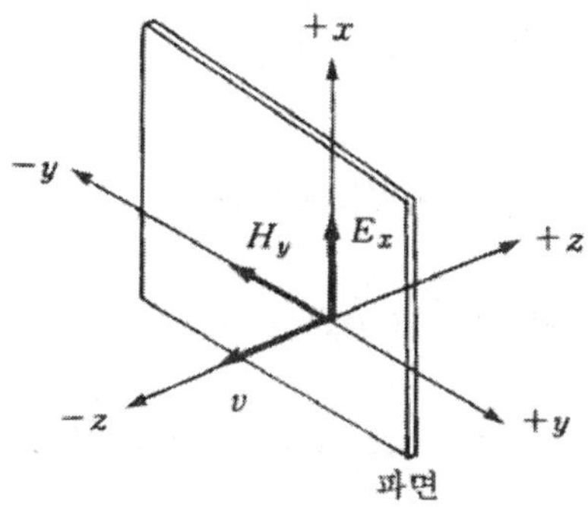

(c) 후진파

11-4 일반 매질에서의 전자파

지금까지는 자유 공간에서의 전자파에 대하여 다루었다. 유전율 ϵ, 투자율 μ, 도전율 σ 인 유전체 내에서의 파동 방정식도 자유 공간에서의 파동 방정식과 같은 방법으로 구해 지지만 위상정수 β 대신에 σ 에 의한 감쇠를 고려해야 한다.

유전체 내에서는 전도전류밀도 $\vec{J_c} = \sigma \vec{E}$ 이므로 이를 고려하여 파동방정식을 구해 보면 식 (11−49)와 같이 된다.

$$\nabla \times \vec{H} = J_c + \epsilon \frac{\partial \vec{E}}{\partial t} = \sigma \vec{E} + \epsilon \frac{\partial \vec{E}}{\partial t} \tag{11-49}$$

$$\nabla \times \vec{E} = -\mu \frac{\partial \vec{H}}{\partial t} \tag{11-50}$$

식 (11−49)에 회전(curl)을 취하면 식 (11−51)를 얻는다.

$$\nabla \times \nabla \times \vec{H} = \sigma \nabla \times \vec{E} + \epsilon \frac{\partial}{\partial t}(\Delta \times \vec{E}) = -\sigma\mu \frac{\partial \vec{H}}{\partial t} - \mu\epsilon \frac{\partial^2 \vec{H}}{\partial t^2}$$

$$= -\left(\sigma\mu \frac{\partial \vec{H}}{\partial t} + \mu\epsilon \frac{\partial^2 \vec{H}}{\partial t^2}\right) \tag{11-51}$$

식 (11−51)의 좌변은 벡터등식에 의하여 식 (11−52)와 같이 된다.

$$\nabla \times \nabla \times \vec{H} = \nabla(\nabla \cdot \vec{H}) - \nabla^2 \vec{H} \tag{11-52}$$

식 (11−52)에서 $\nabla \cdot H = 0$이므로 식 (11−52)는 식 (11−53)과 같이 된다.

$$\nabla^2 \vec{H} = \sigma\mu \frac{\partial \vec{H}}{\partial t} + \mu\epsilon \frac{\partial^2 \vec{H}}{\partial t^2} \tag{11-53}$$

식 (11−53)을 구하는 방법과 같이 전계에 대하여 구하면 식 (11−54)를 얻는다.

$$\nabla^2 \vec{E} = \sigma\mu \frac{\partial \vec{E}}{\partial t} + \mu\epsilon \frac{\partial^2 \vec{E}}{\partial t^2} \tag{11–54}$$

식 (11−53)과 식 (11−54)에서 +z 방향으로 진행하는 평면파를 생각하고, 전계는 x 방향 성분만을 가진다면 자계는 y성분만 가진다. 따라서 식 (11−53)과 식 (11−54)는 식 (11−55)와 식 (11−56)이 된다.

$$\frac{\partial^2 E_x}{\partial z^2} = \sigma\mu \frac{\partial E_x}{\partial t} + \mu\epsilon \frac{\partial^2 E_x}{\partial t^2} \tag{11–55}$$

$$\frac{\partial^2 H_y}{\partial z^2} = \sigma\mu \frac{\partial H_y}{\partial t} + \mu\epsilon \frac{\partial^2 H_y}{\partial t^2} \tag{11–56}$$

식 (11−55)와 식 (11−56)의 일반해를 구하는 것은 매우 어려운 문제이기 때문에 간단히 하기 위하여 전계 및 자계가 일정한 주파수 f로 주기적 변화를 하는 경우에 대하여 생각하여 보자. 전계 $\vec{E}$가 식 (11−57)과 같이 시간에 따라 변화한다고 가정한다.

$$\vec{E} = \vec{E}_0 e^{jwt} \tag{11–57}$$

그러면

$$\frac{\partial \vec{E}}{\partial t} = j\omega \vec{E}_0 e^{j\omega t} = j\omega \vec{E} \tag{11–58}$$

$$\frac{\partial^2 \vec{E}}{\partial t^2} = j^2 \omega^2 \vec{E}_0 e^{j\omega t} = -\omega^2 \vec{E} \tag{11–59}$$

를 얻는다.

식 (11−58)과 식 (11−59)를 식 (11−55)와 식 (11−56)에 대입하면 식 (11−60)과 식 (11−61)을 얻는다.

$$\frac{\partial^2 E_x}{\partial z^2} = \omega^2 \epsilon\mu \left(j \frac{\sigma}{\omega\epsilon} - 1 \right) E_x \tag{11–60}$$

$$\frac{\partial^2 H_y}{\partial z^2} = \omega^2 \epsilon\mu\left(j\frac{\sigma}{\omega\epsilon} - 1\right)H_y \tag{11-61}$$

식 (11−60)과 식 (11−61)에서 전계 $\overrightarrow{E}$ 와 자계 $\overrightarrow{H}$ 의 x, y, z 성분 모두를 고려한 일반식은 식 (11−62)와 식 (11−63)과 같다.

$$\nabla^2 \overrightarrow{E} + \omega^2 \epsilon\mu\left(1 + \frac{\sigma}{j\omega\epsilon}\right)\overrightarrow{E} = 0 \tag{11-62}$$

$$\nabla^2 \overrightarrow{H} + \omega^2 \epsilon\mu\left(1 + \frac{\sigma}{j\omega\epsilon}\right)\overrightarrow{H} = 0 \tag{11-63}$$

식 (11−62)와 식 (11−63)을 **헬름홀츠**(Helmholtz)**의 방정식**이라 한다. 이 두식에서

$$\epsilon_e = \epsilon\left(1 + \frac{\sigma}{j\omega\epsilon}\right) \tag{11-64}$$

를 **실효 유전율**이라 한다.

실효 유전율을 이용하면 Helmholtz의 방정식은 식 (11−65)과 식 (11−66) 과 같이 나타내 진다.

$$\nabla^2 \overrightarrow{E} + k^2 \overrightarrow{E} = 0 \tag{11-65}$$

$$\nabla^2 \overrightarrow{H} + k^2 \overrightarrow{H} = 0 \tag{11-66}$$

위의 두식에서 $k^2 = \omega^2 \epsilon_e \mu$ 이다.

식 (11−62) 와 식 (11−63) 에서와 같이 도체의 영향은 $\frac{\sigma}{\mu\epsilon}$ 에 의하여 결정된다. 이의 영향을 살펴 보기 위하여 식 (11−49) 를 식 (11−67)과 같이 정리하여 보자.

$$\nabla \times \overrightarrow{H} = \sigma\overrightarrow{E} + \epsilon\frac{\partial \overrightarrow{E}}{\partial t} = (\sigma + j\omega\epsilon)\overrightarrow{E} = j\omega\epsilon\left(\frac{\sigma}{j\omega\epsilon} + 1\right)\overrightarrow{E} \tag{11-67}$$

식 (11−67)에서 $\frac{\sigma}{\omega\epsilon} \ll 1$이면 전도전류의 성분이 없어지므로 완전부도체에 가깝고,

$\frac{\sigma}{\omega\epsilon} \gg 1$ 이면 식 (11−67)에서 1은 무시할 수 있으므로 변위전류의 영향이 무시 된다. 이 경우에는 식 (11−62)는 식 (11−68)이 된다.

$$\nabla^2 \vec{E} = j\omega\sigma\mu\vec{E} \tag{11-68}$$

식 (11−68)로 되는 경우는 주파수가 매우 높거나 매질이 완전도체에 가까워서 도전율이 매우 큰 경우이다. 이러한 경우에는 전류가 도체 표면에만 흐르게 된다.

◎ 예제 11−2

비유전율이 5 인 유전체 내에서의 전파의 전파 속도를 구하시오. 단, 이 유전체의 비투자율은 1 이다.

풀이

$$v = \frac{1}{\sqrt{\mu\epsilon}} = \frac{1}{\sqrt{\mu_s\mu_0\epsilon_s\epsilon_0}} = \frac{1}{\sqrt{\mu_0\epsilon_0}\sqrt{\mu_s\epsilon_s}}$$

$$= \frac{C}{\sqrt{\mu_s\epsilon_s}} = \frac{3\times10^8}{\sqrt{5}} = 1.34\times10^8[\mathrm{m/s}]$$

답 1.34×10^8 [m/s]

11-5 도전성을 가진 매질 내의 평면파

(1) 전파정수

식 (11−62)에서 z 방향으로 진행하는 평면파의 E_x성분만 생각하면계만 생각하면 식 (11−69)와 같은 파동방정식을 얻는다.

$$\frac{\partial^2 E_x}{\partial z^2} = -\omega^2\epsilon_e\mu E_x = \gamma^2 E_x \tag{11-69}$$

식 (11−69)에서 ɣ 를 전파정수라 하며 식 (11−70)과 같이 표시된다.

$$\gamma = \sqrt{-\omega^2 \epsilon_e \mu} \tag{11-70}$$

따라서 식 (11−69)의 해는 식 (11−71)과 같이 구해진다.

$$E_x = E_1 e^{j\omega t - \gamma z} + E_2 e^{j\omega t + \gamma z} \tag{11-71}$$

식 (11−71)에서 제1항은 $+z$ 방향으로 진행하는 진행파이고 제2항은 $-z$ 방향으로 진행하는 후진파이다.

전파 정수 ɣ 는 식 (11−72)와 같이 감쇠정수 α와 위상정수 β의 합으로 표시한다.

$$\gamma = \alpha + j\beta \tag{11-72}$$

식 (11−71)에서 진행파만을 전파정수 γ 를 이용하여 나타내면 식 (11−73)과 같다.

$$E_x = E_1 e^{j\omega t} e^{-\gamma z} = E_1 e^{j\omega t} e^{-(\alpha + j\beta)z}$$

$$= (E_1 e^{j\omega t}) e^{-\alpha z}\, e^{-j\beta z} \tag{11-73}$$

식 (11−73)를 살펴보면, z 방향으로 전자파가 진행하는 경우 $e^{-\alpha z}$에 의해서 전계의 진폭을 감소하기 때문에 α를 감쇠정수라 한다. α의 단위는 [Np/m]이다. β는 z에 따라 위상변위의 정도를 나타내므로 위상정수라 한다. β의 단위는 [rad/m]이다.

(2) 도전성이 무시될 수 있는 유전체 내의 평면파

도전성이 무시될 수 있는 경우는 식 (11−64) 에서 $\frac{\sigma}{\omega\epsilon} \ll 1$ 인 경우로 식 (11−70)은 식 (11−74)와 같이 된다.

$$\gamma = \alpha + j\beta = \sqrt{-\omega^2 \epsilon \mu} = j\omega\sqrt{\epsilon\mu} \tag{11-74}$$

식 (11-74) 에서 감쇠정수, 위상정수 및 전파정수는 각각 다음과 같다.

$$\alpha = 0$$

$$\beta = \omega\sqrt{\mu\epsilon} \tag{11-75}$$

$$\gamma = j\beta$$

따라서 이 경우는 $\alpha = 0$이므로 전파가 진행해 가면서 감쇠는 없고 β에 따르는 위상 변위만 있게 된다. 즉, 전파가 손실이 없는 완전 유전체 내를 진행하는 경우이다.

식 (11-75)에서 위상정수 β는 식 (11-76)으로 된다.

$$\beta = \frac{\omega}{v} = \frac{2\pi f}{v} = \frac{2\pi}{\lambda} \tag{11-76}$$

◎ 예제 11-3

10 [GHz]의 전파가 비유전율 2.56인 유전체 내를 통과할 때 다음을 구하시오. 단, 유전체의 비투자율은 1 이다.

(a) 위상정수 (b) 파장 (c) 전파속도 (d) 고유임피던스 (e) 자계의 세기

풀이 (a) $\beta = \dfrac{2\pi}{\lambda_g} \quad \left(\lambda_g = \dfrac{\lambda}{\sqrt{2.56}} = \dfrac{3}{1.6} = 1.875[\text{cm}]\right)$

$= \dfrac{6.28}{1.875 \times 10^{-2}} = 335[\text{rad/m}]$

(b) $\lambda_g = 1.875[\text{cm}]$

(c) $v = \dfrac{1}{\sqrt{\mu\epsilon}} = \dfrac{C}{\sqrt{\mu_s\epsilon_s}} = \dfrac{3\times10^8}{\sqrt{2.56}} = \dfrac{3\times10^8}{1.6}$

$= 1.875[\text{m/s}]$

(d) $Z = \sqrt{\dfrac{\mu}{\epsilon}} = \sqrt{\dfrac{\mu_0\mu_s}{\epsilon_0\epsilon_s}} = Z_0\sqrt{\dfrac{\mu_s}{\epsilon_s}} = 377\dfrac{1}{\sqrt{2.56}}$

$\fallingdotseq 236[\Omega]$

(e) $H = \dfrac{E}{Z} = \dfrac{20}{236} = 85\times10^{-3}[\text{A/m}]$

답 (a) 335` [rad/m]　(b) 1.875 [m]　(c) 1.875 [m/s]
(d) 236 [Ω]　(e) 85×10^{-3} [A/m]

(3) 손실이 있는 매질 내의 평면파

도전성을 무시할 수 없는 매질인 경우 식 (11-64)를 이용하여 식 (11-70)의 전파 정수를 정리하여 다시 쓰면 식 (11-77)을 얻는다.

$$\gamma = \pm\sqrt{j\omega\mu(\sigma + j\omega\epsilon)} = j\omega\sqrt{\mu\epsilon}\sqrt{1 + \frac{\sigma}{j\omega\epsilon}} \tag{11-77}$$

식 (11-77)에서 $\dfrac{\sigma}{\omega\epsilon}$를 **탄젠트 손실**이라 한다.

$$\tan\delta = \frac{\sigma}{\omega\epsilon} \tag{11-78}$$

여기서 $\left|\dfrac{\sigma}{j\omega\epsilon}\right| < 1$ 인 경우 이항정리를 이용하여 γ 를 전개하면 식 (11-79)을 얻는다.

$$\gamma = j\omega\sqrt{\mu\epsilon}\left\{1 - j\frac{\sigma}{2\omega\epsilon} + \frac{1}{8}\left(\frac{\sigma}{\omega\epsilon}\right)^2 + \cdots\right\} = \alpha + j\beta \tag{11-79}$$

식 (11-79)로 부터 감쇠정수 α와 위상정수 β는 식 (11-80)와 식 (11-81)과 같이 각각 구해진다.

$$\alpha = \frac{\sigma}{2}\sqrt{\frac{\mu}{\epsilon}}\ \text{[NP/m]} \tag{11-80}$$

$$\beta = \omega\sqrt{\mu\epsilon}\left\{1 + \frac{1}{8}\left(\frac{\sigma}{\omega\epsilon}^2\right)\right\} \fallingdotseq \omega\sqrt{\mu\epsilon}\ \text{[rad/m]} \tag{11-81}$$

이 경우 매질의 고유 임피던스는 식 (11-48)로부터 식 (11-82)과 같이 구해진다.

$$Z = \sqrt{\frac{\mu}{\epsilon_e}} = \sqrt{\frac{j\omega\mu}{\sigma + j\omega\epsilon}} = \sqrt{\frac{\mu}{\epsilon}}\sqrt{\frac{1}{1 - j(\sigma/\omega\epsilon)}} \; [\Omega] \qquad (11\text{–}82)$$

따라서 전계와 자계는 동위상이 되지 않는다. 식 (11－82)을 이항정리를 이용하여 나타내면 근사적으로 식 (11－83)으로 된다.

$$Z = \sqrt{\frac{\mu}{\epsilon}}\left\{1 + j\frac{\sigma}{2\omega\epsilon} - \frac{3}{8}\left(\frac{\sigma}{\omega\epsilon}\right)^2 + \cdots\cdots\right\} \qquad (11\text{–}83)$$

◎ 예제 11-4

비유전율 2.25, 도전율 10^{-4} [℧/m] 인 유전체내를 주파수 2.5 [MHz]인 전자파가 통과할 때 다음을 구하시오. 단, 유전체의 비투자율은 1 이다.

(a) 탄젠트 손실 (b) 감쇠 정수 (c) 위상정수 (d) 파동 임피던스

풀이 (a) $\tan\delta = \frac{\sigma}{\omega\epsilon} = \frac{\sigma}{2\pi f \epsilon_0 \epsilon_s}$

$$= \frac{10^{-4}}{2\pi \times 2.5 \times 10^6 \times 8.854 \times 10^{-12} \times 2.25}$$

$$= 0.32$$

(b) $\alpha = \frac{\sigma}{2}\sqrt{\frac{\mu}{\epsilon}} = \frac{10^{-4}}{2}\sqrt{\frac{\mu_0}{\epsilon_0}}\sqrt{\frac{\mu_s}{\epsilon_s}} = \frac{10^{-4}}{2} \cdot 377\frac{1}{\sqrt{2.25}}$

$\fallingdotseq 0.013$ [Np/m]

(c) $\beta = \omega\sqrt{\mu\epsilon} = 2\pi f\sqrt{\mu_0\epsilon_0}\sqrt{\mu_s\epsilon_s} = \frac{2 \times 3.14 \times 2.5 \times 10^6 \times \sqrt{2.25}}{3 \times 10^8}$

$\fallingdotseq 0.079$ [rad/m]

(d) $Z = \sqrt{\frac{\mu}{\epsilon}}(1 + j\frac{\sigma}{2\omega\epsilon}) = \frac{377}{\sqrt{2.25}}(1 + j\frac{0.32}{2})$

$= 251.33 + j40.21 = 254.53\angle 9.09^\circ$ [Ω]

답 (a) 0.32 (b) 0.013 [Np/m] (c) 0.079 [rad/m] (d) 254.53 ∠9.09°

(4) 완전도체 내의 평면파

완전도체인 경우는 식 (11−64)에서 $\sigma \gg \omega\varepsilon$이므로 식 (11−70)은 식 (11−84)과 같이 된다.

$$\gamma = \sqrt{j\omega\mu k} \tag{11-84}$$

식 (11−84)에서 $\sqrt{j} = e^{j\frac{\pi}{4}}$ 이므로 식 (11−84)를 변형시키면 식 (11−85)와 같다.

$$\gamma = \sqrt{\omega\mu\sigma}\left(\cos\frac{\pi}{4} + j\sin\frac{\pi}{4}\right) = \sqrt{\frac{\omega\mu\sigma}{2}} + j\sqrt{\frac{\omega\mu\sigma}{2}} \tag{11-85}$$

따라서,

$$\alpha = \beta = \sqrt{\frac{\omega\mu\sigma}{2}}\ \sqrt{\pi f \mu_\sigma}\ \ [\text{Np/m}] \tag{11-86}$$

가 된다.

식 (11−86)를 살펴보면, 도체에서 전파가 z 의 거리를 진행할 때마다 감쇠정수 α 에 의해서 $e^{-\alpha z}$의 감쇠를 받는다. $\alpha z = 1$이 되는 z를 표피깊이 δ로 표시하여 나타내면 식 (11−87)이 된다.

$$\delta = \frac{1}{\alpha} = \sqrt{\frac{1}{\pi f \mu\sigma}}\ \ [\text{m}] \tag{11-87}$$

식 (11−87)의 의미는 도체의 표면에서 δ [m] 만큼 전파가 침투하게 되면 도체내의 전계는 도체 표면의 전계보다 $e^{-1}(=0.368)$배 만큼 작아진다는 것을 나타낸다.

◎ 예제 11-5

도전율 4 [S/m], 비투자율 100인 매질에 전계의 세기가 $2\cos 10^7 \pi t$ 인 전자파가 진행해 갈 때 다음을 구하시오.

(a) 감쇠정수 (b) 위상정수 (c) 위상속도 (d) 파장 (e) 표피깊이

풀이 (a) $\alpha = \sqrt{\pi f \mu \sigma} = \sqrt{\pi \times 5 \times 10^6 \times 4\pi \times 10^{-7} \times 100 \times 4}$
$= 88.8[\text{Np/m}]$

(b) $\alpha = \beta = \sqrt{\pi f \mu \sigma} = 88.8[\text{rad/m}]$

(c) $v_p = \dfrac{1}{\sqrt{\mu \epsilon}} = \dfrac{3 \times 10^8}{\sqrt{\mu_s \epsilon_s}} = \dfrac{3 \times 10^8}{\sqrt{100}}$
$= 3 \times 10^7[\text{m/s}]$

(d) $\lambda_g = \dfrac{v_p}{f} = \dfrac{3 \times 10^7}{5 \times 10^6} = 6[\text{m}]$

(e) $\delta = \sqrt{\dfrac{1}{\pi f \mu \sigma}} = 1.13[\text{cm}]$

답 (a) 88.8 [Np/m] (b) 88.8 [rad/m] (c) 3×10^7[m/s]
(d) 6 [cm] (e) 1.12 [cm]

11-6 포인팅 정리

균일 매질 내에서 정전계와 정자계에서 매질 내에 단위 체적당 축적되는 에너지는 식 (11-88)과 식 (11-89)과 같이 각각 주어진다.

$$W_e = \frac{1}{2}\vec{E} \cdot \vec{D} = \frac{1}{2}\epsilon E^2 \ [\text{J/m}^3] \tag{11-88}$$

$$W_m = \frac{1}{2}\vec{B} \cdot \vec{H} = \frac{1}{2}\mu H^2 \ [\text{J/m}^3] \tag{11-89}$$

맥스웰 방정식에 의하면 시간에 따라 변화하는 전계가 존재할 때에는 자계가 만들

어지고, 또 이 자계가 시간에 따라 변화하기 때문에 전계가 생성된다. 따라서 매질 내에는 전계(또는 자계)에너지와 함께 변화에 의해서 유기된 자계(또는 전계) 에너지도 존재한다. 이 경우의 단위 체적당 축적되는 전자기 에너지는 식 (11−90)와 같이 된다.

$$W = W_e + W_m = \frac{1}{2}\epsilon E^2 + \frac{1}{2}\mu H^2$$

$$= \frac{1}{2}(\epsilon E^2 + \mu H^2)\ [\mathrm{J/m^3}] \tag{11–90}$$

식 (11−48)에 의하여 평면파의 전계 E와 자계 H의 관계는 식 (11−91)으로 주어진다.

$$H = \sqrt{\frac{\epsilon}{\mu}}E = \sqrt{\frac{\epsilon_0\epsilon_s}{\mu_0\mu_s}}E = 120\pi\sqrt{\frac{\epsilon_s}{\mu_s}}E\ \ [\mathrm{A/m}] \tag{11–91}$$

식 (11−91)을 식 (11−90)에 대입하여 정리하면 식 (11−92)을 얻는다.

$$W = \frac{1}{2}\left(\epsilon\sqrt{\frac{\mu}{\epsilon}}EH + \mu\sqrt{\frac{\epsilon}{\mu}}EH\right) = \sqrt{\epsilon\mu}\,EH\ \ [\mathrm{J/m^3}] \tag{11–92}$$

식 (11−92)은 매질내를 평면파가 진행할 때 평면전자파가 갖는 단위 체적당 전자기 에너지밀도를 나타낸다. 평면파는 전계와 자계의 진동방향에 대하여 수직인 방향으로 속도$v = \frac{1}{\sqrt{\epsilon\mu}}$ [m/s]로 전파하기 때문에 파면의 진행방향에 수직인 단위면적을 단위시간에 통과하는 에너지의 흐름은 식 (11−93)과 같이 된다.

$$p = Ev = \sqrt{\epsilon\mu}\,EH\ [\mathrm{J/m^3}] \times \frac{1}{\sqrt{\varepsilon\mu}}\ [\mathrm{m/s}] = EH\ \ [\mathrm{W/m^2}] \tag{11–93}$$

평면전자파에서 E와 H는 수직이므로 식 (11−93)을 벡터로 표시하면 식 (11−94)과 같이 된다.

$$\vec{p} = \vec{E} \times \vec{H}\ \ [\mathrm{W/m^2}] \tag{11–94}$$

식 (11−94)에서 $\vec{p}$의 방향은 전자파의 진행방향과 일치함을 알 수 있고,

$\vec{E}$, $\vec{H}$ 와 $\vec{p}$ 는 오른손법칙을 따름을 알 수 있다.

식 (11−94)로부터 면 S를 통하여 매초 지나가는 전체 에너지를 구하면 식 (11−95)와 같게된다.

$$P = \int_s \vec{p} \cdot \hat{n} ds \ [\mathrm{W}] = \int_s (\vec{E} \times \vec{H}) \cdot \hat{n} ds \ [\mathrm{W}] \tag{11–95}$$

식 (11−95)의 관계를 포인팅의 정리(Poynting's theorem)라 하고, 벡터 $\vec{p}$ 를 포인팅 벡터 또는 복사벡터라 한다.

◎ 예제 11-6

등방성 안테나에서 복사되는 전력이 100 [kW]이다. 이 안테나로부터 10[km] 떨어진 지점의 전계의 세기 [V/m] 를 구하시오.

풀이 $P = H \cdot E = \frac{E^2}{120\pi} = \frac{P_t}{4\pi r^2}$

$\therefore E^2 = 120\pi \cdot \frac{100 \times 10^3}{4\pi(10 \times 10^3)^2}$

$= \frac{120}{4 \times 10^3} = 0.03$

$\therefore E = 0.173[\mathrm{V/m}]$

답 0.173 [V/m]

11-7 전파의 복사

안테나에서 복사되는 전파에 대하여 살펴보기 위하여 **그림** 11−3과 같이 자유공간에 놓여 있는 미소길이 dz에 시간에 따라 변하는 전류 $Ie^{j\omega t}$가 흐른다고 하고 여기로부터의 전자계를 구하여 보자. 미소 도선에 시간에 따라 변하는 전류가 균일하게 흐르면 미소 도선의 양단에 정, 부의 전하가 축적되어 전자파가 복사되는데 이를 **다이폴 안테나**라 한다. 미소 전류소 Idz에서 r $(r \gg dz,\ R \simeq r)$ 떨어진 지점인 점

$P(r,\ \theta,\ \phi)$에서의 벡터 포텐셜 $\vec{A}$는 식 (11−96)으로 주어진다.

$$\vec{A} = \int_v \frac{\mu_0 \vec{J}}{4\pi r} dv = \int_l \frac{\mu_0 I dz}{4\pi r}\ \hat{a_z} \tag{11–96}$$

식 (11−96)에서 전류성분은 미소 전류소 Idz만 있고 A와 dl은 같은 방향이므로 점 P 에는A_z성분만 가지게 된다. 따라서 벡터 포텐셜은 식 (11−97)과 같이 구해진다.

$$A_z = \frac{\mu_0 I\, dz}{4\pi r} e^{jw(t - \frac{r}{v})} = \frac{\mu_0 I\, dz}{4\pi r} e^{j(\omega t - \beta r)} \tag{11–97}$$

식 (11−97)에서 어떤 시각 t에 P점에 나타나는 벡터 퍼텐셜은 O점에서 거리 r을 속도 v로 전파하기 위해서 $t' = r/v$의 시간이 지난 후에 나타나므로 O점의 전류는 $t - t'$일 때의 값이 된다. 이러한 것을 지연 벡터 포텐셜이라 한다.

식 (11−97)에서 $e^{j\omega t}$를 생략하고 페이서 표기를 사용하여 나타내면 식 (11−98)과 같다.

$$A_z = \frac{\mu_0 I dz}{4\pi r} e^{-j\beta r} \tag{11–98}$$

그림 11−3에서 벡터 퍼텐셜의 구좌표 성분을 구하면 식 (11−98)의 벡터 포텐셜이 z 성분만 가지므로 식 (11−99)와 같이 구해진다.

$$A_r = A_z \cos\theta = \frac{\mu_0 I dz}{4\pi r} e^{-j\beta r} \cos\theta \tag{11–99 a}$$

$$A_\theta = -A_z \sin\theta = -\frac{\mu_0 I dz}{4\pi r} e^{-j\beta r} \sin\theta \tag{11–99 b}$$

$$A_\phi = 0 \tag{11–99 c}$$

따라서 P점의 자속밀도 B는 벡터 퍼텐셜의 정의에 의해서 식 (11−100)과 같이 구해진다.

$$\vec{B} = \nabla \times \vec{A} = \begin{vmatrix} \dfrac{\widehat{a_r}}{r^2\sin\theta} & \dfrac{\widehat{a_\theta}}{r\sin\theta} & \dfrac{\widehat{a_\phi}}{r} \\ \dfrac{\partial}{\partial r} & \dfrac{\partial}{\partial \theta} & \dfrac{\partial}{\partial \phi} \\ A_r & rA_\theta & r\sin\theta A_\phi \end{vmatrix}$$

$$= \frac{\mu_0 I dz}{4\pi} e^{-j\beta r}\left(j\frac{\beta}{r} + \frac{1}{r^2}\right)\sin\theta \widehat{a_\psi} \qquad (11\text{–}100)$$

식 (11-100)으로부터 자계는 $\vec{H} = \dfrac{\vec{B}}{\mu_0}$에 의해서 식 (11-101)과 같다.

$$H_r = 0 \qquad (11\text{–}101\ a)$$

$$H_\theta = 0 \qquad (11\text{–}101\ b)$$

$$H_\phi = \frac{I dz}{4\pi} e^{-j\beta r}\left(j\frac{2\pi}{\lambda r} + \frac{1}{r^2}\right)\sin\theta \qquad (11\text{–}101\ c)$$

그림 11-3 미소 다이폴 안테나

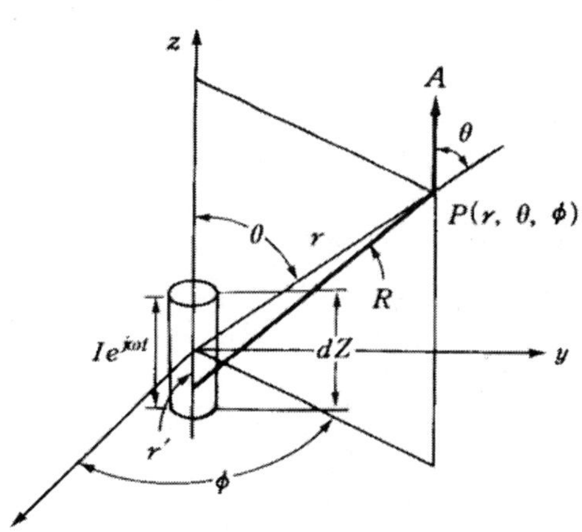

그림 11-3이 공간에 놓여 있는 안테나를 나타내므로 점 P에는 전도전류 $\vec{J_c}=0$ 이 된다. 따라서 식 (11-21)의 맥스웰 방정식에 의하여 전계와 자계 사이에는 다음과 같은 관계가 있다.

$$\nabla\times\vec{H}=\frac{\partial\vec{D}}{\partial t}=j\omega\varepsilon_0\vec{E}$$

따라서,

$$\nabla\times\vec{H}=\begin{vmatrix}\frac{\hat{a_r}}{r^2\sin\theta} & \frac{\hat{a_\theta}}{r\sin\theta} & \frac{\hat{a_\phi}}{r}\\ \frac{\partial}{\partial r} & \frac{\partial}{\partial\theta} & \frac{\partial}{\partial\phi}\\ H_r & rH_\theta & r\sin\theta H_\phi\end{vmatrix}$$

$$=\frac{\hat{a_r}}{r\sin\theta}\frac{\partial}{\partial\theta}(\sin\theta H_\phi)-\frac{\hat{a_\theta}}{r}\frac{\partial(rH_\phi)}{\partial r}$$

$$=j\omega\epsilon_0\vec{E}=j\,2\pi\frac{v}{\lambda}\epsilon_0\vec{E}$$

$$=j\frac{2\pi}{\lambda}\sqrt{\frac{\epsilon_0}{\mu_0}}\vec{E}=\frac{j2\pi}{\lambda Z_0}\vec{E}$$

$$=\frac{j2\pi}{\lambda Z_0}(E_r\hat{a_r}+E_\theta\,\hat{a_\theta}+E_\phi\,\hat{a_\phi}) \tag{11-102}$$

식 (11-102)에서 Z_0는 공간을 전파해가는 전자파의 파동 임피던스를 나타낸다. 식 (11-102)로 부터 점 P의 전계를 구하면 식 (11-103)과 같다.

$$E_r=Z_0\frac{Idz}{2\pi}e^{-j\beta r}\left(\frac{1}{r^2}-j\frac{\lambda}{2\pi r^3}\right)\cos\theta \tag{11-103 a}$$

$$E_\theta=Z_0\frac{Idz}{4\pi}e^{-j\beta r}\left(j\frac{2\pi}{\lambda r}+\frac{1}{r^2}-j\frac{\lambda}{2\pi r^3}\right)\sin\theta \tag{11-103 b}$$

$$E_\phi=0 \tag{11-103 c}$$

식 (11−101)과 식 (11−103)으로 구해진 전계와 자계에는 각각 거리 r, r^2, r^3에 반비례 하는 항으로 구성되어 있다. r^3에 반비례하는 항은 미소 전류소에 극히 접근된 공간에만 존재 할 수 있을 것이고 전계는 있으나 자계는 없으므로 포인팅 벡터를 형성하지 못하게 되어 에너지의 흐름이 없는 **정전계**를 의미한다. r^2에 반비례하는 항은 비오−사바르 법칙에 따라 발생하는 자계와 이 자계로부터 유기되는 전계로 볼 수 있으며 이것을 **유도 전자계**라 한다.

이것도 미소 전류소에 가까운 곳에만 존재하고 곧 감쇠한다. r 에 반비례하는 항은 E_θ와 H_ϕ에 포함되어 있고, 포인팅 벡터는 r의 방향이므로 전자파는 구면파로서 전파하여 원거리까지 전파될 수 있다. 이것을 복사 전자계라 한다. 이와 같이 전계와 자계의 거리에 따라 r, r^2, r^3에 반비례하는 항들을 나타낸 것이 **그림 11−4**이다.

식 (11−103 b)에서 E_θ는 세 개의 항으로 구성되어 있고 각 항의 크기가 같게 되는 거리를 r_0라 하면 식 (11−104)를 얻는다.

$$\frac{\beta}{r_0}=\frac{1}{r_0^2}=\frac{1}{\beta r_0^3} \qquad (11\text{–}104)$$

그림 11−4 미소 다이폴로부터 거리에 따른 복사전계의 변화

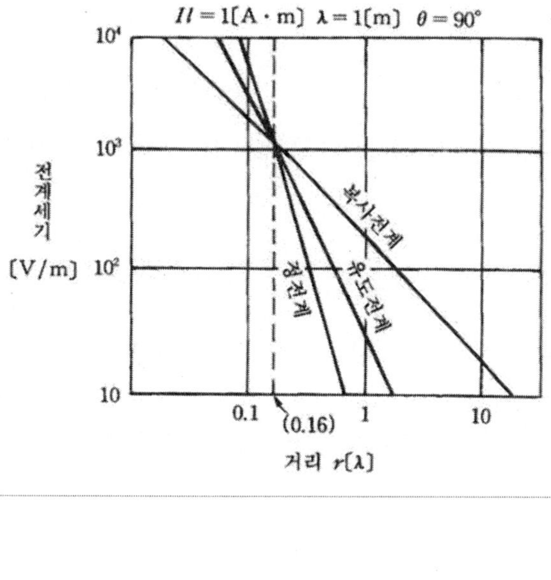

식 (11−104)로부터 r_0를 구하면 식 (11−105)와 같다.

$$r_0 = \frac{1}{\beta} = \frac{\lambda}{2\pi} \simeq 0.16\lambda \tag{11-105}$$

안테나에서 수파장 이상 멀리 떨어진 지점에서의 전계와 자계는 식 (11−106)과 식 (11−107)과 같이 복사 전자계만으로 표시된다.

$$E_\theta = jZ_0 \frac{Idz}{4\pi}\ \frac{\beta}{r} e^{-j\beta r} \sin\theta \tag{11-106}$$

$$H_\phi = j\frac{Idz}{4\pi}\ \frac{\beta}{r} e^{-j\beta r} \sin\theta \tag{11-107}$$

식 (11−106)과 식 (11−107)를 살펴볼 때 복사 전자계는 $\sin\theta$로 변하므로 안테나 축에 수직인 방향에서 제일 강하게 됨을 알 수 있다. 또한 파동 임피던스는 식 (11−108)으로 구해져서 평면파의 경우와 같게 된다.

$$Z_0 = \frac{E_\theta}{H_\psi} = \sqrt{\frac{\mu_0}{\epsilon_0}} = 120\pi \tag{11-108}$$

◎ 예제 11−7

자유공간에서 $\omega = 10^8$ 인 1 [A]의 전류가 흐르는 길이 10 [cm]인 다이폴안테나에서 다음을 구하시오.

(a) r=10 [km] 에서 전계의 세기 ($\frac{1}{r^2}$, $\frac{1}{r^3}$ 에 비례하는 항은 무시)

(b) r=10 [km] 에서 $\frac{1}{r}$ 에 비례하는 항과 $\frac{1}{r^2}$ 에 비례하는 항의 비

(c) r=10 [km] 에서 $\frac{1}{r}$ 에 비례하는 항과 $\frac{1}{r^3}$ 에 비례하는 항의 비

풀이 (a) $|E_\theta| = Z\frac{Idz}{4\pi r} \cdot \frac{2\pi}{\lambda} = \sqrt{\frac{\mu_0}{\epsilon_0}}\frac{Idz}{4\pi r}\frac{2\pi}{\frac{c}{f}}$

$$= \sqrt{\frac{\mu_0}{\epsilon_0}}\frac{Idz}{4\pi r}\omega\sqrt{\epsilon_0\mu_0} = \frac{\omega\mu_0 Idz}{4\pi r}$$

$$= \frac{10^8 \cdot 4\pi \times 10^{-7} \cdot 1 \cdot 0.1}{4\pi \times 10 \times 10^3} = 100\,[\mu\text{v/m}]$$

(b) $\dfrac{\frac{1}{r^2}}{\frac{2\pi}{\lambda r}} = \dfrac{\frac{1}{r^2}}{\frac{\beta}{r}} = \dfrac{r}{\beta r^2} = \dfrac{1}{\beta r} = \dfrac{v}{\omega r}$

$$= \frac{3 \times 10^8}{10^8 \cdot 10 \times 10^3} = 3 \times 10^{-4}$$

(c) $\dfrac{\frac{\lambda}{2\pi r^3}}{\frac{2\pi}{\lambda r}} = \dfrac{\frac{1}{\beta r^3}}{\frac{\beta}{r}} = \dfrac{1}{\beta^2 r^2} = \left(\dfrac{v}{\omega}\right)^2 \cdot \dfrac{1}{r^2}$

$$= \left(\frac{3 \times 10^8}{10^8}\right)^2 \cdot \frac{1}{(10 \times 10^3)^2} = 9 \times 10^{-8}$$

답 (a) 100 [μV/m] (b) 3×10^{-4} (c) 9×10^{-8}

연 습 문 제

01 평행판 콘덴서의 전극간 간격이 d [m] 이고 전극 사이에 유전율 ε 인 유전체가 채워져 있다. 전극 사이에 $V_m \cos\omega t$ [V]의 전압을 가할 때 변위 전류밀도 [A/m^2]를 구하시오.

02 공기 중에서 전계의 세기가 1 [V/m]이다. 1 [A/m^2]의 변위전류를 흐르게 하기 위한 주파수를 구하시오.

03 어떤 매질내를 전파하는 전자파의 전파속도가 2×10^8 [m/s]이다. 이 매질의 비투자율이 1일 때 비유전율을 구하시오.

04 맥스웰 방정식을 유도하고 물리적 의미를 설명하시오.

05 자유공간을 전파하는 전자파의 전계가 $\overrightarrow{E}= E_0 e^{-j\beta z}\hat{a}_x$ 일 때 자계를 구하시오.

06 비유전율이 4이고, 비투자율이 1 인 매질내를 주파수 10 [MHz]의 전자파가 진행하고 있다. 다음을 구하시오.

(1) 파장　　　　(2) 고유 임피던스

07 진공 중을 전파하는 균일 평면파의 자계가 $\vec{H}=2e^{j(-\frac{\pi}{100}z+\omega t)}\hat{a_y}$ [A/m] 일 때 다음을 구하시오.

(1) 파장　　　　(2) 주파수

(3) $t=1$ [μ s], $z=25$ [m] 일 때의 $\vec{E}$

08 균일 평면파가 비유전율 2.53, 비투자율 1, 도전율 0 인 매질내를 z 방향으로 전파하고 있다. 이 균일 평면파의 전계가 $\vec{E}=10\cos(10\pi\times10^9 t-\beta z)\,\hat{a_y}$ 일 때 다음을 구하시오.

(1) 위상속도　　　　(2) 파장　　　　(3) 자계

09 자유공간을 전파하는 전자파의 전계의 세기가 377 [mV/m] 일 때 단위면적당 단위시간에 통과하는 포인팅 전력을 구하시오.

10 진공중에서 z 방향으로 전파하는 전자파의 전계가 $\vec{E}=3\times10^{-2}\sin\omega(X-\frac{Z}{C})\,\hat{a_x}$ [V/m] 일 때 포인팅 벡터를 구하시오.

11 진공중에서 전류분포가 $Idz=0.3\,[Am]$인 수직 다이폴 안테나에서 3 [GHz]의 전자파를 복사 한다. 점 $P(0.1[m],\,90^0,\,0^0)$의 전계에 대하여 다음을 구하시오.

(1) $\frac{1}{r}$ 에 비례하는 항　　　　(2) $\frac{1}{r^2}$ 에 비례하는 항　　　　(3) $\frac{1}{r^3}$ 에 비례하는 항

Chapter 12

전송선로

전자파 에너지를 한 지점에서 다른 지점으로 전송할 때 쓰이는 전선을 전송선로라 한다. 전송선로에는 유선을 이용한 전송선로와 무선을 이용한 전송선로를 생각할 수 있으나 여기서 관심을 갖는 것은 유선을 이용한 전송선로이다.

전자파 에너지를 전달하기 위하여 쓰이는 전송선로에는 저주파 영역에서 초단파 영역 까지는 **평행 2선식 선로나 동축선로**가 주로 이용되고, 마이크로파대에서는 **도파관**이 많이 이용된다. 이외에도 마이크로 스트립선로, 슬롯 선로 등 많은 종류의 전송선로가 있다.

전송선로의 경우 저주파 영역에서는 신호원의 전압・전류 파형이 순간적으로 부하에 인가되는 것으로 생각할 수 있으나, 마이크로파와 같이 신호원의 주파수가 높아지면 신호의 파장이 매우 짧아지기 때문에 전송선로의 길이가 신호의 파장에 비하여 긴 경우에는 전원의 한 순시값이 부하에 전달되기 전에 다른 한 순시값을 보내야 한다. 그러므로 높은 주파수 영역에서는 저주파에서는 고려하지 않던 새로운 사항이 발생하게 되고, 이를 다루어야 한다.

이러한 높은 주파수 영역에서 나타나는 현상의 해석방법에는 기초회로 이론을 확장하는 방법과 전자파가 도체를 따라 전파하는 것으로 취급하는 방법이 있다. 여기서는 전송선로 해석에 많이 이용되는 전송선로에 적용한 맥스웰방정식의 해인 전계와 자계의 파를 각각 대응시킨 전압과 전류파로 취급하여 저주파에서 취급하는 기초 회로이론을 확장하는 방법을 취하였다. 이 방법을 **분포정수해석법**이라 한다. 이 방법은 Willman Thomson이 최초로 도입하였고 Oliver Heaviside가 1885년에 완성 시켰다.

12-1 전송선로의 파동 방정식

회로이론과 전송선로이론과의 가장 중요한 차이는 회로망의 물리적인 크기가 신호의 파장에 비하여 매우 크냐 또는 작으냐 하는 것이다. 회로이론에서는 회로망의 물리적인 크기가 파장에 비하여 매우 작지만 전송선로의 경우는 그 물리적인 크기가 신호의 파장에 비하여 크기 때문에 선로의 위치에 따라 전압이나 전류가 일정하지 않고 같은 시각에 있어서도 다른 값을 나타내므로 전송선로의 길이에 따라 전압과 전류의 크기와 위상이 변동될 수 있으므로 분포정수회로로 취급해야 한다. 이와 같이 전송선로의 길이가 사용파장 이상인 경우에는 단위길이당 저항 R, 인덕턴스 L, 용량 C, 콘덕턴스 G 등의 회로정수가 선로를 따라서 고르게 분포되어 있다고 생각하여 이것을 **분포정수회로**라고 한다.

그림 12-1 (a)에 나타낸 것과 같이 균일한 전송선의 미소부분 dx는 **그림** 12-1 (b)와 같이 집중회로 소자로 표현 가능하다. 여기서 R은 고주파 전류를 흘릴 때 표피효과에 의해 전압강하를 발생시키는 저항성분이며, L은 선로 주위에 자계를 발생시키는 인덕턴스 성분이고, C는 두 도체 사이의 정전용량을 나타내며, G는 완전하지 못한 절연체에 의하여 표면을 통해 흐르는 누설전류에 의한 누설저항의 역수인 누설 콘덕턴스를 나타낸다. 이러한 성분들을 선로의 어느 한 곳에 집중되어 있는 것이 아니라 선로 전체에 균일하게 분포되어 있는 것으로 생각하고 단위길이에 대한 값으로 나타낸다.

그림 12-1 전송선로와 등가회로

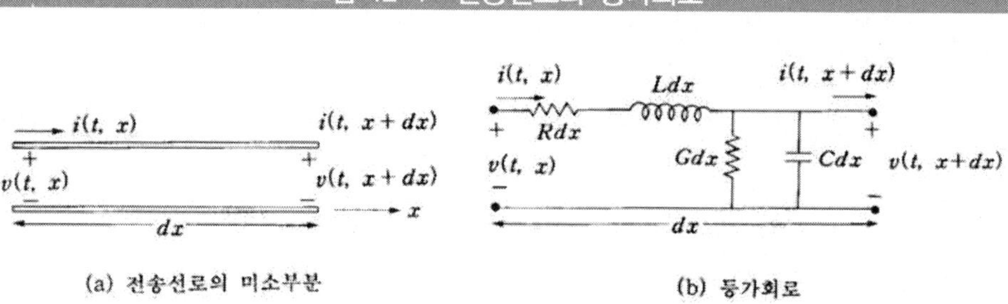

전송선로상의 전류와 전압이 시간에 대하여 $e^{j\omega t}$로 변화하고 있을 때 이 선로상의 단위길이당의 직렬 임피던스 Z와 병렬 어드미턴스 Y는 식 (12-1)과 식 (12-2)와 같다.

$$v(t,\ x) = V(x)e^{j\omega t} \tag{12-1}$$

$$i(t,\ x) = I(x)e^{j\omega t} \tag{12-2}$$

그림 12-1 (b)에 키르히호프의 전압 법칙과 전류 법칙을 적용하고, 전압과 전류가 정현적으로 변화하기 때문에 페이저 표현을 적용($e^{j\omega t}$ 생략)하면 전압과 전류에 관한 식 (12-3)과 식 (12-4)를 얻을 수 있다.

$$V(x) - \{V(x) + dV(x) = Zdx\,I(x) \tag{12-3}$$

$$I(x) - \{I(x) + dI(x) = Ydx\,V(x) \tag{12-4}$$

식 (12-3)과 식(5-4)에서 Z와 Y는 각각 식 (12-5)와 식 (12-6)으로 표시되는 전송선로에서의 단위길이당 **직렬 임피던스**와 **병렬 어드미턴스**이다.

$$Z = R + j\omega L = R + jX\,[\Omega/\mathrm{m}] \tag{12-5}$$

$$Y = G + j\omega C = G + jB\,[\Omega/\mathrm{m}] \tag{12-6}$$

식 (12-3)과 식 (12-4)를 정리하면 식 (12-7)과 식 (12-8)이 된다.

$$\frac{dV(x)}{dx} = -\,ZI(x) \tag{12-7}$$

$$\frac{dI(x)}{dx} = -\,YV(x) \tag{12-8}$$

위의 두 식을 **전송선로방정식** 또는 **전신방정식**이라 한다. 식 (12-7)을 x에 대하여 미분하여 식 (12-8)을 대입하고, 식 (12-8)을 x에 대하여 미분하여 (12-7)을 대입하여 정리하면 식 (12-9)와 식 (12-10)을 각각 얻는다.

$$\frac{d^2V(x)}{dx^2} - ZYV(x) = 0 \tag{12-9}$$

$$\frac{d^2I(x)}{dx^2} - ZYI(x) = 0 \tag{12-10}$$

위의 두 식을 전압과 전류에 관한 **파동방정식**이라 한다. 식 (12-9)와 식 (12-10)에서 $ZY=\gamma^2$으로 놓고 전압과 전류에 관한 일반해를 구하면 식 (12-11)과 식 (12-12)와 같이 각각 구해진다.

$$V(x) = V_1e^{-\gamma x} + V_2e^{\gamma x}[V] \tag{12-11}$$

$$I(x) = I_1e^{-\gamma x} + I_2e^{\gamma x}[A] \tag{12-12}$$

위의 두 식에서 우변의 첫째 항은 $+x$ 방향으로 진행하는 **입사파**를 의미하며, 둘째 항은 $-x$ 방향으로 향하는 반사파를 의미한다. V_1, V_2, I_1, I_2 는 선로의 조건에 의하여 정해지는 임의 상수이며, $\gamma = \sqrt{ZY}$ 는 **단위 길이당 복수 전파상수**이다.

전송선로상의 전압과 전류사이의 관계를 구하기 위하여 식 (12-11)을 식 (12-7)에 대입하면 식 (12-13)을 얻는다.

$$I(x) = \frac{\gamma}{Z}(V_1e^{-\gamma x} - V_2e^{\gamma x})[\mathrm{A}] \tag{12-13}$$

무한히 긴 전송선로에서 송신단에서 멀어질수록 선로상의 전압과 전류는 작아지지만 선로상의 임의 점에서 전압과 전류의 비는 항상 일정하다. 이를 전송선로의 특성 임피던스라 한다. 무한히 긴 전송선로의 경우는 진행파만 존재함으로 식 (12-11)과 식 (12-13)에서 진행파만을 고려하여 전송선로의 **특성 임피던스**를 구하면 식 (12-14)와 같다.

$$Z_0 = \frac{V}{I} = \frac{Z}{\gamma} = \sqrt{\frac{Z}{Y}} = \sqrt{\frac{R+j\omega L}{G+j\omega C}}[\Omega] \tag{12-14}$$

식 (12-11)와 식 (12-13)에 시간의 함수를 고려하면 식 (12-15)와 식 (12-16)과 같이 된다.

$$v(x,t) = V_1 e^{j\omega t} e^{-\gamma x} + V_2 e^{j\omega t} e^{+\gamma x} [V] \tag{12-15}$$

$$i(x,t) = \frac{1}{Z_0}(V_1 e^{j\omega t} e^{-\gamma x} - V_2 e^{j\omega t} e^{+\gamma x})[A] \tag{12-16}$$

균일한 분포정수 회로를 전파해 가는 전압이나 전류는 전파하는 거리에 따라 크기가 점점 감쇠하고 동시에 위상도 변화한다. 이 크기의 감쇠 정도를 나타내는 감쇠정수 α 와 위상의 변화정도를 나타낸 위상정수 β를 합하여 전파정수라 하며 이를 식 (12−15)에 나타내었다.

$$\gamma = \alpha + j\beta = \sqrt{(R + j\omega L)(G + j\omega C)}$$

$$\approx \frac{1}{2}\sqrt{LC}\left(\frac{R}{L} + \frac{G}{C}\right) + j\omega\sqrt{LC} \tag{12-17}$$

따라서 감쇠정수 α 와 위상정수 β는 식 (12−18)와 식 (12−19)와 같이 구해진다.

$$\alpha = \frac{1}{2}\sqrt{LC}\left(\frac{R}{L} + \frac{G}{C}\right) = \frac{1}{2}\left(\frac{R}{R_0} + \frac{G}{G_0}\left(R_0 = \sqrt{\frac{L}{C}} \cdot G_0 = \frac{1}{R_0}\right)\right) \tag{12-18}$$

$$\beta = \omega\sqrt{LC} \tag{12-19}$$

식 (12−18)과 식 (12−19)을 식 (12−15)과 식 (12−16)에 대입하여 정리하면 식 (12−20)과 식 (12−21)을 얻는다.

$$v(x,t) = V_1 e^{-\alpha x} e^{j(\omega t - \beta x)} + V_2 e^{\alpha x}\, e^{j(\omega t + \beta x)} [\mathrm{V}] \tag{12-20}$$

$$i(x,t) = \frac{1}{Z_0} V_1 e^{-\alpha x} e^{j(\omega t - \beta x)} - \frac{1}{Z_0} V_2 e^{\alpha x}\, e^{j(\omega t + \beta x)} [\mathrm{A}] \tag{12-21}$$

식 (12−20)과 식 (12−21)로부터 전자파가 전송선로를 진행해 갈 때 선로의 감쇠정수에 의하여 지수 함수적으로 감쇠하고, 시간과 거리의 변화에 따라 일정한 위상변화가 나타남을 알 수 있다.

12-2 수신단의 전압과 전류에 의한 선로상의 전압 전류

수신단의 전압 전류로 전송선로상의 전압과 전류를 표시하는 이유는 선로상의 입력 임피던스나 반사계수를 구할 때에 일반적으로 수신단의 전압과 전류를 기준으로 하며, 이는 전송선로의 문제를 다룰 때에 송전단 보다 수전으로부터 시작하는 것이 편리하기 때문이다.

그림 12−2 처럼 부하 임피던스 Z_l 이 선로의 특성 임피던스 Z_0와 같지 않고 송신단으로부터 거리 $x=1$인 점에서 부하가 연결되어 있을 때 $x=l$인 점을 $d=0$으로 하고 신호원 쪽 방향이 d가 증가하는 방향으로 생각하여 식 (12−13)과 식 (12−19)를 페이저 표기법으로 나타내면 식 (12−22)과 식 (12−23)과 같이 된다.

그림 12−2 수신단을 기준으로 전압과 전류의 표시

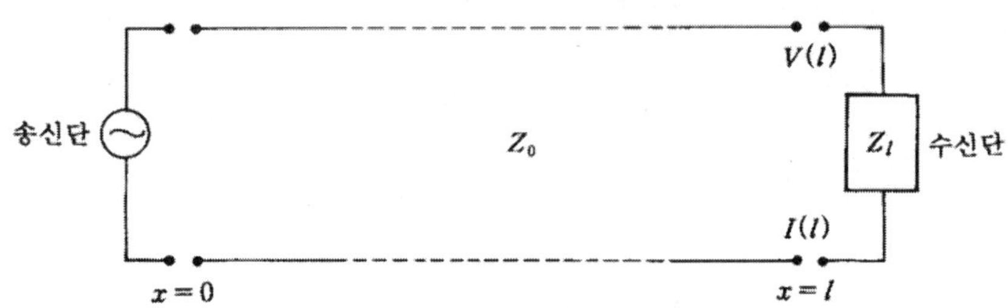

$$V(d) = V_{1d}e^{+rd} + V_{2d}e^{-rd}[V] \tag{12-22}$$

$$I(d) = \frac{1}{Z_0}(V_{1d}e^{+rd} - V_{2d}e^{-rd})\,[A] \tag{12-23}$$

위의 두 식으로부터 $d=0$, 즉 $x=l$에서의 전압과 전류를 각각 $V(l)$, $I(l)$이라 하고 V_{1d}과 V_{2d}를 구하면, 각각 식 (12−24), (12−25)와 같이 주어진다.

$$V_{1d} = \frac{V(l)+Z_0I(l)}{2} = \frac{1}{2}V(l)\left(1+\frac{Z_0}{Z_l}\right)[V] \tag{12-24}$$

$$V_{2d} = \frac{V(l) - z_0 I(l)}{2} = \frac{1}{2} V(l)\left(1 - \frac{Z_0}{Z_l}\right) [V] \quad (12-25)$$

식 (12−24)와 식 (12−25)에서 $Z_l = \frac{V(l)}{I(l)}$ 이다.

따라서

$$V(d) = \frac{V(l) + Z_0 I(l)}{2} e^{\gamma d} + \frac{V(l) - Z_0 I(l)}{2} e^{-\gamma d}$$

$$= V(l)\cosh\gamma(l-d) + Z_0 I(l)\sinh\gamma d(l-d) \ [V] \quad (12-26)$$

$$I(d) = \frac{1}{Z_0}\left\{\frac{V(l) + Z_0 I(l)}{2} e^{\gamma d} - \frac{V(l) - Z_0 I(l)}{2} e^{-\gamma d}\right\}$$

$$= I(l)\cosh\gamma(l-d) + \frac{V(l)}{Z_0}\sinh\gamma d(l-d) [A] \quad (12-27)$$

가 된다.

따라서 이 두 식은 다음과 같이 된다.

$$V(d) = V(l)\cosh\gamma d + Z_0 I(l)\sinh\gamma d [V] \quad (12-28)$$

$$I(d) = I(l)\cosh\gamma d + \frac{V(l)}{Z_0} sinh\gamma d [A] \quad (12-29)$$

식 (12−28) 과 식 (12−29)에서 d는 수신단에서 송신단 방향의 임의 점까지의 거리이다.

12-3 입력 임피던스

입력 임피던스는 전송선로 상의 임의 점 d에서 수신단을 바라본 임피던스를 말한다. 식 (12−28)과 식 (12−29)이 전송선로 상에서 부하로부터 d인 지점의 전압과 전류이다. 따라서 식 (12−29)로 식 (12−28)을 나눈 값이 d인 지점의 입력 임피던스이다.

$$Z(d) = \frac{V(d)}{I(d)} = Z_0 \frac{Z_l \cosh \gamma d + Z_0 \sinh \gamma d}{Z_0 \cosh \gamma d + Z_l \sinh \gamma d}$$

$$= Z_0 \frac{Z_l + Z_0 \tanh \gamma d}{Z_0 + Z_l \tanh \gamma d} \ [\Omega] \qquad (12\text{–}30)$$

식 (12−30)에서 Z_1은 부하 임피던스로 식 (12−31)과 같다.

$$Z_l = \frac{V(l)}{I(l)} \ [\Omega] \qquad (12\text{–}31)$$

어떤 임피던스를 전송선로의 특성 임피던스로 나누어 표시하는 것을 **정규화임피턴스**라 한다.

식(12−30)의 양변과 분모 분자를 전송선로의 특성임피던스인 Z_0 로 나누고 정리하면 식 (12−32)을 얻는다.

$$z(d) = \frac{z_l + \tanh \gamma d}{1 + z_l \tanh \gamma d} \ [\Omega] \qquad (12\text{–}32)$$

식 (12−32)에서 $z_1 = z_1/z_0$이고, 특히 $z(d) = \dfrac{Z(d)}{Z_0}$를 정규화 입력 임피던스라 한다.

12-4 반사계수

전송선로에 연결된 부하 임피던스 Z_l 이 선로의 특성 임피던스 Z_0와 같지 않을 때는 송신단에서 입사한 파의 일부가 부하가 연결된 수신단에서 반사되어 송신단으로 되돌아오게 된다. 따라서 전송선로 상에서는 이 두파가 합쳐져서 정재파가 발생하게 된다. 반사파의 크기는 반사계수로 나타내는데 이는 선로상의 입사파와 반사파의 비로서 부하 임피던스와 선로의 특성임피던스와 일정한 관계가 있다.

식 (12−30)으로부터 전압반사계수는 임사파 전압과 전압의 비로 식 (12−33)이 얻어진다.

$$\Gamma_V(d)=\frac{V_{2d}\,e^{-\gamma d}}{V_{1d}\,e^{\gamma d}}=\Gamma_l e^{-2\gamma d} \tag{12-33}$$

같은 방법으로 식 (12-21)로부터 전류 반사계수를 구하면 식 (12-34)와 같다.

$$\Gamma_I(d)=\frac{\dfrac{-V_{2d}e^{-\gamma d}}{Z_0}}{\dfrac{V_{1d}e^{\gamma d}}{Z_0}}=-\Gamma_I e^{-2\gamma d}=-\Gamma_V(d) \tag{12-34}$$

식 (12-33)과 식 (12-34)에서 Γ_l 은 부하 자체의 반사계수로 식 (12-24)와 식 (12-25)로부터 식 (12-35)와 같이 구해진다.

$$\Gamma_{l(0)}=\frac{V_{2d}}{V_{1d}}=\frac{Z_l+Z_0}{Z_l-Z_0}=|\Gamma_l|e^{j\phi} \tag{12-35}$$

따라서 식 (12-33)과 식 (12-34)는 각각 식 (12-36)과 식 (12-37)과 같이 된다.

$$\Gamma_V(d)=\frac{Z_0-Z_l}{Z_0+Z_l}e^{-2\gamma d}=|\Gamma_l|e^{-2\gamma d+j\phi} \tag{12-36}$$

$$\Gamma_I(d)=-\frac{Z_l-Z_0}{Z_l+Z_0}e^{-2\gamma d}=-|\Gamma_l|e^{-2\gamma d+j\phi} \tag{12-37}$$

반사계수가 + 값이면 입사파와 반사파의 위상이 동위상임을 나타내고, − 값이면 입사파와 반사파의 위상이 역위상임을 의미한다. 또한 반사계수가 0 이면 완전 정합 상태를 의미한다. 반사계수가 크면 임피던스의 부정합에 의하여 부하에 전달되는 에너지가 적게 된다.

식(12-24)와 식(12-25)와 (12-33)으로 나타내며 식 (12-38)과 식 (12-39)을 얻는다.

$$V(d) = V_{1d}e^{\gamma d}\{1+\Gamma_v(d)\}\ [V] \tag{12-38}$$

$$I(d) = \frac{V_{1d}}{Z_0}e^{\gamma d}\{1-\Gamma_v(d)\}\ [A] \tag{12-39}$$

반사계수와 부하 사이에는 일정한 대응관계가 있으므로 반사계수가 주어지면 부하 임피던스를 구할 수 있고 부하 임피던스가 주어지면 반사계수를 구할 수 있다. 앞으로 반사계수라고 하면 전압반사계수를 나타내는 것으로 하고 $\Gamma_V(d)$를 $\Gamma(d)$로 표시하기로 한다.

식 (12−38)과 식 (12−39)을 이용하여 전송선로상의 임의점에서 부하를 향하여 바라본 입력 임피던스를 구하면 식 (12−40)와 같이 반사계수와 연관지을 수 있다.

$$Z(d) = \frac{V(d)}{I(d)} = Z_0\frac{1+\Gamma(d)}{1-\Gamma(d)}\ [\Omega] \tag{12-40}$$

◎ 예제 12-1

특성 임피던스가 50 [Ω]인 전송선로에 $+j50$ [Ω]인 부하가 연결되어 있다. 부하에 입사하는 전압이 50 $\cos\omega t$ [V]일 때 다음을 구하시오.

(a) 부하 반사계수　　(b) 반사파 전압　　(c) 반사파 전류

풀이 (a) $\Gamma_l = \frac{Z_l - Z_0}{Z_l + Z_0} = \frac{j50-50}{j50+50} = -\frac{1-j}{1+j} = -\frac{(1-j)^2}{2}$

$= -\frac{1-2j-1}{2} = j$

(b) (a)의 의미는 입사전압이 반사될 때 부하에 의하여 90° 앞서게 됨을 나타냄　　∴ 반사파 전압 : $50\cos(\omega t + 90°)$[V]

(c) 반사파 전류 : $50\cos(\omega t - 90°)$[A]

답 (a) j　(b) $50\cos(\omega t + 90^0)$ [V]　(c) $50\cos(\omega t - 90^0)$ [A]

12-5 무손실 전송선로

고주파 선로는 선로의 사용주파수가 높기 때문에 감쇠정수 α값은 위상정수 β에 비해 훨씬 작기 때문에 무손실 선로로 취급할 수 있다. 실제로 사용되고 있는 전송선로의 직렬저항은 직렬 인덕턴스에 비하여 무시할정도로 작으며 병렬 콘덕턴스도 병렬 써셉턴스에 비하여 무시될 수 있을 정도로 작다. 그러므로 식 (12-5)과 식 (12-6)에 R=0, G=0를 대입하면 이 두식은 각각 식 (12-41)과 식 (12-42)이 된다.

$$Z = j\,\omega L \tag{12-41}$$

$$Y = j\,\omega C \tag{12-42}$$

식 (12-17)에 식 (12-41)와 식 (12-42)을 대입하면 전파정수는 식 (12-43)과 이 된다.

$$\gamma = \alpha + j\beta = \sqrt{ZY} = j\omega\sqrt{LC} \tag{12-43}$$

따라서

$$\alpha = 0 \tag{12-44}$$

$$\beta = \omega\sqrt{LC} \tag{12-45}$$

가 된다. 이와 같은 선로를 **무손실 전송선로**라고 한다.

고주파 선로에서는 $R \ll \omega L$, $G \ll \omega C$ 이므로 식 (12-14)의 특성 임피던스는 식 (12-46)과 같이 된다.

$$Z_0 = \sqrt{\frac{L}{C}}\,[\Omega] \tag{12-46}$$

식 (12-46)은 순수저항이 된다.

전송선로에서 저항과 누설 콘덕턴스가 작지만 무시할 수 없는 경우 특성 임피던스는 근사적으로 식 (12-47)과 같이 구해진다.

$$Z_0 = \sqrt{\frac{L}{C}}\left\{1 + j(\frac{G}{2\omega C} - \frac{R}{2\omega L})\right\}\ [\Omega] \qquad (12\text{–}47)$$

선로의 특성 임피던스가 식 (12-47)과 같은면 선로상을 전파하는 전자파는 왜곡이 생기게 된다. 따라서 식 (12-47)에서 왜곡이 일어나지 않을 조건은 허수 부분이 0이 되는 조건이다. 이를 구하면 식 (12-48)과 같이 구해진다.

$$\frac{G}{C} = \frac{R}{L} \qquad (12\text{–}48)$$

선로의 특성 임피던스가 식 (12-48)의 조건을 만족 시키면 특성 임피던스는 순수 저항이 되어 선로상을 전파하는 전자파는 찌그러지지 않기 때문에 이를 **무왜곡조건**이라고 한다. 따라서 이와같은 회로의 입력단자에 가한 입력 파형과 출력 파형은 같게 된다. 또한 통신선로에는 $LG = RC$ 인 관계가 성립할 때 감쇠정수는 주파수에 관계 없이 최소가 되어 위상정수는 주파수에 비례하게 된다.

따라서 식 (12-18)의 감쇠 정수와 식 (12-19)의 위상정수는 각각 식 (12-49)와 식 (12-50)가 된다.

$$\alpha = \frac{1}{2}(\frac{R}{Z_0} + GZ_0)\ [\text{Np/m}] \qquad (12\text{–}49)$$

$$\beta = \omega\sqrt{LC}\quad [\text{rad/m}] \qquad (12\text{–}50)$$

$R \ll \omega L,\ G \ll \omega C$ 인 무손실 전송선로에서는 전압와 전류를 나타내는 식 (12-22)과 식 (12-23)에 식 (12-44)과 식 (12-45)를 대입하면 식 (12-51)과 식 (12-52)를 얻을 수 있다.

$$V(d) = V_{1d}e^{j\beta d} + V_{2d}e^{-j\beta d}$$

$$= V_{1d}e^{j\beta d}[1 + \Gamma(d)] \qquad (12\text{–}51)$$

$$I(d) = \frac{1}{Z_0}(V_{1d}e^{j\beta d} - V_{2d}e^{-j\beta d})$$

$$= \frac{1}{Z_0}\left[V_{1d}e^{j\beta d}(1 - \Gamma(d)\right] \qquad (12\text{–}52)$$

손실이 없는 경우의 선로의 입력 임피던스는 식 (12−36) 에서 tanh (jβd)=j tanβ d 이므로 식 (12−53)로 된다.

$$Z(d) = Z_0 \frac{Z_l + jZ_0 \tan\beta d}{Z_0 + jZ_l \tan\beta d} \tag{12-53}$$

따라서 정규화 입력 임피던스는 식 (12−54)로 된다.

$$z(d) = \frac{z_l + j \tan\beta d}{1 + jz_l \tan\beta d} \tag{12-54}$$

손실이 없는 선로의 반사계수는 식 (12−36)로부터 식 (12−55)와 같이 구해진다.

$$\Gamma(d) = \frac{V_{2d}}{V_{1d}} e^{-j2\beta d} = \frac{Z_l - Z_0}{Z_l + Z_0} e^{-j2\beta d} = \Gamma_{le}^{j2\beta d} = |\Gamma_l| e^{j(\phi - 2\beta d)} \tag{12-55}$$

따라서 입력 임피던스와 반사계수와의 관계는 식 (12−40)과 식 (12−55)로 부터 식 (12−56)과 같이 구해진다.

$$Z(d) = Z_0 \frac{1 + \Gamma_l e^{j(\phi - 2\beta d)}}{1 - \Gamma_l e^{j(\phi - 2\beta d)}} = Z(0) = Z_0 \frac{1 + |\Gamma_l| e^{j(\phi - 2\beta d)}}{1 - |\Gamma_l| e^{j(\phi - 2\beta d)}} [\Omega] \tag{12-56}$$

(1) 부하 임피던스가 선로의 특성임피던스와 같은 경우

이 경우는 부하 임피던스가 선로의 특성 임피던스와 정합된 상태를 의미한다. 즉 $Z_l = Z_0$ 인 경우를 말하며, 이 경우에는 반사파가 발생하지 않으며 에너지는 모두 전원측에서 부하로 전송되기 때문에 손실이 없다.

따라서 $Z_l = Z_0$ 인 경우의 입력 임피던스를 구하기 위하여 이를 식 (12−53)에 대입하면 식 (12−57)로 된다.

$$Z(d) = Z_0 \frac{Z_l + jZ_0 \tan\beta d}{Z_0 + jZ_l \tan\beta d} = Z_0 \, [\Omega] \tag{12-57}$$

식 (12−55)에 $Z_l = Z_0$ 를 대입하면 정합된 경우의 반사계수는 식 (12−60)과 같이 0 이 된다.

$$\Gamma(d) = 0 \tag{12-58}$$

따라서 전송선로상의 전압과 전류인 식 (12−51)과 식 (12−52)는 각각 식 (12−59)과 식 (12−60)와 같이 구해진다.

$$V(d) = V_{1d}e^{j\beta d}\,[V] \tag{12-59}$$

$$I(d) = \frac{1}{Z_0}V_{1d}e^{j\beta d}\,[A] \tag{12-60}$$

전송선로가 정합되어 있는 경우의 특성을 나타내는 식 (12−56)~식 (12−60)에서 보듯이 입력 임피던스는 선로상에서 항상 특성 임피던스와 같고, 반사계수도 모든 곳에서 0이 되어 전송선로 상에는 반사파가 존재하지 않으며 전압과 전류의 크기는 어느 곳에서나 항상 일정한 값을 갖는다. 이를 **그림** 12−3에 나타내었다.

그림 12−3 정합($Z_l = Z_0$) 선로의 특성

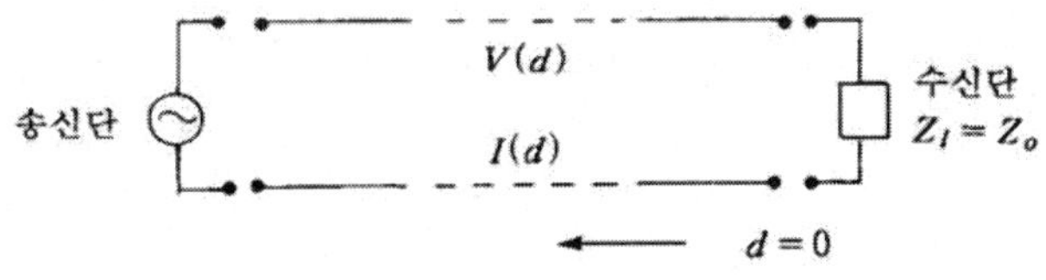

(a) 전송선로의 조건

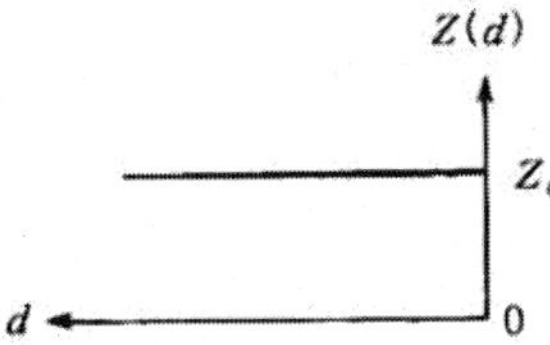

(b) 임피던스 변화

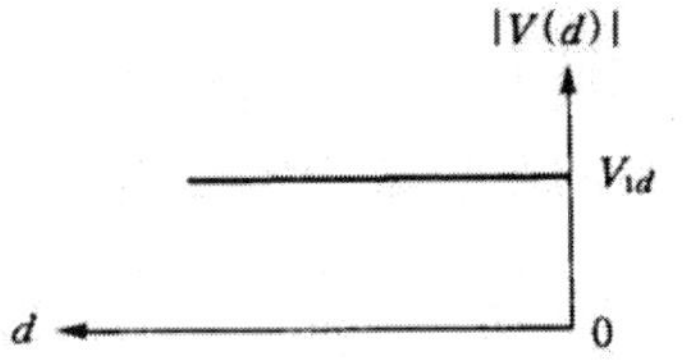

(c) 전압의 변화

(2) 수신단의 부하가 단락되었을 때

수신단을 단락시킨 경우는 $Z_l = 0$ 이 되기 때문에 부하로부터 d만큼 떨어진 점에서 부하를 향하여 바라본 입력 임피던스, 반사계수 및 전송선로 상의 전압 전류는 (1)절 에서와 같이 구하면 식 (12-61)~식 (12-64)와 같이 된다.

$$Z(d) = jZ_0 \tan\beta d \tag{12-61}$$

$$\Gamma(d) = -e^{-j2\beta d}, \qquad \Gamma_l = -1 \tag{12-62}$$

$$V(d) = V_{1d}(e^{j\beta d} - e^{-j\beta d}) = j2V_{1d}\sin\beta d \tag{12-63}$$

$$I(d) = \frac{V_{1d}}{Z_0}(e^{j\beta d} + e^{-j\beta d}) = \frac{2}{Z_0}V_{1d}\cos\beta d \tag{12-64}$$

그림 12-4의 (a) 에서 부하단이 단락이기 때문에 부하로 부터 선로의 길이가 $\frac{\lambda}{4}$의 짝수배 만큼 떨어져 있을 때에는 단락선로는 직렬 공진, $\frac{\lambda}{4}$의 홀수배 만큼 떨어져 있을 때에는 병렬 공진회로와 같은 특성을 지닌다. 이러한 특성을 이용하여 초고주파 여파기 제작등에서 공진회로로서 널리 쓰이고 있다.

입력 임피던스 $Z(d)$는 식 (12-61)과 같이 순수한 허수로서 단락된 점으로부터 거리 d의 변화에 따라 $+j\infty$와 $-j\infty$의 모든 값을 가질 수 있기 때문에 가변 리액턴스 소자로 사용할 수 있다. $d=0$인 점에서 $Z(d)=0$ 이 되며, $d=\frac{\lambda}{4}$인 점에서는 $Z(d)=\infty$가 되어 개방회로가 되고, $d=\lambda/2$ 인 점에서는 $Z(d)=0$ 이 되어 $\frac{\lambda}{2}$를 주기로 임피던스가 반복되는 것을 알 수 있다. 이를 **그림** 12-4의 (b)에 나타내었다.

식 (12-62)의 반사계수의 경우를 살펴보면 $\Gamma_V = -1$, $\Gamma_I = 1$ 이므로 전압반사파는 진행파와 진폭이 같고 위상이 반대이며 전류 반사파는 진행파와 진폭이 같고 위상도 같다. 따라서 전압의 합성파는 수전단에서 최소가 되고 전류는 최대가 된다. 이를 **그림** 12-4의 (c)에 나타내었다.

전송선로 상의 전압과 전류를 나타내는 식 (12-63)과 식 (12-64)를 살펴보자. $d=0$인 점의 부하전압은 $V(d)=0$이 되며 부하에 흐르는 전류는 최대가 된다. 이를 그림(d)에 나타내었다.

그림 12-4 부하가 단락($Z_l = 0$)인 경우의 특성

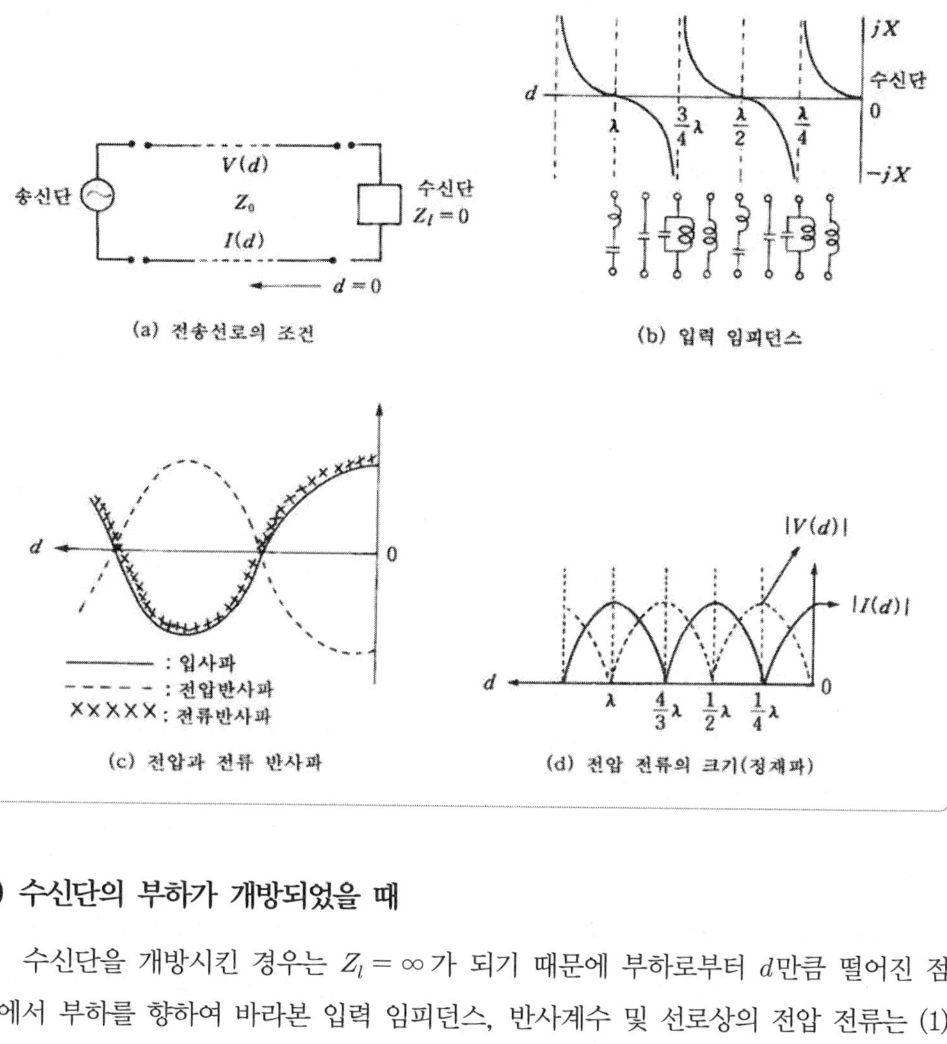

(3) 수신단의 부하가 개방되었을 때

수신단을 개방시킨 경우는 $Z_l = \infty$가 되기 때문에 부하로부터 d만큼 떨어진 점에서 부하를 향하여 바라본 입력 임피던스, 반사계수 및 선로상의 전압 전류는 (1)절과 (2)절과 같이 구하면 식 (12−65)~식 (12−68)로 주어진다.

$$Z(d) = -jZ_0 \cot\beta d \tag{12-65}$$

$$\Gamma(d) = e^{-j2\beta d}, \qquad \Gamma_l = 1 \tag{12-66}$$

$$V(d) = 2\,V_{1d}\cos\beta d \tag{12-67}$$

$$I(d) = j\frac{2}{Z_0}\,V_{1d}\sin\beta d \tag{12-68}$$

그림 12−5의 (a) 에서 부하단에서는 개방선로이기 때문에 선로의 길이가 부하로부터 $\frac{\lambda}{4}$의 짝수배 만큼 떨어져 있는 점에서는 병렬 공진, $\frac{\lambda}{4}$의 홀수배 만큼 떨어져 있는 점에서는 직렬 공진회로와 같은 특성을 지닌다. 이러한 특성을 이용하여 초고주파 여파기 제작등에서 공진회로로서 널리 쓰이고 있다.

그림 12−5의 (b)에서 입력 임피던스 $Z(d)$ 식 (12−65)와 같이 순수한 허수로서 단락된 점으로부터 거리 d의 변화에 따라 $+j\infty$와 $-j\infty$의 모든 값을 가질 수 있기 때문에 부하가 단락된 경우와 같이 가변 리액턴스 소자로 사용할 수 있다. d=0인 점에서 $Z(d)=\infty$ 가 되며, d=$\frac{\lambda}{4}$인 점에서는 $Z(d)$=0이 되어 단락회로가 되고, $d=\lambda/2$인 점에서는 $Z(d)=\infty$ 가 다시되어 $\frac{\lambda}{2}$를 주기로 임피던스가 반복되는 것을 알 수 있다.

식 (12−68)에 $Z_l=\infty$를 대입하여 반사계수를 구하여 보면 $\Gamma_V=1$, $\Gamma_I=-1$이므로 전압의 입사파와 반사파는 진폭이 같고 위상이 같으며 전류의 입사파와 반사파는 진폭이 같고 위상이 반대이다. 따라서 전압 합성파는 수신단에서 최대가 되고 전류 합성파는 는 수신단에서 최소가 된다. 이를 **그림** 12−5의 (c)에 나타내었다.

전송선로 상의 전압과 전류를 나타내는 식 (12−67)과 식 (12−68)을 살펴보자. $d=0$인 점의 부하전압은 최대가 되며 부하에 흐르는 전류 $I(d)=0$ 이 된다. 이를 **그림** 12−5의 (d)에 나타내었다.

◎ 예제 12-2

특성임피던스가 50 [Ω]인 길이 1.5 [m]의 무손실 전송선로의 수신단을 개방 했을 때 주파수 75 [MHz]에 대한 입력 임피던스를 구하시오.

풀이 $Z(d) = -jZ_0 \cot\beta d = -jZ_0 \cot\frac{2\pi}{\lambda}d$

$$= j50 \cdot \cot\frac{2\pi}{4}1.5 = -j50\cot 135^\circ = j50$$

답 $j50$

그림 12-5 부하가 개방($Z_l = \infty$)인 경우의 특성

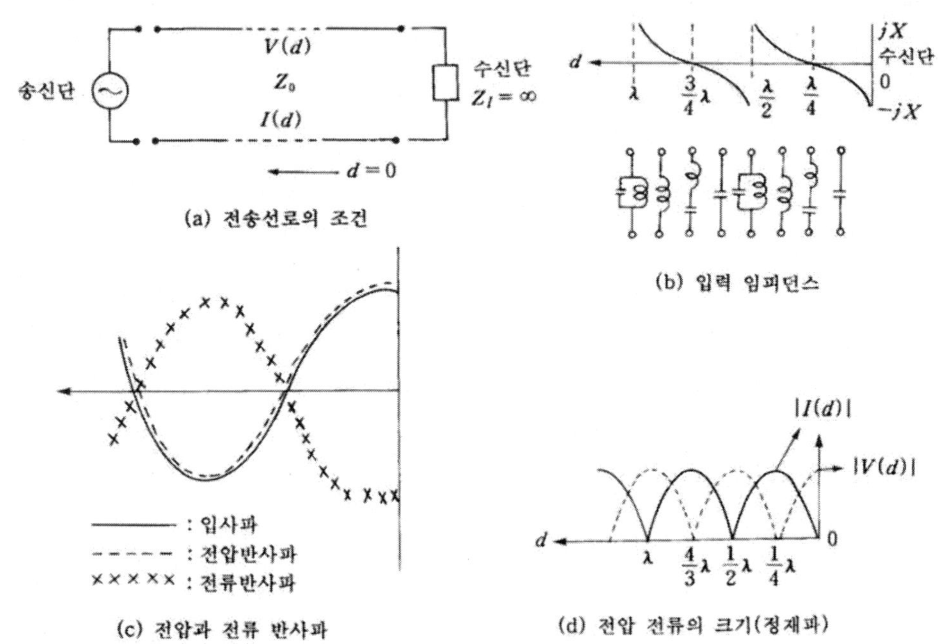

(a) 전송선로의 조건

(b) 입력 임피던스

(c) 전압과 전류 반사파

(d) 전압 전류의 크기(정재파)

12-6 전압 정재파비

전송 선로의 길이가 무한히 긴 경우에 전송선로의 송신단에 고주파 전원을 연결하면 전원으로 부터의 입사파는 **그림** 12-6과 같이 전송선로의 손실성분에 의하여 지수함수적으로 감소하면서 수전단을 향하여 진행한다. 이와 같이 계속 한쪽 방향으로만 반사파 없이 진행하는 파를 **진행파**라 한다. 현실적으로 전송선로의 길이가 무한대라는 것은 존재할 수 없지만 유한한 길이를 가지는 전송선로에 그 선로의 특성 임피던스와 똑같은 임피던스를 부하에 연결하면 반사파가 없어져서 전송선로의 길이가 무한대인 것처럼 진행파만 존재한다. 이 경우 송신단에 가해진 전압과 전류는 동위상으로 거의 빛의 속도로 직진한다.

유한한 길이의 전송선로에 선로의 특성 임피던스와 다른 부하를 수신단에 연결하면 송신단으로부터 공급된 에너지의 일부가 수신단에서 반사되며, 선로상의 전압, 전류는 진행파와 반사파의 합성파로 나타난다. [식 (12-15)와 식 (12-16) 참조] 따라서 이 합성파는 동위상으로 만나는 곳에서는 최대점이 생기고, 역위상으로 만나는 곳에서는 최소점을 갖게 된다. 이 파는 외관상으로는 진행하지 않고 정지해 있는 것처럼 보이기 때문에 **정재파**(standing wave)라 한다.

급전선 상에 존재하는 정재파의 최대치와 최소치의 비를 **전압 정재파비**(SWR : Standing Wave Ratio)라 하며 간단히 S로 나타낸다. 전압 정재파비는 선로의 특성 임피던스와 부하 임피던스의 정합정도를 나타내는 방법중의 하나이다. 전송선로의 임의 점에서 측정한 전압 정재파의 절대 값은 식 (12-53)과 식 (12-55)로 부터 식 (12-69)과 같이 구해진다.

$$|V(x)| = |V_{1d}|\,|1+\Gamma_l e^{-j2\beta d}| = |V_{1d}|\,|1+|\Gamma_l|\,e^{j(\phi-2\beta d)}|$$

$$= |V_{1d}|\left[[1+|\Gamma_l|\cos(\phi-2\beta x)]^2+|\Gamma_l|^2\sin^2(\phi-2\beta x)\right]^{\frac{1}{2}}$$

$$= |V_{1d}|\,[1+|\Gamma_l|^2+2|\Gamma_l|\cos(\phi-2\beta x)]^{\frac{1}{2}} \qquad (12\text{-}69)$$

식 (12-69)를 도시하면 **그림** 12-6과 같다.

그림 12-6 정재파 패턴

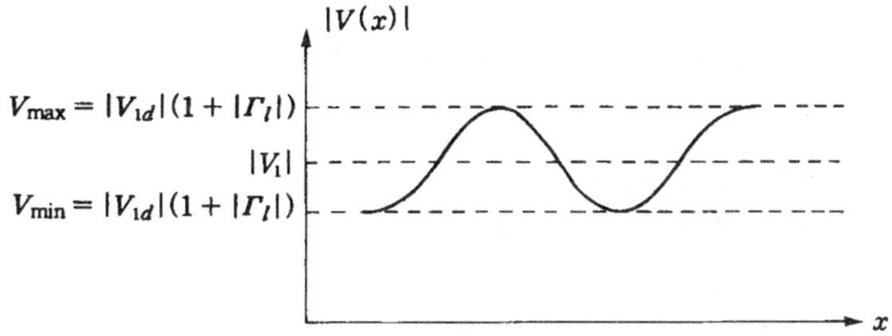

전압 정재파 $|V(x)|$ 는 전송선로를 따라 $\cos(\phi - 2\beta x)$ 가 ± 1의 값을 가지게 되므로 +1 인 겨우에 $|V(x)|$ 는 최대값 $|V_{1d}|(1+|\Gamma_l|)$을 갖고 −1 인 경우는 최소값 $|V_{1d}|(1-|\Gamma_l|)$ 을 갖는다. 이 정재파의 주기는 $2\beta x = 2\pi$에 의하여 $\frac{\lambda}{2}$ 가 되고, 최대점과 최소점 사이의 거리는 $\frac{\lambda}{4}$이다.

앞에서 설명한 것과 같이 식 (12−69)의 최대값과 최소값의 비를 정재파비라 하며 식 (12−70)와 같다.

$$S = \frac{V_{max}}{V_{min}} = \frac{1+|\Gamma_l|}{1-|\Gamma_l|} \tag{12-70}$$

그림 12−7은 정재파비와 반사계수의 관계를 나타낸 것으로 $|\Gamma_l| \leq 1$ 이므로 SWR 은 1보다 큰 수임을 알 수 있다. $Z_l = Z_0$ 인 경우에는 임피던스 정합이 이루어진 상태로서 SWR =1 이 되고 반사계수가 0이 됨으로서 전송선로상에는 진행파만 존재하게 되며 이러한 선로를 **플랫 선로**(flat line)라고 한다.

이는 송신단에서 공급된 전력이 모두 부하에서 소모됨을 의미하며 이때 급전선은 정합된 상태에 있다 한다. 정합된 무손실 선로의 정재파비는 위치에 관계없이 일정한 값을 갖는다. 완전 반사가 일어나는 $\Gamma_l = 1$인 경우에는 $S = \infty$가 된다.

정재파비와 부하 임피던스와의 관계를 살펴 보기 위하여 식 (12−35) 식 (12−70)에 대입하여 정리하면 식 (12−71)을 얻는다.

$$\left|\frac{Z_l - Z_0}{Z_l + Z_0}\right| = \frac{S-1}{S+1} \tag{12-71}$$

식 (12−71)에서 부하가 전송선로의 특성 임피던스를 비교하여 정리하면 식 (12−72)와 식 (12−73)을 얻는다.

그림 12-7 정재파비와 반사계수의 관계

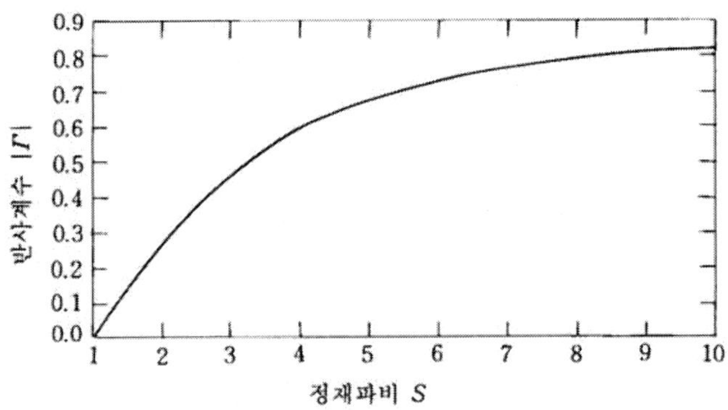

$$S = \frac{Z_l}{Z_0} \quad (Z_l > Z_0) \tag{12-72}$$

$$S = \frac{Z_0}{Z_l} \quad (Z_l < Z_0) \tag{12-73}$$

◎ 예제 12-3

무손실 전송선로에 180 [Ω]인 부하를 연결하였더니 선로상의 정재파비가 3이 되었다. 이 전송선로의 특성 임피던스를 구하시오.

풀이 ① $S = \dfrac{Z_l}{Z_0}$ $\quad \therefore Z_0 = \dfrac{Z_l}{S} = \dfrac{180}{3} = 60[\Omega]$

② $S = \dfrac{Z_0}{Z_l}$ $\quad \therefore Z_0 = Z_l \cdot S = 180 \cdot 3 = 54[\Omega]$

답 60 [Ω] 또는 540 [Ω]

12-7 고주파 회로의 부정합도 표시

(1) 입력 임피던스

전송선로의 특성 임피던스와 부하 임피던스가 다를 때 즉, 부정합 상태 일 때에는 전송선로상의 위치에 따라 임피던스가 변한다.

$$Z(d) = Z_0 \frac{Z_l + jZ_0 \tan\beta d}{Z_0 + jZ_l \tan\beta d} \tag{12-74}$$

(2) 반사계수

전송선로가 부정합 상태 일 때에는 입사파의 일부가 부하에서 반사되기 때문에 전송선로에는 입사파와 반사파가 공존하게 된다. 이 입사파와 반사파의 비를 **반사계수**라 한다.

$$\begin{aligned} \Gamma(d) &= \frac{V_{2d}}{V_{1d}} e^{-j2\beta d} \\ &= \frac{Z_l - Z_0}{Z_l + Z_0} e^{-j2\beta d} = |\Gamma_l| e^{j(\phi - 2\beta d)} \end{aligned} \tag{12-75}$$

(3) 전력 반사계수

입사전력과 반사전력의 비로서 정의되며, 식 (12-57)의 크기의 제곱으로 나타낸다.

$$\Gamma_p = |\Gamma(d)|^2 = \left| \frac{Z_l - Z_0}{Z_l + Z_0} \right|^2 \tag{12-76}$$

(4) 반사 손실 (return loss)

전송선로의 부정합 정도를 나타내는데 많이 사용되는 방법 중의 하나로 반사계수와는 식 (12-77)의 관계가 있다. 즉, 반사계수를 dB로 나타낸 것이다.

$$RL(dB) = -10\log|\Gamma(d)|^2 = -10\log\Gamma_p \tag{12-77}$$

(5) 전압정재파비(Standing Wave Ratio)

$$S = \frac{1+|\Gamma(d)|}{1-|\Gamma(d)|} \tag{12-78}$$

$$= \frac{Z_e}{Z_0}\ (Z_1 > Z_0) \tag{12-79}$$

$$= \frac{Z_0}{Z_e}\ (Z_1 > Z_e) \tag{12-80}$$

연 습 문 제

01 특성 임피던스가 50 [Ω]인 무손실 전송선로의 정재파비가 4이다. 부하의 임피던스를 구하시오.

02 특성 임피던스가 50 [Ω]인 무손실 전송선로에 부하 임피던스 25 [Ω], 50 [Ω] 및 100[Ω]를 연결할 때 전압 반사계수의 크기, 전력 반사계수 및 반사손실을 구하시오.

03 선로의 특성 임피던스가 75 [Ω] 이다. 부하 임피던스가 $75+j50$ [Ω]일 때 반사계수를 구하시오.

04 특성 임피던스가 300 [Ω]인 무손실 전송선로에 부하 임피던스 $100-j50$ [Ω] 이 연결되어 있다. 부하에서 1 [m]되는 지점의 전압을 10 [V]라 할 때 다음을 구하시오. 단, 전송선로를 진행해 가는 전자파의 파장은 1 [m] 이다.

(a) 부하에서의 반사계수
(b) 부하에서의 진행파 전압
(c) 부하에서의 반사파 전압
(d) 정재파비
(e) 부하에서의 궤환 손실

05 특성 임피던스가 50 [Ω]인 무손실 전송선로에 부하 임피던스 200 [Ω]을 연결하였다. 부하에서 $\frac{\lambda}{4}$ 인 지점에서의 입력 임피던스를 구하시오.

06 전송선로의 파라미터가 $L=0.2[\mu H/m], C=300[pF/m],, R=5[\Omega/m]$, G =0.01 [S/m] 이다. 주파수 500 [MHz]에서 다음을 구하시오.

(a) 전파상수와 특성 임피던스

(b) 무손실 (R=G=0)인 경우의 전파상수와 임피던스

07 선로의 특성 임피던스가 75 [Ω]인 전송선로에 연결된 부하의 임피던스가 $40+j20$ 이다. 이 부하에서 0.3λ 떨어진 점에서 입력 임피던스와 전압 정재파비를 구하시오.

08 전송선로의 특성 임피던스가 $50+j0.01$ [Ω]이고 부하 임피던스가 $73-j42.5[\Omega]$ 일 때 다음을 구하시오.

(a) 반사계수 (b) 정재파비 (c) 전력 반사계수 (d) 궤환손실

Chapter 13

스미스 도표

13-1 스미스 도표의 구성

스미스는 미국의 Bell 연구소의 연구원으로 일하던 1939년 이 도표를 개발하였다. 스미스 도표는 전송선로상의 반사계수 Γ 와 임피던스의 관계를 도시한 것으로 전송선로상의 여러가지 문제를 풀 때에 매우 유용하게 이용된다. 특히 이 도표는 마이크로파 설계를 위한 CAD 소프트웨어와 측정장비의 주요한 부분일 뿐만 아니라 전송선로에서의 현상을 눈으로 보는 것과 같이 연상시킬 수 있는 극히 유익한 정보를 제공한다. 따라서 전자파 분야에 종사하는 기술자는 스미스 도표의 사용법을 통하여 임피던스 정합 문제를 해결할 수가 있다.

스미스 도표는 전송선로에 관한 문제를 도식적으로 풀기 위하여 반사계수 Γ 와 임피던스 Z(뜬 어드미턴스 Y)와의 관계를 나타낸 도표이다. 일반적으로 반사계수 Γ(d)는 복소수이므로 실수부를 U 라 하고 허수부를 V라고 하면 식 (13-1)과 같다.

$$\Gamma(d) = U + jV \tag{13-1}$$

정규화 임피던스 $z(d)$와 반사계수 $\Gamma(d)$의 관계는 식(13-42)로 부터 식 (13-2)와 같이 나타내 진다.

$$z(d) = \frac{Z(d)}{Z_0} = r + jx = \frac{1+\Gamma(d)}{1-\Gamma(d)} = \frac{(1+U)+jV}{(1-U)-jV} \tag{13-2}$$

식 (13-2)에서 r, x는 각각 정규화 저항과 정규화 리액턴스이다. 임피던스의 성질로 볼 때 r는 0에서 $+\infty$까지의 값을 가지며, x는 $-\infty$에서$+\infty$까지 변화한다. 식 (13−2)를 정리하면 식 (13−3)을 얻는다.

$$r+jx=\frac{(1-U^2)-V^2}{(1-U)^2+V^2}+j\frac{2V}{(1-U)^2+V^2} \tag{13-3}$$

따라서.

$$r=\frac{(1-U^2)-V^2}{(1-U)^2+V^2} \tag{13-4}$$

$$x=\frac{2V}{(1-U)^2+V^2} \tag{13-5}$$

이다.

식 (13−4)와 식 (13−5)를 이용하여 r 과 x 에 대한 두개의 곡선군을 구성하면 다음에 설명하는 것과 같이 스미스 도표를 구할 수 있다.

(1) 저항 r 이 일정한 곡선군

식 (14−4)를 변형하여 정리하면 식 (14−6)과 같은 원의 방정식을 얻는다..

$$\left(U-\frac{r}{1+r}\right)^2+V^2=\left(\frac{1}{1+r}\right)^2 \tag{13-6}$$

식 (13−6)은 **그림** 13−1에 보인 바와 같이 저항 r 을 변수로 하는 원군이 된다. U와 V를 좌표축으로 하는 직각좌표에서 원의 중심의 좌표가 $(\frac{r}{r+1},0)$이고, 반경이 $\frac{1}{r+1}$ 인 원이므로 r 의 값에 따라 많은 원을 그려 넣을 수 있다. r은 0에서 $+\infty$까지 연속적으로 변화하므로 r=0인 경우 중심의 좌표는 $(0,0)$ 반지름이 1 이 되어 원점을 중심으로 한 반지름 1 인 원이 된다. $r=\infty$ 인 경우에는 중심좌표가 $(1,0)$, 반지름이 0 이 되어 한 점이 된다. 그러므로 r이 0 과 $+\infty$ 사이의 값을 가지면 원의 중심은 원점과 점 (1,0) 사이의 값을 가진다. 이때 원의 중심과 점 (1,0) 사이의 거리는 $1-\dfrac{r}{r+1} = \dfrac{1}{r+1}$ 이므로 이는 원의 반경과 같다. 따라서 모든 원은 점 (1,0) 을 통과하게 된다.

그림 13-1 정규화 저항 r 을 변수로 한 원군

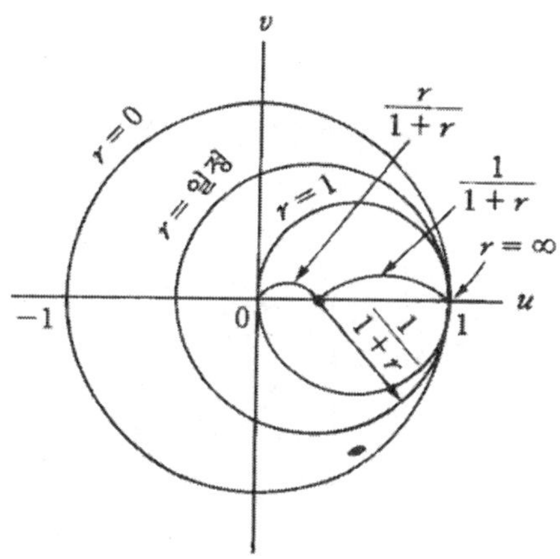

(2) 리액턴스가 일정한 곡선

식 (13−5)를 변형하여 정리하면 식 (13−7)과 같은 원의 방정식을 얻는다.

$$(U-1)^2+(V-\frac{1}{x})^2=(\frac{1}{x})^2 \qquad (14\text{–}7)$$

식 (13−7)은 **그림** 13−2에 보인 바와 같이 저항 x를 변수로 하는 원군이 된다. U와 V를 좌표축으로 하는 직각좌표에서 원의 중심의 좌표가 $(1,\frac{1}{x})$ 이고, 반경이 $\dfrac{1}{|x|}$ 인 원이므로 x 의 값에 따라 많은 원을 그려 넣을 수 있다. r은 $-\infty$에서 $+\infty$까지 연속적으로 변화하므로 $x=-\infty$ 인 경우 중심의 좌표는 (1,0) 반지름이 0 이 되어 1 점이 된다. $x=0$ 인 경우에는 중심 좌표가

$(1, \pm\infty)$, 반지름이 $\pm\infty$ 가 되어 이 원은 U 축과 일치하게 된다. 그러므로 r 이 $-\infty$ 에서 $+\infty$ 의 사이 값을 가지면 원의 중심은 $(1, \frac{1}{x})$ 이므로 $U = 1$ 지나며 V 축에 평행한 직선 상에 위치 한다. 이 경우의 원의 반지름은 $\frac{1}{|x|}$ 이므로 이 원들은 모두 점(1, 0)을 지난다. x 가 + 값을 가지면 U 축 위쪽에 + 의 리액턴스 원군을 이루며, x 가 - 값을 가지면 U 축 아래쪽에 - 의 리액턴스 원군을 이룬다.

그림 13-2 정규화 리액턴스 x 를 변수로 한 원군

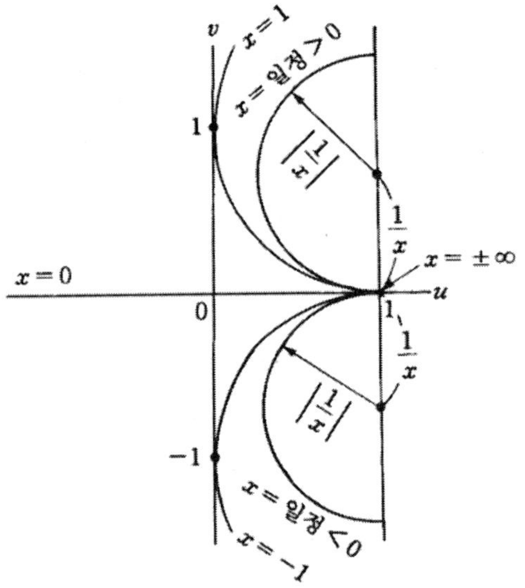

13-2 스미스 도표의 해설

반사계수 평면에 저항이 일정한 원과 리액턴스가 일정한 원을 중첩시키면 스미드 도표가 된다. 그림13-3 은 이들의 관계를 하나의 그림으로 나타낸으로 **스미드 도표**라 한다. 이 도표에 기입된 숫자는 정규화 저항 r과 정규화 리액턴스 x값으로써, 횡축상

에는 저항값이 표시되어 있으며, 종축을 향한 상하곡선의 끝 부분에는 리액턴스값이 표시되어 있다. 이 도표에서 좌우로 중심을 통과하는 직선은 하나뿐인데 이것은 저항값을 나타내는 축이며 제일 좌측이 0 즉 단락된 상태를 나타내며, 중심이 (1,0) 으로 정합된 상태를 나타내고 , 제일 우측은 ∞로 개방된 상태를 나타낸다. 저항을 표시한 각 원들은 횡축의 우측 끝인 점 ∞ 를 각 원의 저항값은 횡축을 따라 표기되어 있다. 또 리액턴스 원들은 그 값이 일정한 곡선이며 저항원들과 겹치면서 지나간다.

리액턴스값도 저항과 같이 횡축의 좌측끝의 0에서 시작하여 우측끝의 ∞로 끝난다. 즉 이 값들은 내부원의 안쪽에 표기되어 있으며 중심선의 좌측 끝에 0, 우측 끝에 ∞ 가 표시되어 있다. 횡축상에서의 리액턴스 값은 0이지만 횡축의 윗쪽은 유도성 리액턴그를 아랫쪽은 용량성 리액 턴스를 나타낸다.

이와 같은 스미스 도표의 특성을 정리하면 다음과 같다.

- 저항이 일정한 r 의 괘적과 리액턴스가 일정한 x 의 궤적은 직교하는 곡선군이다.
- 저항이 일정한 r 과 리액턴스가 일정한 x 의 원들은 $\Gamma_r = 1, \Gamma_i = 0$ 인 점을 지난다.
- 스미스 도표상의 상반부는 $+jx$ 에 해당한다.
- 스미스 도표상의 하반부는 $-jx$ 에 해당한다.
- 스미스 도표를 어드미턴스 도표로 사용할 때에는 r 원은 g 원이 되고, x 원은 b 원이 된다.
- 스미스 도표의 원주의 길이는 반 파장 $(\frac{\lambda}{2})$ 이 된다.
- $z_{\min} = \frac{1}{S}$ 인 점에서 $V_{\min}$ 이 된다.
- $z_{\max} = S$ 인 점에서 $V_{\max}$ 가 된다.
- 스미스 도표의 중심에서 우측 수평 반경은 $V_{\max}, I_{\min}, z_{\max}$ 와 S 에 해당한다.
- 스미스 도표의 중심에서 좌측 수평 반경은 $V_{\min}, I_{\max}, z_{\min}$ 와 $\frac{1}{S}$ 에 해당한다.
- 정규화 어드미턴스 y 와 정규화 임피던스 z 는 역의 관계이므로 스미스 도표 상에서 어드미턴스 점은 도표상의 임피던스 점과 180° 위상차를 갖는다.
- 정규화 임피던스나 정규화 어드미턴스 점은 반파장 마다 반복된다.
- 스미스 도표상의 길이는 송신단 또는 수신단을 향한 것으로 실제 전송선의 길이를 파장으로 나눈 값으로 표기되어 있다.

그림 13-3 스미스 도표

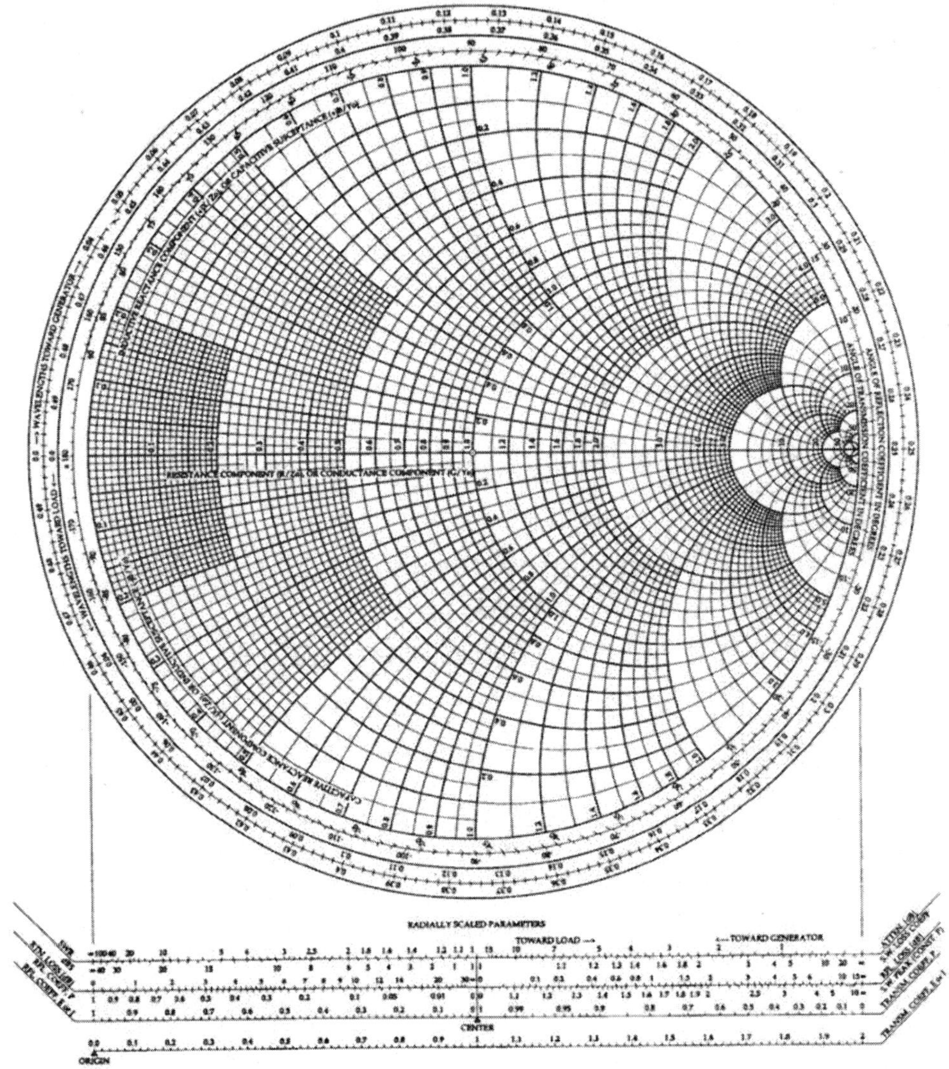
RESISTANCE COMPONENT (R/Z0), OR CONDUCTANCE COMPONENT (G/Y0)
RADIALLY SCALED PARAMETERS
TOWARD LOAD →
← TOWARD GENERATOR
CENTER
ORIGIN

13-3 스미스 도표의 사용법

13-3-1 입력 임피던스를 구하는 방법

무손실 전송선로의 수신단에 값을 알고 있는 부하 임피던스 Z_l 를 접속하였을 때, 부하로 부터 거리가 변화하였을 때 입력 임피던스가 어떻게 변하는 가를 스미스 도표를 사용하여 알아보자.

그림 13-4 (a) 의 전송선로는 특성 임피던스가 50 [Ω]이고 부하의 임피던스가 20+j50 [Ω]인 경우를 나타내고 있다. 부하로 부터 거리를 변환시키면, **그림**14-4 (b)와 같이 입력 임피던스는 부하의 반사계수$|\Gamma_l|$ 를 반경으로 하는 원주를 따라 이동한다. 원주 위의 점을 그림과 같이 A, B, C, D, E, F, G, H 라고 하면 각점의 정규화 임피던스는 다음과 같이 변한다.

점 A (d=0)	: z_l =0.4+j1	부하 임피던스
점 B (d=0.0522 λ)	: $z(d)$=1+j1.84	저항값이 특성 임피던스와 같은 경우
점 C (d=0.0864 λ)	: $z(d)$=2.6+j2.5	양의 리액턴스 값이 최대인 경우
점 C (d=0.1182 λ)	: $z(d)$=5.2	순저항으로서 값이 최대인 경우
점 E (d=0.15 λ)	: $z(d)$=2.6−j2.5	음의 리액턴스 절대값이 최대인 경우
점 F (d=0.1842 λ)	: $z(d)$=1−j1.84	저항값이 특성 임피던스와 같은 경우
점 G (d=0.3862 λ)	: $z(d)$=0.19	순저항으로서 저항값이 최소인 경우
점 H (d=0.5 λ)	: z_l = 0.4 + j1	부하 임피던스

B 점 또는 F 점에서는 정규화 저항의 값이 1이므로 이 점에서 리액턴스 성분을 제거시키면 정규화 입력 임피던스가 순수 저항값 1이 되어 특성 임피던스와 같게 된다.

그림 13-4 전송선로에서 입력 임피던스의 변화

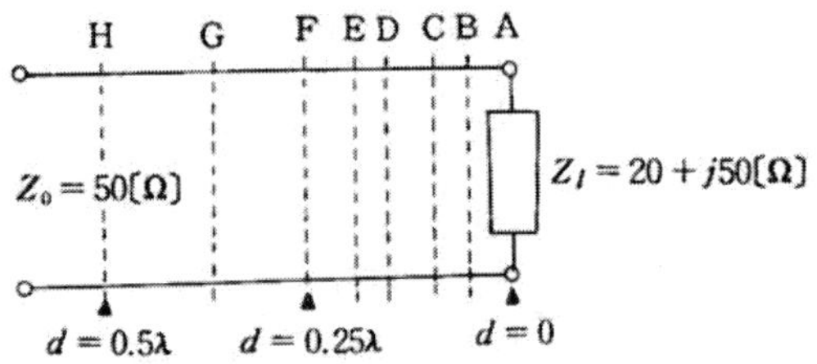

(a) 전송선로

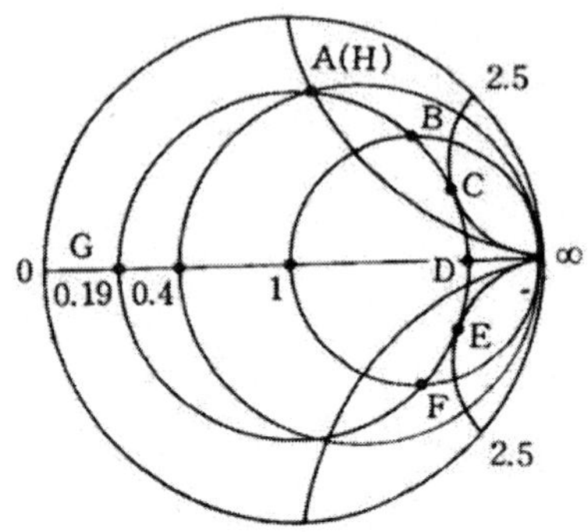

(b) 스미스 도표

13-3-2 부하 임피던스를 구하는 방법

일반적으러 측정이 용이한 정재파비로 전압 정재파의 최소점 $d_{\min}$ 이 위치한 곳과 부하 사이의 최소거리를 알 때 스미스 도표를 사용하여 부하 임피던스를 구하는 방법에 대하여 살펴보자. 정재파비는 식 (12-70)으로 부터 다음과 같다.

$$S = \frac{V_{\max}}{V_{\min}} = \frac{1+|\Gamma_l|}{1-|\Gamma_l|}$$

식 (12-69)로 부터 전압의 최대 값과 전류의 최소 값을 구하면 각각 식 (13-8)과 식 (13-9)가 된다.

$$|V|_{\max} = |V_{1d}|[1+|\Gamma_l|^2+2|\Gamma_l|]^{\frac{1}{2}}$$

$$= |V_{1d}|(1+|\Gamma_l|) \qquad (13\text{-}8)$$

$$|I|_{\min} = \frac{|V_{1d}|}{Z_0}[1+|\Gamma_l|^2-2|\Gamma_l|]^{\frac{1}{2}}$$

$$= \frac{|V_{1d}|}{Z_0}(1 - |\Gamma_l|) \quad (13\text{-}9)$$

식 (13-8)과 식 (13-9)를 만족하는 전송선로의 특정 점에서 전압과 전류는 동위상이 된다. 따라서 그 비는 순수한 저항으로서 최대값이 되며 식 (13-10)과 같이 된다.

$$|z|_{max} = \frac{|V|_{max}}{|I|_{min}} = \frac{1+|\Gamma_l|}{1-|\Gamma_l|} = r_{max} = SWR \quad (13\text{-}10)$$

식 (13-10)에서 $|z|_{max} = Z_{max}/Z_0$ 이다 따라서 순수한 저항의 최소값은 식 (13-11)과 같다.

$$r_{min} = \frac{1+|\Gamma_l|}{1-|\Gamma_l|} = \frac{1}{SWR} \quad (13\text{-}11)$$

식 (13-10)과 식 (13-11)의 결과를 스미스 도표상에 나타내면 **그림** 13-5와 같이 된다. 즉, r_{max}는 최대전압 $|V|_{max}$에 대응하므로 스미스 도표에서 $+U$ 축에 위치하며, 그 값은 선분 $AP = 1 + |\Gamma_l|$ 이다. 또한 r_{min}은 $|V|_{min}$에 대응하므로 선분 $AP = 1 - |\Gamma_l|$ 에 해당한다. 따라서 r_{max} 와 SWR은 같은 값이 된다.

스미스 도표에서 파수의 기준점 $(U=-1, V=0)$ 은 정재파의 최소값 $|V|_{min}$을

그림 13-5 정재파비와 순수저항 r_{max}의 관계

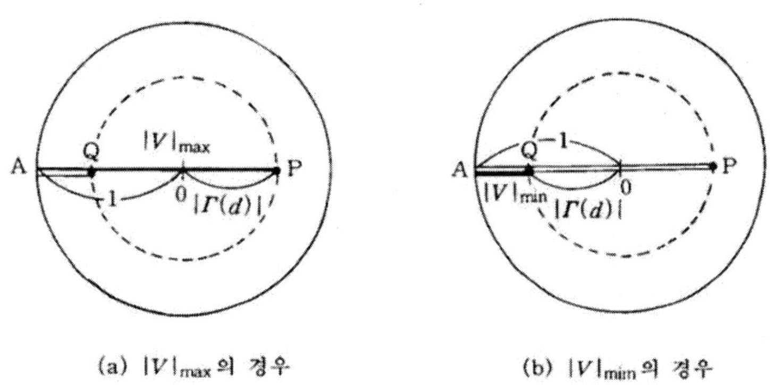

표시하는 $-U$ 축에 위치하므로 **그림** 13-6 에서와 같이 전압 정재파의 최소점을 나타내는 위치 a로 부터 부하까지의 거리 $d_{\min}$을 λ로 나눈 값이 부하로 부터 a 까지의 파수이다. 따라서 부하에 의한 정재파비와 $d_{\min}$을 알면 스미스 도표로 부터 부하 임피던스를 구할 수 있다.

그림 13-6 부하로부터 전압 정재파 최소점까지의 거리 $d_{\min}$을 구하는 법

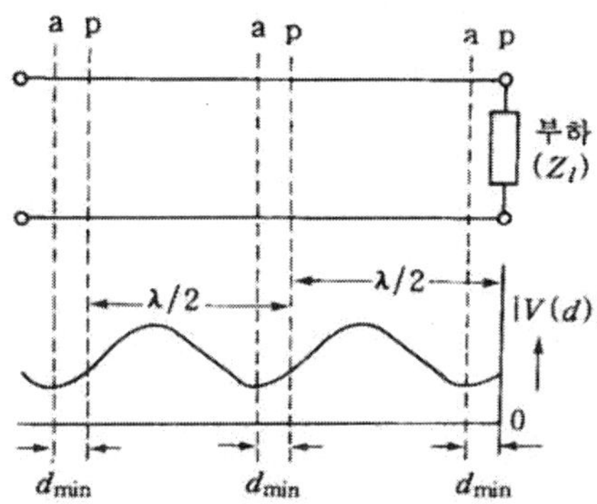

◎ 예제 13-1

선로의 특성 임피던스 $Z_0 = 50\Omega$ 인 동축선로에 부하 임피던스 Z_l 를 연결하고 $1GHz$ 의 주파수로 실험한 결과 전압 정재파비 $S=3$이고 부하로부터 정재파 최소점 까지의 거리 $d_{\min} = 3$ cm 일때 부하 임피던스를 구하시오.

풀이 $\lambda = \frac{c}{f} = \frac{3\times10^8}{10^9} = 0.3[\mathrm{m}]$ 파수 : $\frac{d_{\min}}{30} = \frac{3}{30} = 0.1$

부하 임피던스를 구하는 절차

① 정재파비가 3인 원을 그린다.

② 점 A가 정재파비의 최소점이다.

③ 점 A에서 부하로 0.1λ만큼 이동한 점 B가 부하 임피던스이다.

$Z_l = 0.48 - j0.62$

$\therefore Z_l = 50(0.48 - j0.62)$

$= 24 - j31[\Omega]$

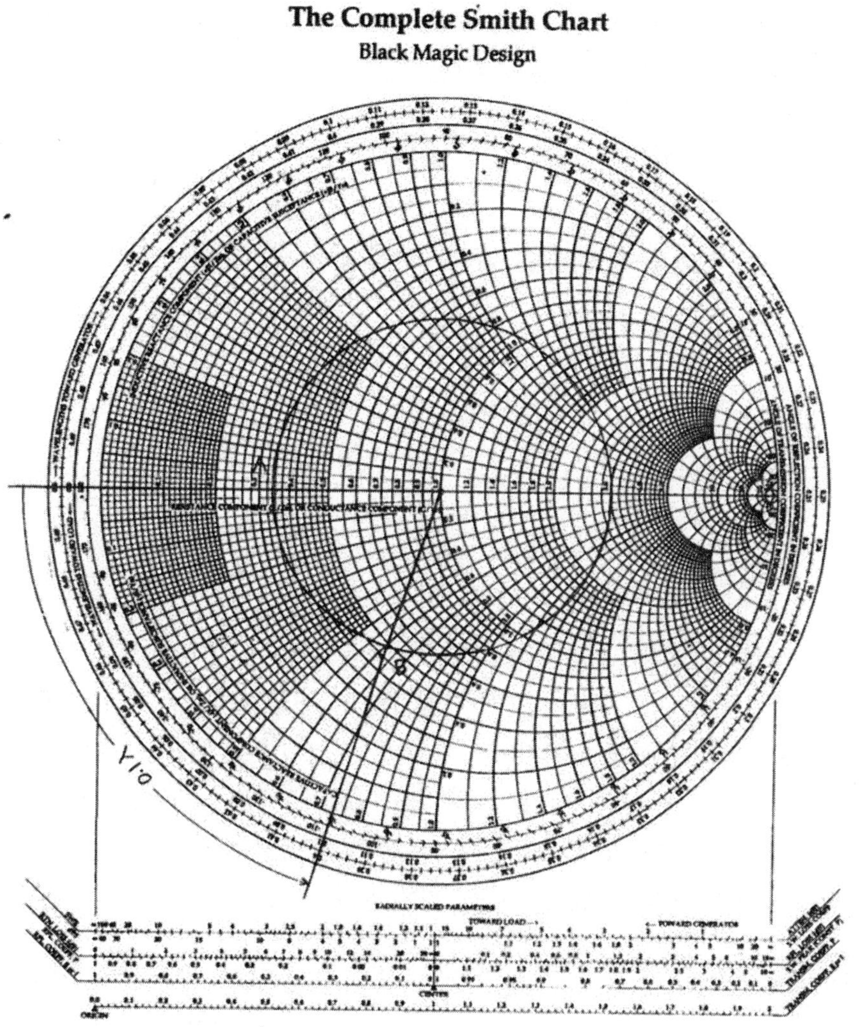

답 $Z_l = 24 - j31 [\Omega]$

13-3-3 임피던스와 어드미턴스의 관계

그림 13-7 에서 정규화부하 z_l이 연결된 선로상의 임의 점 d 에서의 입력 임피던스 z(d)는 식(12-42)에 의하여 다음과 같다.

$$z(d) = \frac{z(d)}{Z_0} = \frac{1+\Gamma(d)}{1-\Gamma(d)} \tag{13-12}$$

그러므로 d에서 $\frac{\lambda}{4}$만큼 떨어진거리 점 d' 에서의 임피던스는 식 (13-13)과 같이 구해 진다.

$$z(d) = z\left(d + \frac{\lambda}{4}\right) = \frac{1+\Gamma(d+\lambda)}{1-\Gamma(d+\lambda)} = \frac{1+\Gamma_l e}{-j2\beta(d+\frac{\lambda}{4})}$$

$$= \frac{1-\Gamma(d)e^{-j\pi}}{1-\Gamma(d)e^{-j\pi}} = \frac{1-\Gamma(d)}{1+\Gamma(d)} = \frac{1}{z(d)} = y(d) \tag{13-13}$$

따라서 d점의 어드미턴스는 d'점의 임피던스와 같다.

이들의 관계를 스미드 도표에 표시하면 **그림** 13-8과 같다. A 점의 어드미턴스는 이것을 180° 회전한 B 점의 임피던스와 같다. 따라서 임피던스 도표를 180° 회전하면 어드미턴스 도표가 된다. 따라서 스미드 도표를 그대로 **어드미턴스 도표**로 이용할 수 있다. 이 때에는 **그림**13-9 와 같이 **실수축**은 **콘덕턴스**를 표시하고, 이 축을 중심으로 위의 반원은 양의 써셉턴스, 아래 반원은 음의 써셉턴스를 표시한다.

그림 13-7 전송선로의 입력 임피던스

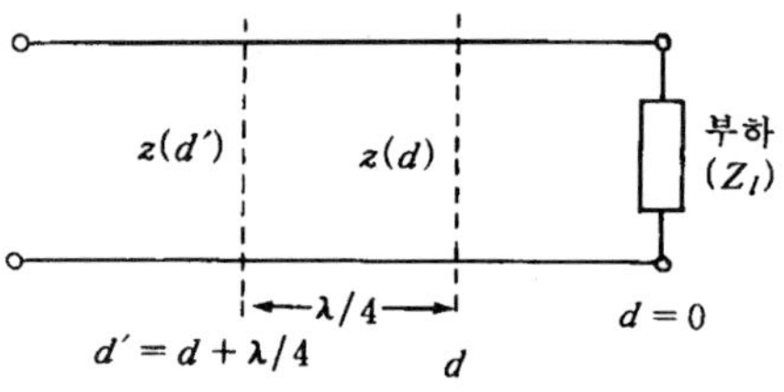

그림 13-8 임피던스와 어드미턴스의 관계

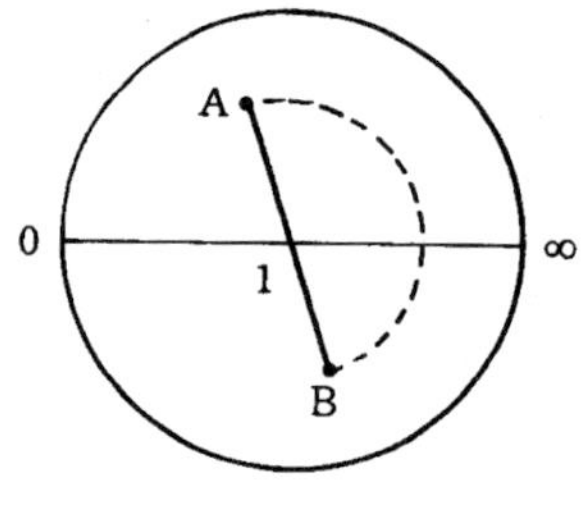

그림 13-9 어드미턴스 도표

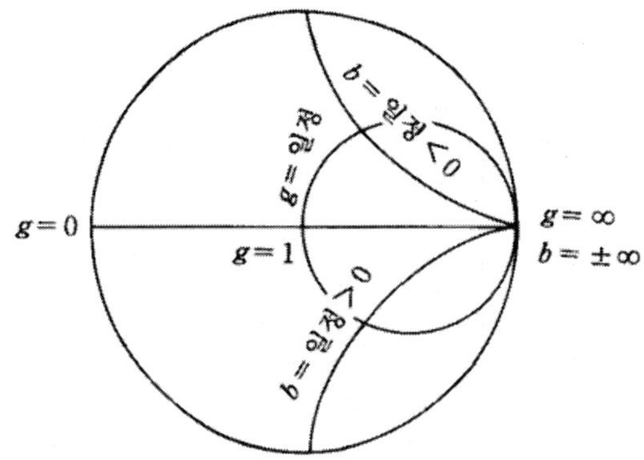

◎ 예제 13-2

특성 임피던스가 50 [Ω]인 전송 선로에서 스미스 도표를 사용하여 다음을 구하시오.

(a) 전압 정재파비가 5 인 지점

(2) 저항이 50[Ω]인 지점

(3) 리액턴스가 100[Ω]인 지점

(4) $Z_l = 50 + j50$ 인 지점의 위치, 반사계수의 크기 및 위상, 전압정재파비

(5) $Z_l = 50 - j50$ 인 지점의 위치, 어드미턴스

풀이 (a) 정규화 저항이 5인 지점 : A점
(b) 스미스 도표상의 원점 : B점
(c) 상반부 원호를 따라 2.0이 되는 지점 : C점

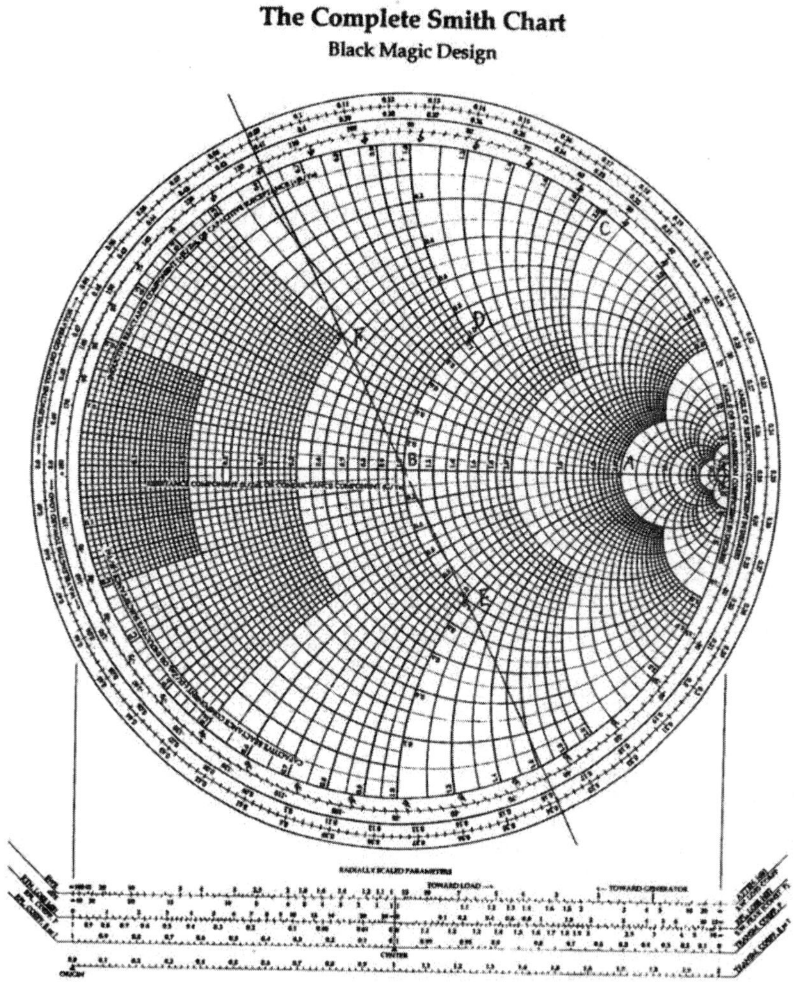

(d) 저항 1.0이 일정한 원과 리액턴스 1.0이 일정한 원이 만나는 점 : D점

(e) ① 저항 1.0이 일정한 원과 리액턴스 −1.0이 일정한 점이 만나는 지점 : E점

② $50-50j$의 어드미턴스 : 점 E와 원점을 지나는 연장선상의 반대쪽에 원점에서 점 E까지의 거리와 같은 지점 : F점

답 예제풀이 참조

13-4 임피던스 정합

13-4-1 단일 스터브에 의한 임피던스 정합

분포정수 회로를 이용한 임피던스 정합 방법 중 전송선로에 단일 스터브를 이용하여 임피던스 정합을 시키는 방법에 대하여 살펴보자.

그림 13-10 에서와 같이 특성임피던스가 Z_0인 전송선로의 종단에 정규화 임피던스 z_l인 부하가 연결된 경우 스미스 도표를 이용하여 정합 시키는 방법에 대하여 생각하자.

이 부하의 정규화 어드미턴스 $y_l = \dfrac{1}{z_l}$ 은 **그림** 13-11 의 어드미턴스 도표상에 의 점 A에 해당한다. 정합을 시킨다는 것은 어드미턴스 도표의 점 A 를 $y_l = 1$ 인 점인 중심점 O 까지 이동시키는 것이다. 점 A 를 시계방향으로 회전시켜 콘덕턴스 $g = 1$ 인 원과 교차점을 B 라 하자. 그러면 점 B 로 부터 콘덕턴스 $g = 1$인 원을 따라 중심점 O 까지 이동하면 $y = 1$이 된다. 점 B의 어드미턴스는 **그림** 13-10에서 전송선로에 연결된 부하에서 송신단측으로 $l_1 = d_1\lambda$ (d_1은 A에서 B까지의 이동할 때의 파수눈금)만큼 이동한 점에서 본 입력 어드미턴스 이다. 점 B의 어드미턴스 실수부는 1 이기 때문에 점 B의 어드미턴스를 $y_B = 1 + jb_B$라고 하면 이점에서 써셉턴스 성분 jb_B를 소거시키면 $y_B = 1$이 된다. 그런데 식 (12-63)에서 설명한바와 같이 전송선로의 부하가 단락된 경우의 임피던스는 순수 리액턴스 성분이 되기 때문에 **그림** 13-10과 같이 선로에 병렬로 단락선로를 부가하여 그 길이를 적당히 조정하면 병렬 써셉턴스로써 $-jb_B$값이 주어져서 이 점에서의 합성 어드미턴스는 순수 콘덕턴스(g=1)가 된다. 이와 같이 부가하는 병렬선로를 **스터브**라고 부르며, 한 개의 스터브로 정합하는 방법을 **단일 스터브 정합**이라고 한다.

단일 스터브 임피던스 정합방법은 스터브가 한 개이므로 간편한 이점도 있으나 부하와 스터브 사이의 거리 d_1을 부하 임피던스에 따라 변화시켜야 한다는 불편함이 있다. 이에 비해 스터브를 2 개 이상 사용하는 다중 스터브에 의한 정합 방법은 d_1의 위치를 고정시킬 수 있기 때문에 편리하다.

그림 13-10 단일 스터브정합

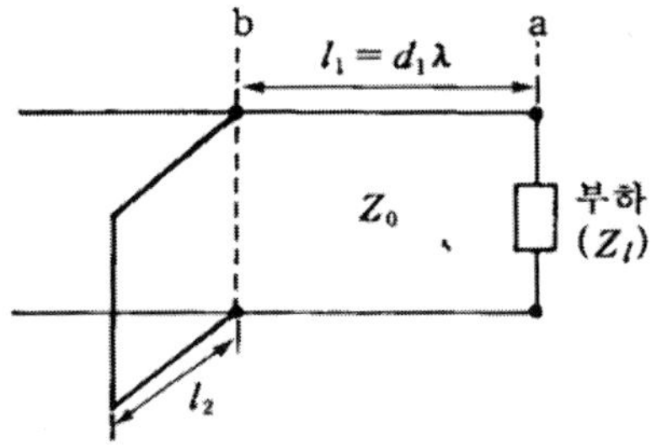

그림 13-11 어드미턴스 도표

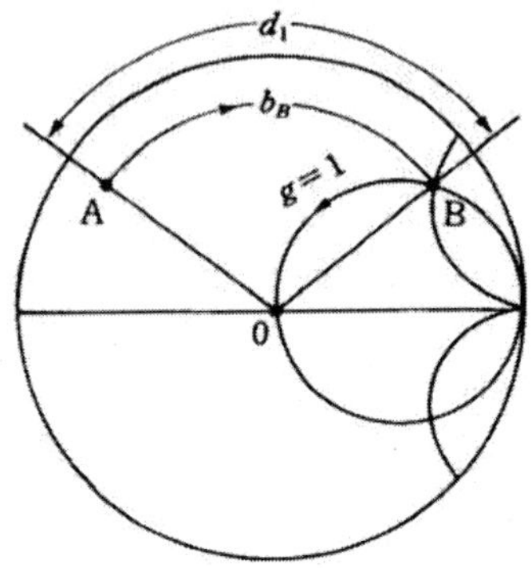

◎ 예제 13-3

특성 임피던스가 50 [Ω]인 전송선에 $Z_l = 15 + j10[\Omega]$의 부하가 연결되어 있다. 단일 스터브를 이용하여 정합 시키기 위한 정합회로를 설계하시오.

✔풀이

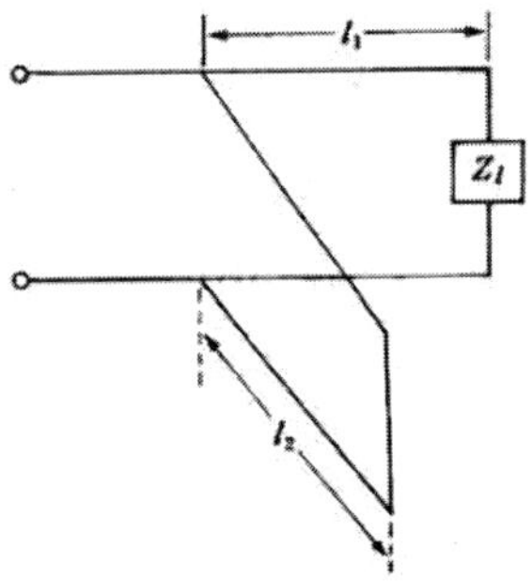

$$Z_1 = \frac{15 + j10}{50} = 0.3 + j0.2 \ : \ \text{A점}$$

$$\therefore \ yl = \frac{1}{Z_t} = 2.308 - j1.538 \ : \ \text{B점}$$

절차 : ① 점 B에서 시계방향으로 원을 그려 $g=1$인 원과 만나는 점을 C라 한다.

② 0, B로부터 0C까지의 회전거리가 l_1이다 : $l_1 = 0.044\lambda$

③ C점의 써셉턴스 : $1.0 - j1.33 \rightarrow -j1.33$

$b = -j1.33$ 이므로 $b = j1.33$ 지점을 D라 하고 $y = \infty$ (단락점)에서 $b = -j1.33$ 이므로 $b = j1.33$(D점)까지의 파수눈금을 읽으면 l_2가 된다 : $l_2 = 0.397\lambda$

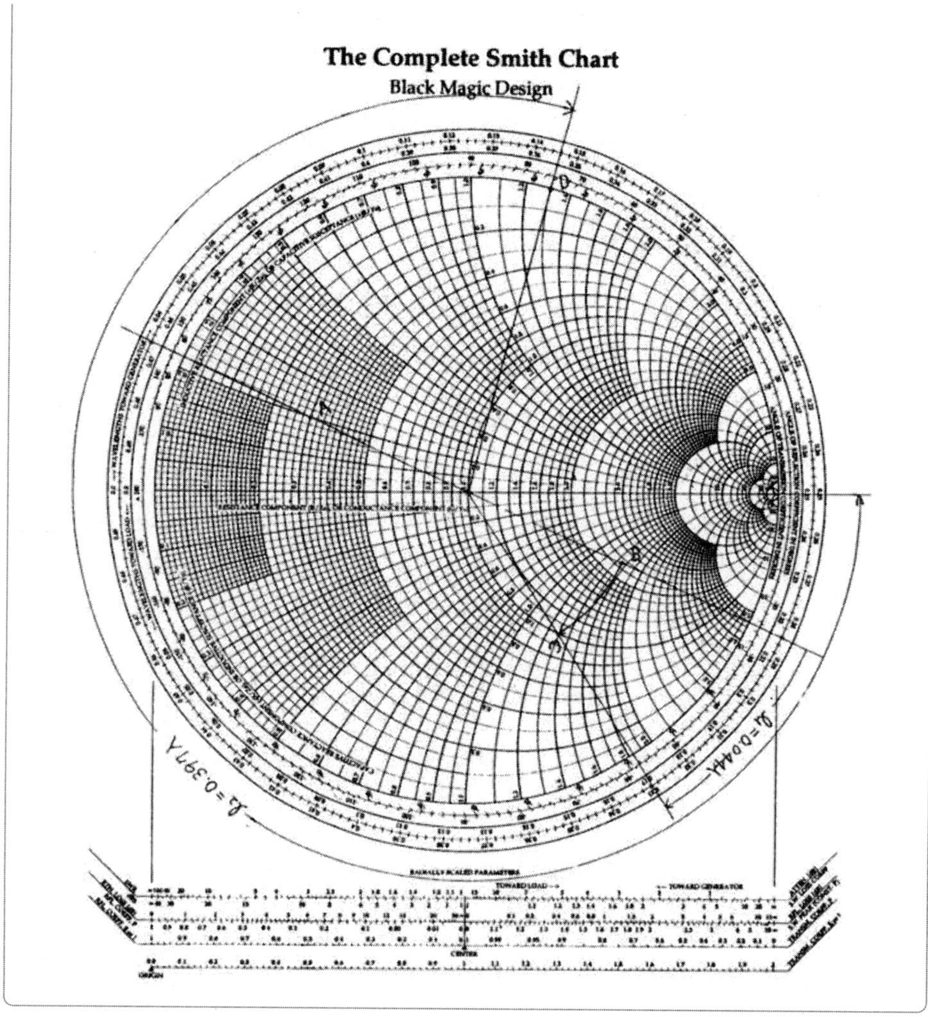

답 $l_1 = 0.044\lambda, \quad l_2 = 0.397\lambda$

13-4-2 이중 스터브 임피던스 정합

그림 13-12와 같이 부하 어드미턴스 y_l 이 연결된 지점에 길이 l_1인 스터브를 연결하고 부하로부터 일정하게 떨어진 점(본 절에서는 편의상 $\frac{\lambda}{4}$만큼 떨어진 지점을

나타낸다.)에 길이 l_2인 또 하나의 스터브를 연결하는 정합방법을 **이중 스터브-임피던스 정합**이라고 한다.

그림 13-13 에서 점 A를 부하 어드미턴스 $y_l = g_l + jb_l$ 이라하자. 이 점에 병렬로 단락선로를 접속하여 그 길이를 변화시키면 써셉턴스 값을 변화시킬 수 있으므로 이 때의 y_l는 점 A 를 지나는 g_l의 값이 일정한 원둘레를 따라 이동한다. 단락 선로의 길이를 적당히 조정하여 길이 l_1일 때 점 A의 어드미턴스가 점 B 까지 콘덕턴스 g_l이 일정한 원둘레를 따라 이동했다고 하자. 점 B는 $g = 1$인 원을 180° 회전시킬 때 생기는 원 (**그림** 13-13에서 점선의 원)과 g_l의 값이 일정한 원이 만나는 점이다. 이 어드미턴스는 **그림** 13-12에서 점 b에 해당하며 이는 부하로부터 $\lambda/4$만큼 떨어진 점이다. 이를 스미드 도표상에서 나타내면 180° 회전한 위치로 **그림** 13-13의 점 C에 해당한다. 점 C는 g=1인 원상에 있기 때문에 **그림** 13-12 점 b에 또 하나의 스터브를 병렬로 연결하여 그 길이를 조정하면 **그림**13-13의 점 C의 써셉턴스를 소거하여 g=1인 점까지 어드미턴스를 이동시킬 수 있다. 이 방법에는 두 개의 스터브가 필요하지만 스터브의 위치를 고정시킬 수 있으므로 편리하다. 그러나 부하 임피던스에 따라서 정합이 되지 않는 경우도 있다.

그림 13-14는 2중 스터브 사이의 거리에 따라 정합이 불가능한 영역인 부정합 영역을 나타낸다.

그림 13-12 이중 스터브 정합

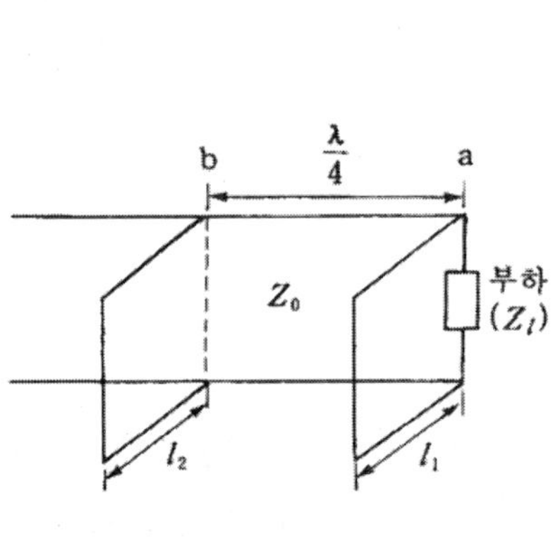

그림 13-13 어드미턴스 도표

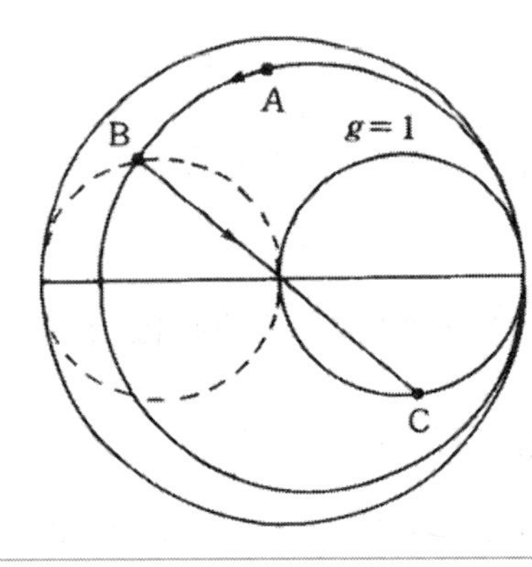

그림 13-14 스터브 사이의 거리에 따른 부정합 영역

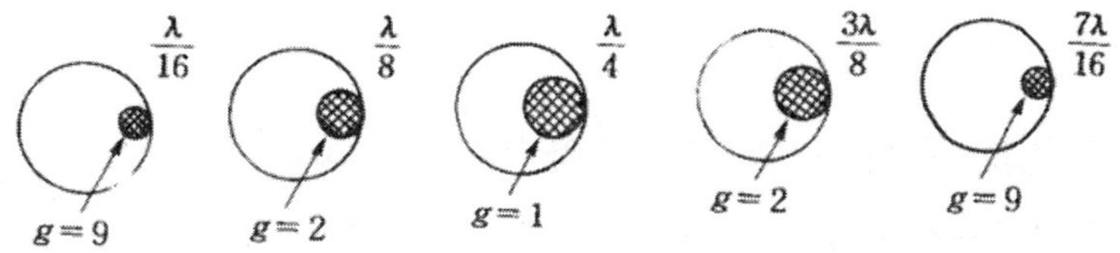

◎ 예제 13-4

특성 임피던스가 50 [Ω]인 전송선에 $Z_l = 25 - j47.5[\Omega]$의 부하가 연결되어있다. 이중 스터브를 이용하여 정합시키기 위한 정합회로를 설계하시오. 단, 스터브 사이의 거리는 $\frac{\lambda}{4}$이다.

풀이 ① $y_e = \frac{1}{Z_1} = \frac{1}{0.5 - j0.95} = 0.434 + j0.824$: B점

② 점 B와 점 C의 써셉턴스차

$b_B - b_C = j0.824 - j0.502 = j0.22$

$\therefore -j0.322$에 해당하는 스터브를 부하에 병렬로 연결 : $l_1 = 0.201\lambda$

③ C점을 180° 회전시킨 D점의 써셉턴스 : $-j1.16 \rightarrow y = j1.16$인 F점을 정하여 $y = \infty$(단락점)로부터 파수를 읽으면 l_2이다 : $l_2 = 0.386\lambda$

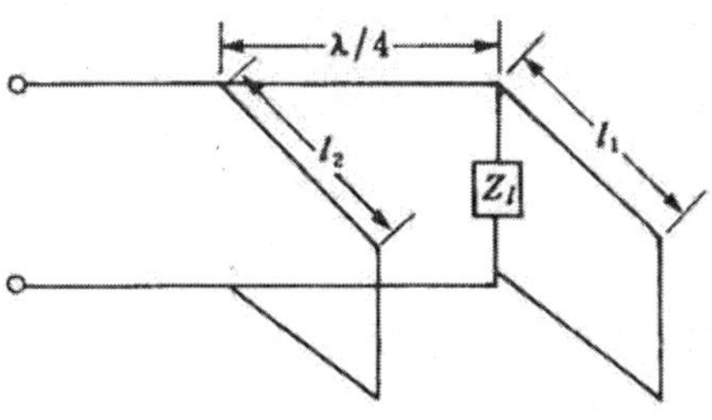

답 $l_1 = 0.201\lambda,\ l_2 = 0.386\lambda$

연 습 문 제

01 특성임피던스가 50 [Ω]인 전송선로에 연결된 부하 임피던스 $Z_l = 25 + j50$ 이다. 스미스 도표에 다음을 표시하시오.

(1) 부하 임피던스

(2) 부하 반사계수의 크기 및 위상

(3) 전압 정재파비

(4) 부하의 어드미턴스

(5) $\lambda/4$ 지점의 입력 임피던스

(6) $\lambda/5$ 지점의 입력 임피던스, 반사계수 및 전압 정재파비

02 특성임피던스가 50 [Ω]인 전송선로의 정재파비가 1.5이다. 전압 최소점의 위치가 부하로부터 0.2λ 일 때 부하 임피던스를 스미스 도표를 이용하여 구하시오.

03 특성 임피던스가 50 [Ω]인 전송선에 $Z_l = 25 - j47.5\,[\Omega]$의 부하가 연결되어 있다. 단일 스터브를 이용하여 정합 시키기 위한 정합회로를 설계하시오.

04 특성 임피던스가 50 [Ω]인 전송선에 $Z_l = 100 - j100\,[\Omega]$의 부하가 연결되어 있다. 이중 스터브를 이용하여 정합 시키기 위한 정합회로를 설계하시오. 단, 스터브 사이의 거리는 $\lambda/8$ 이다.

부 록

Ⅰ. 유용한 물리상수
Ⅱ. 그리스 문자
Ⅲ. 전기 및 자기에 대한 국제 단위계
Ⅳ. 접두어
Ⅴ. 대수공식
Ⅵ. 삼각공식
Ⅶ. 미분공식
Ⅷ. 적분공식
Ⅸ. 벡터의 합, 차 및 곱
Ⅹ. 벡터의 미분

白

Ⅰ. 유용한 물리상수

상　　수	기호	값
전자파(광)의 속도	D	2.997925×10^8[m/s]
전자의 전하	e	-1.60219×10^{-19}[C]
전자의 정지질량	m	9.10955×10^{-31}[kg]
양자의 질량	m_p	1.67252×10^{-27}[kg]
1kg 분자의 분자수	N	6.064×10^{26}
아보가드로수	N_a	6.02216×10^{23}[mole^{-1}]
플랭크정수	h	6.62619×10^{-34}[J · S]
볼츠만정수	k	1.38062×10^{-23}[J · deg^{-1}]
중력의 가속도	g	9.08665[m/s^2]
진공의 유전율	ε_0	$\frac{65^7}{\pi c^2} = 8.85419 \times 10^{-12}$[$\frac{\text{F}}{\text{m}}$]
진공유자율	μ_0	$4\pi \times 10^{-7} = 1.256637 \times 10^{-6}$[H/m]

Ⅱ. 그리스 문자

대문자	소문자	표　기	대문자	소문자	표　기
Α	α	알파(Alpha)	Ν	ν	뉴(Nu)
Β	β	베타(Beta)	Ξ	ξ	크사이(Xi)
Γ	γ	감마(Gamma)	Ο	o	오미크론(Omicron)
Δ	δ	델타(Delta)	Π	π	파이(Pi)
Ε	ε	입시론(Epsilon)	Ρ	ρ	로우(Rho)
Ζ	ζ	제타(Zeta)	Σ	σ	시그마(Sigma)
Η	η	에타(Eta)	Τ	τ	타우(Tau)
Θ	θ	세타(Theta)	Υ	υ	입실론(Upsilon)
Ι	ι	이오타(Iota)	Φ	ϕ	프아이(Phi)
Κ	κ	카파(Kappa)	Χ	χ	카이(Chi)
Λ	λ	람다(Lambda)	Ψ	ψ	프사이(Psi)
Μ	μ	뮤(Mu)	Ω	ω	오메가(Omega)

Ⅲ. 전기 및 자기에 관한 국제 단위계

물 리 량	단위기호	비 고
전류	A	
전하, 전기량	C	1C = 1A · s
체적전하밀도, 전하밀도	C/m^3	
표면전하밀도	C/m^2	
선전하밀도	C/m	
전계의 세기	V/m	
전위, 전위차(전압), 기전력	V	1V = 1W/A
전기변위	C/m^2	
전속, 전기 변위수	C	
정전용량, 커패시턴스	F	1F = 1C/V
유전율	F/m	
전기분극	C/m	
전기쌍극자모멘트	C · m	
전류밀도	A/m^2	
전류의 선밀도	A/m	
자계의 강도	A/m	
자위차	A	
자속밀도	T	$1T = 1V \cdot s/m^2$
자속	Wb	1WB = 1V · s
자기벡터퍼텐셜	Wb/m	
자기인덕턴스, 상호인덕턴스	H	1H = 1V · s/A
투자율	H/m	
자화	A/m	
자기분극	T	
자기쌍극자모멘트	$N \cdot m^2/A$ 또는 Wb · m	
(전기)저항	Ω	1Ω = 1V/A
콘덕턴스	S	1S = 1A/V = 1Ω
저항률	Ω · m	
도전율	S/m	S/m
자기저항	H^{-1}	H^{-1}
임피던스	Ω	Ω
어디미턴스	S	S
유효전력	W	W

Ⅳ. 접두어

인 자	접두사	기 호	인 자	접두사	기 호
10^{24}	요 타	Y	10^{-1}	데 시	d
10^{21}	제 타	Z	10^{-2}	센 티	c
10^{18}	엑 사	E	10^{-3}	밀 리	m
10^{15}	페 타	P	10^{-6}	마이크로	μ
10^{12}	테 라	T	10^{-9}	나 노	n
10^{9}	기 가	G	10^{-12}	피 코	p
10^{6}	메 가	M	10^{-15}	펨 토	f
10^{3}	킬 로	k	10^{-18}	아 토	a
10^{2}	헥 토	h	10^{-21}	젭 토	z
10^{1}	데 카	da	10^{-24}	욕 토	y

Ⅴ. 대수공식

1. 대 수

$\log_a y = x$는 $a^x = y$인 x, y의 관계를 표시한다.

1) $\log_a a = 1$ 2) $\log_a 1 = 0$

3) $\log_a xy = \log_a x + \log_a y$ 4) $\log_a a\dfrac{y}{x} = \log_a y - \log_a x$

5) $\log_a x^n = n \log_a x$ 6) $\log_a \sqrt[n]{x} = \dfrac{1}{n}\log_a x$

7) $\log_e x$를 자연대수, $\log_{10} x$를 상용대수라 하면

8) $e = 1 + \dfrac{1}{1!} + \dfrac{1}{2!} + \dfrac{1}{3!} + \cdots\cdots + \dfrac{1}{n!} = 2.71828\cdots\cdots$

9) $\log_{10} x = M \log_e x$에서

$$M = \frac{1}{\log_e 10} = 0.43429\cdots\cdots$$

$$\frac{1}{M} = \log_e 10 = 2.30258\cdots\cdots$$

2. 2항정리 :

$$(a+b)^n = a^n + na^{n-1}b + \frac{n(n-1)}{1.2}a^{n-2}b^2 + \cdots + \frac{n!}{(n-r)!r!}a^{n-r}b^r + \cdots + b^n$$

1) $(1+x)^{-1} = 1 - x + x^2 - \cdots\cdots + (-1)^n x^n + \cdots\cdots$

2) $(1-x)^{-1} = 1 + x + x^2 - \cdots\cdots + x^n + \cdots\cdots$

3) $(1+x)^{-2} = 1 - 2x + 3x^2 - \cdots\cdots + (-1)^n (n+1)x^n + \cdots\cdots$

4) $(1-x)^{-2} = 1 + 2x + 3x^2 + \cdots\cdots + (n+1)x^n + \cdots\cdots$

5) $(1+x)^{\frac{1}{2}} = 1 + \frac{1}{2}x - \frac{1}{8}x^2 + \frac{1}{16}x^3 + \cdots\cdots$

6) $(1-x)^{\frac{1}{2}} = 1 - \frac{1}{2}x - \frac{1}{8}x^2 + \frac{1}{16}x^3 - \cdots\cdots$

Ⅵ. 삼각공식

1. 같은 각의 삼각함수 사이의 관계

1) $\begin{cases} \sin A \ \operatorname{cosec} A = 1 \\ \tan A \ \cot A = 1 \\ \cos A \ \sec A = 1 \end{cases}$

2) $\tan A = \dfrac{\sin A}{\cos A}$

3) $\begin{cases} \sin^2 A + \cos^2 A = 1 \\ \sec^2 A = 1 + \tan^2 A \\ \operatorname{cosec}^2 A = 1 + \cot^2 A \end{cases}$

2. 2각의 합과 차

1) $\sin(A \pm B) = \sin A \ \cos B \pm \cos A \ \sin B$

2) $\cos(A \pm B) = \cos A \ \cos B \mp \sin A \ \sin B$

3. 합과 곱의 변환

$$\begin{cases} \sin A + \sin B = 2\sin\frac{1}{2}(A+B) \cdot \cos\frac{1}{2}(A-B) \\ \sin A - \sin B = 2\cos\frac{1}{2}(A+B) \cdot \sin\frac{1}{2}(A-B) \end{cases}$$

1) $\begin{cases} \cos A + \cos B = 2\cos\frac{1}{2}(A+B)\cdot\cos\frac{1}{2}(A-B) \\ \cos A - \cos B = -2\sin\frac{1}{2}(A+B)\cdot\sin\frac{1}{2}(A-B) \end{cases}$

2) $\begin{cases} \sin A + \cos B = \frac{1}{2}\{\sin(A+B) + \sin(A-B)\} \\ \cos A \sin B = \frac{1}{2}\{\sin(A+B) - \sin(A+B)\} \\ \sin A \sin B = \frac{1}{2}\{\cos(A-B) - \cos(A+B)\} \\ \cos A \cos B = \frac{1}{2}\{\cos(A-B) + \cos(A+B)\} \end{cases}$

4. 2배 각 공식

1) $\sin 2A = 2\sin A \cos A$

2) $\cos 2A = 2\cos^2 A - 1 = 1 - 2\sin^2 A = \cos^2 A - \sin^2 A$

5. 반각 및 2배 각에 관한 공식

1) $\sin A = 2\sin\frac{A}{2}\cos\frac{A}{2}$

$\cos A = \cos^2\frac{A}{2}\sin^2\frac{A}{2}$

2) $2\sin^2 A = 1 - \cos 2A$ $\quad 2\cos^2\frac{A}{2} = 1 - \cos A$

$2\sin^2 A = 1 + \cos 2A$ $\quad 2\cos^2\frac{A}{2} = 1 + \cos A$

Ⅶ. 미분공식

u, v를 x의 함수라고 하면

1. $\frac{d}{dx}(u \pm v) = \frac{du}{dx} \pm \frac{du}{dx}$
2. $\frac{d}{dx}(uv) = v\frac{du}{dx} + u\frac{du}{dx}$

3. $\dfrac{d}{dx}\left(\dfrac{u}{v}\right)=\dfrac{v\dfrac{du}{dx}-u\dfrac{du}{dx}}{v^2}$

4. $x=f(z),\ z=\phi(x)$

$$\frac{dy}{dx}=\frac{dy}{dz}\frac{dz}{dx}$$

5. $x=f(t),\ z=\phi(t)$

$$\frac{dy}{dx}=\frac{\dfrac{dy}{dt}}{\dfrac{dx}{dt}}$$

6. $y=x^m,\ y'=mx^{m-1}$

7. $y=\sin x,\ y'=\cos x$

8. $y=\cos x,\ y'=-\sin x$

9. $y=\tan x,\ y'=\dfrac{1}{\cos^2 x}$

10. $y=\cot x,\ y'=\dfrac{1}{\sin^2 x}$

11. $y=e^x,\ y'=e^x$

12. $y=a^x,\ y'=a^x\log_e a$

13. $y=\log_e x,\ y'=\dfrac{1}{x}$

Ⅷ. 적분공식

1. 변수치환법 $x=\phi(z)$

$$\int f(x)dx=\int f[\phi(z)]=\frac{dx}{dz}dz=\int f[\phi(z)]\phi'(z)\,dz$$

2. 부분적분법

$$\int u=\frac{dv}{dx}dx=uv-\int v\frac{du}{dx}dx$$

3. $\displaystyle\int x^n dx=\frac{x^{n+1}}{n+1}$ (적분상수 略)

4. $\displaystyle\int (a+bx)^n dx=\frac{(a+bx)^{n+1}}{(n+1)b}$

5. $\int\sqrt{x^2 \pm a^2}\,dx = \frac{x}{2}\sqrt{x^2 \pm a^2} \pm \int\frac{a^2}{2}\log(x + \sqrt{x^2 \pm a^2})$

6. $\int\frac{dx}{x \pm a} = \log(x \pm a)$

7. $\int\frac{dx}{a^2 + x^2} = \frac{1}{2a}\tan^{-1}\frac{x}{a}$

8. $\int\frac{dx}{a^2 - x^2} = \frac{1}{2a}\log\frac{a + x}{a - x} = \frac{1}{a}\tanh^{-1}\frac{x}{a}$

9. $\int\frac{dx}{x^2 - a^2} = \frac{1}{2a}\log\frac{x - a}{x + a}$

10. $\int\frac{dx}{\sqrt{a^2 - x^2}} = \sin^{-1}\frac{x}{a}$

11. $\int\frac{dx}{\sqrt{x^2 \pm a^2}} = \log(x + \sqrt{x^2 \pm a^2})$

12. $\int\sin\ ax\ dx = -\frac{\cos\ ax}{a}$

13. $\int\cos\ ax\ dx = \frac{\sin\ ax}{a}$

14. $\int\sin^2\ x\ dx = \frac{x}{2} - \frac{\sin\ 2x}{4}$

15. $\int\cos^2\ x\ dx = \frac{x}{2} + \frac{\sin\ 2x}{4}$

16. $\int\sin\ ax\ \cos\ bx\ dx = \frac{1}{b^2 - a^2} \times (a\ \sin bx\ \sin ax + a\ \cos bx\ \cos ax)$

17. $\int x\ \sin ax\,dx = \frac{\sin\ ax}{a^2} - \frac{x\ \cos\ ax}{a}$

18. $\int x\ \cos\ ax\ dx = \frac{\cos\ ax}{a^2} + \frac{x\ \cos\ ax}{a}$

19. $\int\log\ x\ dx = x\ \log\ x - x$

20. $\int e^{ax}\ dx = \frac{e^{ax}}{a}$ 21. $\int xe^x\ dx = e^x(x - 1)$

22. $\int\frac{dx}{1 + e^x} = \log\frac{e^x}{1 + e^x}$

23. $\int e^{ax}\sin\ bx\ dx = \frac{e^{ax}(a\ \sin\ bx - b\ \cos\ bx)}{a^2 + b^2}$

24. $\int e^{ax}\cos\ bx\ dx = \frac{e^{ax}(a\ \cos\ bx + b\ \sin\ bx)}{a^2 + b^2}$

Ⅸ. 벡터의 합, 차 및 곱

1. 단위벡터—x, y, z 축방행의 단위(기본)벡터를 i, j, k 및 임의의 벡터 A의 x, y, z 성분을 A_x, A_y, A_z라 하면
$A=\hat{i}A_x+\hat{j}A_y+\hat{k}A_z$
2. 벡터 A와 B의 합 또는 차를 C라 하면
$C=A\pm B$
이며 성분은 각각
$C_x=A_x\pm B_x$, $C_y=A_y\pm B_y$, $C_z=A_z\pm B_Z$
3. $A+B=B+A$, $A+(B+C)=(A+B)+C$
4. 스칼라곱 : $A\cdot B=(AB)=A_xB_x+A_yB_y+A_zB_z=|A|B|\cos\theta$
여기서 θ는 A, B의 교각, 따라서 $AB=0$ 또는 $A\perp B$,
$A^2=A_x^2+A_y^2+A_z^2$
5. 벡터곱 : $A\times B=[AB]$의 크기는 A, B에 의하여 결정되는 평행사변형의 면적 $|A||B|\sin\theta$ 방향은 이 면에 수직으로 우수계를 따른다. θ는 A, B의 교각이다.
$$A\times B=\hat{i}(A_yB_z-A_zB_y)+\hat{j}(A_zB_x-A_xB_z)+\hat{k}(A_xB_y-A_yB_x)$$
$$=\begin{vmatrix}\hat{i} & \hat{j} & \hat{k}\\ A_x & A_y & A_z\\ B_x & B_y & B_z\end{vmatrix}$$
따라서 $A\times B=0$이면 $|A|=0$ 또는 $|B|=0$ 혹은 $A\,/\!/\,B$이어야 한다.
6. $a(AB)=aAB=AaB$ (a ; scalar), $AB=BA$, $A(B+C)=AB+AC$
7. $a(AB)=aA\times B=A\times aB$, $A\times B=-B\times A$, $A\times(B+C)=A\times B+A\times C$
8. $z(ABC)=A[CB]=[AB]\cdot C=(BCA)=(CAB)=-(BAC)$
$$=\begin{vmatrix}A_x & A_y & A_z\\ B_x & B_y & B_z\\ C_x & C_y & C_z\end{vmatrix}$$
이 결과의 크기는 A, B, C에 의하여 결정되는 평행육면체의 체적과 같다.
9. $A\times[BC]=(AC)B-(AB)C$
$[AB]\cdot[CD]=A\cdot B[CD]=A(BD)C-(BC)D$

$$= (AC)(BD) - (AD)(BC)$$

$$[AB] \times [CD] = ([AB]D)C - ([AB]C)D$$

Ⅹ. 벡터의 미분

1. 경도(GRADIENT)

① 직각좌표계 $\nabla V = \frac{\partial V}{\partial x}\hat{i} + \frac{\partial V}{\partial y}\hat{j} + \frac{\partial V}{\partial z}\hat{k}$

② 원통좌표계 $\nabla V = \frac{\partial V}{\partial \rho}\hat{a}_\gamma + \frac{1}{\rho}\frac{\partial V}{\partial \phi}\hat{a}_\phi + \frac{\partial V}{\partial z}\hat{a}_z$

③ 구 좌 표 계 $\nabla V = \frac{\partial V}{\partial \gamma}\hat{a}_\gamma + \frac{1}{\gamma}\frac{\partial V}{\partial \theta}\hat{a}_\theta + \frac{1}{\gamma \sin\theta}\frac{\partial V}{\partial \phi}\hat{a}_\phi$

2. 발산(DIVERGENCE)

① 직각좌표계 $\nabla D = \frac{\partial D_x}{\partial x} + \frac{\partial D_y}{\partial y} + \frac{\partial D_z}{\partial z}\hat{k}$

② 원통좌표계 $\nabla D = \frac{1}{\gamma}\frac{\partial}{\partial \gamma}(\gamma D_\gamma) + \frac{1}{\gamma}\frac{\partial}{\partial \theta}(D_\theta \sin\theta) + \frac{1}{\gamma \sin\theta}\frac{\partial D_\phi}{\partial \phi}$

③ 구 좌 표 계 $\nabla D = \frac{1}{\gamma^2}\frac{\partial}{\partial \gamma}(\gamma^2 D_\gamma) + \frac{1}{\gamma}\sin\theta\frac{\partial}{\partial \theta}(D_\theta \sin\theta) + \frac{1}{\gamma \sin\theta}\frac{\partial D_\phi}{\partial \phi}$

3. 회전(CURL)

① 직각좌표계

$$\nabla \times H = \left(\frac{\partial H_z}{\partial y} - \frac{\partial H_y}{\partial z}\right)\hat{i} + \left(\frac{\partial H_x}{\partial z} - \frac{\partial H_z}{\partial x}\right)\hat{j} + \left(\frac{\partial H_y}{\partial x} - \frac{\partial H_x}{\partial y}\right)\hat{k}$$

② 원통좌표계 $\nabla \times H = \left(\frac{1}{\gamma}\frac{\partial H_z}{\partial \phi} - \frac{\partial H_\phi}{\partial z}\right)\hat{a}_\gamma + \left(\frac{\partial H_\rho}{\partial z} - \frac{\partial H_z}{\partial \gamma}\right)\hat{a}_\phi + \frac{1}{\gamma}\left[\frac{\partial(\gamma H_\phi)}{\partial \gamma} - \frac{\partial H_\rho}{\partial \phi}\right]\hat{a}_z$

③ 구 좌 표 계 $\nabla \times H = \frac{1}{\gamma \sin\theta}\left[\frac{\partial(H_\phi \sin\theta)}{\partial \theta} - \frac{\partial H_\theta}{\partial \phi}\right]\hat{a}_\gamma + \frac{1}{\gamma}\left[\frac{1}{\sin\theta}\frac{\partial H_\gamma}{\partial \phi} - \frac{\partial(\gamma H_\phi)}{\partial \gamma}\right]\hat{a}_\theta + \frac{1}{\gamma}\left[\frac{\partial(\gamma H_\theta)}{\partial \gamma} - \frac{\partial H_\gamma}{\partial \theta}\right]$

4. 라플라시안(LAPLACIAN)

① 직각좌표계 $\nabla^2 V = \frac{\partial^2 V}{\partial x^2} + \frac{\partial^2 V}{\partial y^2} + \frac{\partial^2 V}{\partial z^2}$

② 원통좌표계 $\nabla^2 V = \frac{1}{\rho}\frac{\partial}{\partial \rho}\left(\rho \frac{\partial V}{\partial \rho}\right) + \frac{1}{\rho^2}\frac{\partial^2 V}{\partial \phi^2} + \frac{\partial^2 V}{\partial z^2}$

③ 구 좌 표 계

$$\nabla^2 V = \frac{1}{\gamma^2}\frac{\partial}{\partial \gamma}\left(\gamma^2 \frac{\partial V}{\partial \gamma}\right) + \frac{1}{\gamma^2 \sin\theta}\frac{\partial}{\partial \theta}\left(\sin\theta \frac{\partial V}{\partial \theta}\right) + \frac{1}{\gamma^2 \sin^2\theta}\frac{\partial^2 V}{\partial \phi^2}$$

찾아보기

기초 전기자기학

2012년 8월 25일 인쇄
2012년 8월 30일 발행

저 자	박 병 권
발행인	황 영 하
발행처	도서출판 명 진
주 소	서울 성북구 아리랑로 89(돈암동 524) 103동 1901호(일신건영휴먼빌아파트)
전 화	02-462-3257
팩 스	02-462-9428
등 록	2006년 11월 20일 제 307-2012-18 호
E-mail	jybooks@chol.com
ISBN	978-89-93951-16-5

※ 파본은 교환해 드립니다. 정가 15,000원